机器人工程专业应用型人才培养系列教材

ROS机器人开发项目教程

微课视频版

邓文斌 陈刚 ◎ 编著

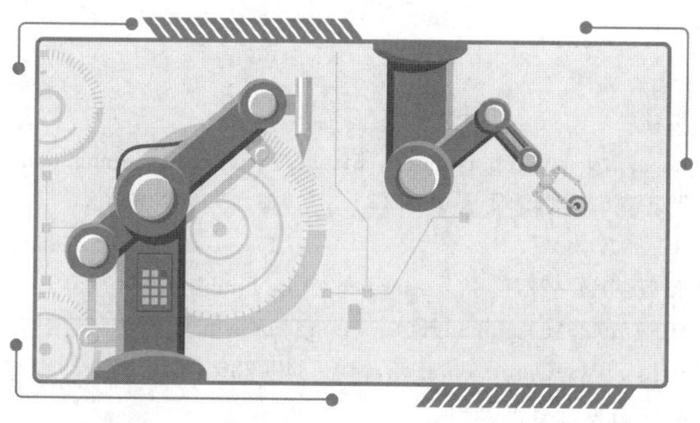

清華大學出版社
北京

内容简介

本书主要面向高等学校 ROS 智能机器人开发课程的教学及实训需求，以培养 ROS 机器人开发工程师为目标，内容包括 ROS 安装与系统架构、ROS 通信机制和 ROS 实用工具，并通过实例对 ROS 机器人的软硬件组成、机器人建模与运动仿真、机器人地图构建和自主导航应用进行详细讲解。

为便于读者理解，书中列举了大量应用实例，所有实例均在 ROS 中调试通过，可以直接运行，且每个应用实例均给出了相应的源代码。本书力求通俗易懂、图文并茂，针对应用型本科院校的学生特点，精心设计和选择内容，突出实际应用，并提供微课视频和实验等丰富的学习资源。

本书可作为普通高等学校机器人工程、物联网工程、车辆工程、机械工程等专业本科生的教材，也可作为广大从事机器人开发的工程技术人员的参考读物。

图书在版编目（CIP）数据

ROS 机器人开发项目教程：微课视频版 / 邓文斌，陈刚编著. -- 北京：清华大学出版社，2025. 3.
（机器人工程专业应用型人才培养系列教材）. -- ISBN 978-7-302-68509-8

Ⅰ. TP242

中国国家版本馆 CIP 数据核字第 20253HX422 号

责任编辑：付弘宇
封面设计：刘　键
责任校对：郝美丽
责任印制：宋　林

出版发行：清华大学出版社
网　　址：https://www.tup.com.cn，https://www.wqxuetang.com
地　　址：北京清华大学学研大厦 A 座　　**邮　　编**：100084
社 总 机：010-83470000　　**邮　　购**：010-62786544
投稿与读者服务：010-62776969，c-service@tup.tsinghua.edu.cn
质量反馈：010-62772015，zhiliang@tup.tsinghua.edu.cn
课件下载：https://www.tup.com.cn，010-83470236
印 装 者：三河市天利华印刷装订有限公司
经　　销：全国新华书店
开　　本：185mm×260mm　　**印　　张**：14　　**字　　数**：341 千字
版　　次：2025 年 5 月第 1 版　　**印　　次**：2025 年 5 月第 1 次印刷
印　　数：1～1500
定　　价：49.00 元

产品编号：101135-01

前言

PREFACE

随着科技的飞速发展,人工智能(Artificial Intelligence,AI)与机器人技术正在成为人们生活中不可或缺的一部分。在众多的技术革新中,机器人操作系统(Robot Operating System,ROS)以其独特的开放性、灵活性和可扩展性,为智能机器人的研发与应用开辟了新的道路。ROS不仅为开发者提供了一个统一的软件框架,使得不同硬件平台的机器人能够协同工作,而且通过其丰富的库函数和工具集,大大简化了复杂机器人系统的设计与开发过程,被越来越多的商业公司应用到产品研发中。

关于ROS的学习,人们常听到一个说法"入门即放弃",这是指人们在ROS的入门学习阶段会遇到很多困难。编者结合相关的学习经验和众多学生的反馈,发现ROS"入门难"主要有以下几方面的原因。

第一,学生不熟悉Linux和编程语言。ROS目前使用的主流操作系统平台是Linux(如Ubuntu Linux),编程语言主要是C++和Python,而多数非计算机专业的学生此前并没有接触过它们。再加上Linux的主要操作都是通过在终端命令行输入指令完成的,与学生日常使用的Windows操作系统有很大区别,这就导致许多学生短期无法熟练使用Linux,而Linux系统和编程语言是ROS开发和运行的基础,不熟悉它们必然会给ROS的学习带来很大障碍。

第二,学生不熟悉ROS的架构,不了解ROS常用文件和文件夹的作用,从而无法正确配置和更改相应文件,致使程序编译过程中频繁报错,从而失去学习兴趣。

第三,目前的ROS相关教程多是基于仿真或某款特定的机器人硬件来展开论述,没有讲清楚仿真机器人与实体机器人之间的区别和联系,以及如何移植和适配,这使得读者看完书后想要搭建自己的机器人平台,或将教程中的软件移植到其他机器人平台上时,会遇到一定的困难。

第四,很多ROS相关图书虽然提供源代码,但是由于ROS程序的运行通常依赖于操作系统环境和程序运行步骤,如果没有视频演示,很可能导致读者在操作时无法得到相应的结果,需要花费较多时间查找具体原因。

针对以上几个问题,本书在内容选取和结构编排上做了针对性的设计,由浅入深、循序渐进地介绍ROS的功能和相应操作流程。本书内容涵盖Ubuntu 20.04的使用、ROS安装及其架构、ROS通信机制、ROS运行管理、ROS常用组件工具、机器人仿真设计、低成本智能机器人综合应用,每个环节都结合了示例程序,并给出源代码和微课视频,方便读者学习。书中通过图示,让抽象的内容立体化、形象化,便于读者阅读并按步骤对照学习和实践。读者只需要拥有一台安装有Ubuntu系统的计算机,了解Linux的基本操作,具备C++或

Python 基础,即可使用本书。

编者在编著本书的过程中参阅了大量相关图书,也在网络上搜索了很多资料,在此向各位作者表示感谢。

本书配套 PPT 课件、教学大纲、实例源代码和微课视频等丰富资源。通过关注微信公众号"书圈"可以下载除微课视频以外的配套资源。扫描封底"文泉云盘防盗码"涂层下的二维码、绑定微信账号之后,即可扫描书中二维码观看微课视频(有二维码的小节已在目录中标出)。

由于编者水平有限,书中不足、疏漏之处在所难免,敬请广大读者批评指正。

编　者

2025 年 1 月

CONTENTS

第1章

ROS概述

ROS(Robot Operating System,机器人操作系统)是当今主流的用于机器人开发的软件架构,它操作方便、功能强大,包含大量工具软件、库代码和约定协议,为机器人开发提供了代码复用的支持,将搭建和控制机器人的难度大幅降低,特别适用于机器人这种多节点多任务的复杂场景。因此 ROS 自诞生以来,受到了学术界和工业界的欢迎,已经广泛应用于移动底盘、无人车、机械臂、无人机等多种机器人开发上。本章将介绍 ROS 的产生、发展、特点和安装。

1.1 ROS 简介

1.1.1 什么是 ROS

ROS 的中文全称是机器人操作系统,虽然名字里有"操作系统",但 ROS 并不是独立的操作系统,而是依赖于宿主系统。这个宿主系统通常是 Ubuntu,目前 ROS2 也支持 Windows 等多个平台。因此,ROS 其实是运行在 PC 上的一套便于机器人开发的机制,它通常用作上位机,也可以搭载在机器人上作为主控(如搭载 ROS 的笔记本电脑、TX2、树莓派等作为主控)。

ROS 提供用户期望从操作系统获得的服务,包括硬件抽象、低级设备控制、常用功能的实现、进程之间的消息传递以及包管理。它能将不同厂家生产的机器人部件,如底盘、激光雷达、摄像头等器件集成到一个统一的平台,为它们提供通信架构。它还提供了用于跨多台计算机获取、构建、编写和运行代码的工具和库。总之,可以将 ROS 概括为由如图 1-1 所示的四大部分组成。

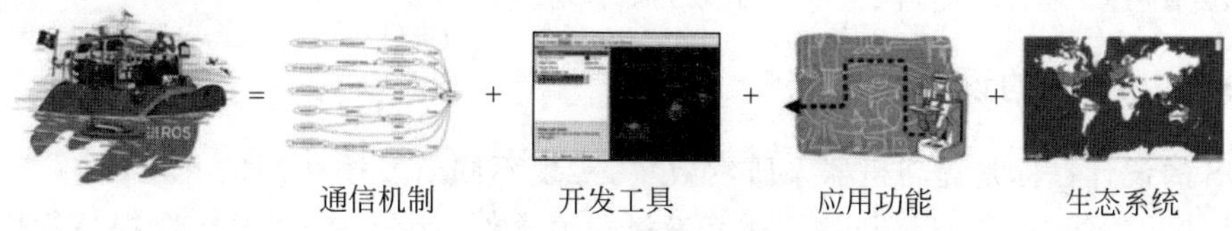

图 1-1 ROS 四大组成部分

1.1.2 ROS的起源与发展

机器人是高度复杂的系统，机器人开发主要包含机械结构设计、硬件设计、嵌入式软件设计、上层软件设计等，是各种硬件与软件的集成，甚至可以说机器人系统是当今工业体系最复杂的系统之一。由于机器人体系的庞大性和复杂性，没有任何个人、组织甚至公司能够独立完成系统性的机器人研发工作。

相比于机器人硬件技术的飞速发展、硬件产品的日益丰富，机器人软件开发则迎来了巨大挑战，软件的复用性和模块化需求越发强烈。在此背景下，2007年，机器人公司Willow Garage发布了ROS。ROS起源于Switchyard项目，后者是斯坦福大学STAIR(Stanford Artificial Intelligence Robot)机器人项目的一个子项目，当时由Morgan Quigley负责项目开发。Willow Garage公司和该项目组合作，提供了大量资源，进一步扩展了这些概念，经过具体的研究、测试和实现之后，无数研究人员将他们的专业性研究贡献给ROS核心概念及其基础软件包。ROS是一套机器人通用软件框架，采用开放的BSD协议，可以提升功能模块的复用性。随着该系统的不断迭代与完善，如今ROS已经成为一个被广泛使用的框架。

ROS社区发展非常迅速，在短短的十多年时间里，获得了世界各地研究人员的青睐。多数机器人平台都支持ROS框架，如Pioneer、TurtleBot、Quadrotor、Tianbot Mini等。这一趋势也影响了工业机器人领域，该领域的公司正在把软件开发从自己的专用软件平台迁移到ROS框架下。

ROS在机器人领域掀起的浪潮也涌入了我国，近年来国内机器人开发者也普遍采用ROS开发机器人系统，不少科研单位、院校和高新技术企业已经在ROS的集成方面取得了显著成果，如中国科学院、“古月居”等。近年来国内每年暑假举办ROS暑期学校，各大机器人竞赛也专门推出ROS机器人专项赛道，推动了国内ROS人才的培养，促进了开源社区的繁荣发展。

ROS以发行版本形式发布，一次支持多个ROS发行版，与Linux发行版本(如Ubuntu)的概念类似。一些ROS版本带有长期支持(LTS)，这意味着它们更稳定，并且经过了广泛的测试。推出ROS发行版本的目的是使研发人员可以使用比较稳定的机器人代码库，直到其准备好将所有内容进行版本升级为止。因此，每个发行版本发布后，ROS开发者们通常仅对这一版本进行维护，修复其中的bug，同时针对核心软件包进行改进升级。

通常，每年都会发布一个新的ROS发行版本，LTS发行版本在偶数年发布。ROS发行版本按照英文字母顺序命名，截至2024年4月，已经发布了ROS1的终极版本Noetic和支持多平台的ROS2版本。Noetic之前的版本默认使用Python2，而Noetic版本使用Python3。图1-2为ROS官网发布的ROS版本列表。

1.1.3 ROS的设计目标

ROS的设计目标是提高机器人研发效率，实现不同研发团队间的共享和协作，鼓励更多的开发者、实验室或者科研机构协作开发机器人软件。为了实现“分工”，提高机器人软件复用率，ROS主要有以下设计目标。

Distro	Release date	Poster	EOL date
Iron Irwini	May 23rd, 2023		November 2024
Humble Hawksbill	May 23rd, 2022		May 2027
Foxy Fitzroy	June 5th, 2020		June 20th, 2023
ROS Noetic Ninjemys (**Recommended**)	May 23rd, 2020		May, 2025(Focal EOL)
ROS Melodic Morenia	May 23rd, 2018		May, 2023(Bionic EOL)
ROS Lunar Loggerhead	May 23rd, 2017		May, 2019
ROS Kinetic Kame	May 23rd, 2016	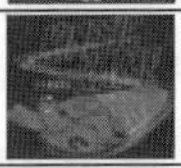	April, 2021(Xenial EOL)
ROS Indigo Lgloo	July 22nd, 2014		April, 2019(Trusty EOL)
ROS Groovy Galapagos	December 31, 2012		July, 2014
ROS Fuerte Turtle	April 23, 2012		–
ROS Diamondback	March 2, 2011		–
ROS Box Turtle	March 2, 2010		–

图 1-2 ROS 官网发布的 ROS 版本列表

(1) 代码复用。

ROS 的主要目标是支持机器人技术研发中软件代码的复用性。

(2) 分布式。

ROS 是进程(也称为 Nodes)的分布式框架。ROS 中的进程可分布于不同主机,不同主机协同工作,从而分散计算压力。

(3) 松耦合。

ROS中的功能模块封装为独立的功能包(Package)或元功能包(Meta Package),便于在社区中共享和分发。功能包内的模块以节点为单位运行,以ROS标准的I/O作为接口,开发者不需要关注模块的内部实现,只要了解接口规则就能实现复用,由此实现了模块间点对点的松耦合连接。

(4) 支持多语言开发。

ROS支持C++、Java、Python等多种开发语言,也可以同时使用这些语言完成不同模块的编程。为了支持更多应用开发和移植,ROS设计为一种语言弱相关的框架结构,使用简洁、中立的定义语言描述模块间的消息接口,在编译过程中再产生所使用语言的目标文件,为消息交互提供支持,同时允许消息接口的嵌套使用。

(5) 大型应用。

ROS适用于大型开发流程和多机开发、运行。

(6) 丰富的组件化工具包。

ROS可采用组件化方式集成一些工具和软件到系统中并将其作为一个组件直接使用,如RVIZ(可视化工具),开发者可以根据ROS定义的接口在其中显示机器人模型等。组件还包括仿真环境(GAZEBO)和消息查看工具等。

(7) 开源免费。

ROS遵照的BSD协议允许开发者修改和重新发布应用代码,甚至可以进行商业化开发和销售。ROS开源社区中的应用代码以维护者分类,主要包含由Willow Garage公司和一些开发者设计、维护的核心部分,以及由不同国家的ROS社区组织开发和维护的开源代码。

1.2 ROS安装步骤

1.2.1 ROS版本选择

ROS目前主要支持Ubuntu操作系统,同时也可以在Arch、Debian等系统上运行,而ROS2则支持Ubuntu、MacOS、Windows 10系统。近些年随着开源硬件的快速发展,ROS也能安装到树莓派和英伟达公司的Jetson系列硬件开发板上。日常使用的操作系统以Windows居多,由于早期的ROS版本都不支持Windows,所以读者应该尽量在Ubuntu操作系统上安装ROS,便于后期学习和使用。

本书选择2020年发布的LTS版本ROS Noetic作为开发平台,这也是ROS官方目前推荐安装的版本,推荐的系统平台是Ubuntu 20.04。Ubuntu系统安装通常有两种方式:实体机安装(通常安装双系统,Windows与Ubuntu)和虚拟机安装。在ROS中,一些仿真操作比较耗费系统资源,且经常需要和一些硬件(如激光雷达、摄像头、imu、STM32、Arduino等)交互,因此,一般建议用户采用实体机安装方式。但如果只是出于学习的目的,那么虚拟机安装方式也基本够用,对于学习者更为友好。具体采用哪种安装方式请读者按需选择。

如果你还没有安装 Ubuntu，建议选择 18.04 版本或者 20.04 版本(https://www.ubuntu.com/download/desktop)。如果你已经安装 Ubuntu，请先确定系统版本，在终端中输入 cat /etc/issue 可以查看 Ubuntu 版本号，然后选择对应的 ROS 版本。如果没有安装正确的 ROS 版本，就会出现各种各样的依赖错误，所以安装时请谨慎选择。请查看 ROS 官方网站，了解下载和安装的更多信息。

1.2.2 安装 ROS

视频讲解

(1) 在正式安装前，先检查 Ubuntu 初始环境是否配置正确。选择 Ubuntu 的菜单“设置”→“软件与更新”，打开“软件与更新”对话框，选中“Ubuntu 软件”选项卡，勾选关键字分别为 main、universe、restricted 和 multiverse 的四个复选框，如图 1-3 所示。

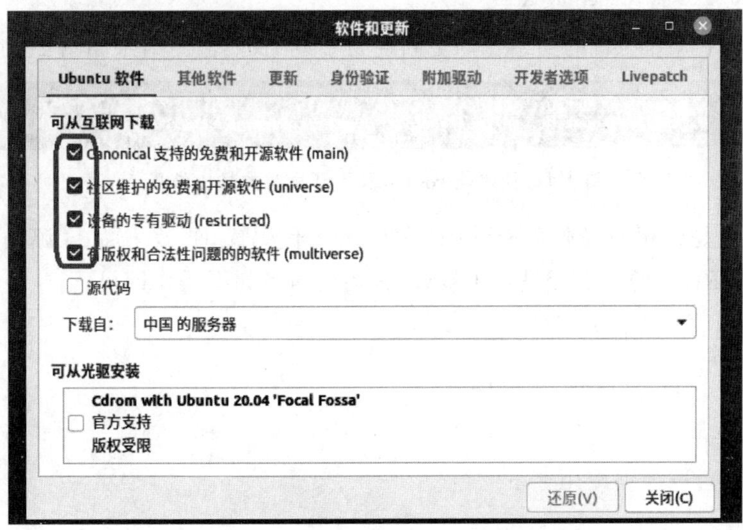

图 1-3 Ubuntu 系统软件源的设置

(2) 配置完成后，就可以开始安装 ROS 了。打开终端(按 Ctrl+Alt+T 组合键)，输入如下命令：

```
sudo sh -c 'echo "deb http://packages.ros.org/ros/ubuntu $(lsb_release -sc) main" > /etc/apt/sources.list.d/ros-latest.list'
```

为了提高软件的下载安装速度，建议使用国内的镜像源，下面以中国科学技术大学的镜像源为例。

```
sudo sh -c '. /etc/lsb-release && echo "deb http://mirrors.ustc.edu.cn/ros/ubuntu/ `lsb_release -cs` main" > /etc/apt/sources.list.d/ros-latest.list'
```

(3) 添加密钥(keys)。

```
sudo apt install curl # 如果系统还未安装 curl
curl -s https://raw.githubusercontent.com/ros/rosdistro/master/ros.asc | sudo apt-key add -
```

密钥是 Ubuntu 系统的一种安全机制，也是 ROS 安装中不可或缺的一部分。

(4) 系统更新。

```
sudo apt-get update && sudo apt-get upgrade
```

(5) 安装 ROS。

ROS 中有很多函数库和工具,官网提供了四种默认的安装方式,当然也可以单独安装某个特定的软件包。这四种方式包括 Desktop-Full、Desktop、ROS-Base、Individual Package。推荐使用 Desktop-Full 安装方式(包含 ROS、rqt、rviz、通用机器人函数库、2D/3D 仿真器、导航及 2D/3D 感知功能)。

```
sudo apt install ros - noetic - desktop - full
```

(6) 初始化 rosdep。

rosdep 是 ROS 中的自动工具,可以在用户需要编译某些源码的时候为其安装一些系统依赖,同时也是某些 ROS 核心功能组件所必需的工具。

```
sudo rosdep init && rosdep update
```

由于特殊原因,rosdep 的初始化与更新通常不成功,其输出结果如图 1-4 所示。

```
scott@scott-NUC11TNKi5:~$ sudo rosdep init && rosdep update
ERROR: cannot download default sources list from:
https://raw.githubusercontent.com/ros/rosdistro/master/rosdep/sources.list.d/20-default.list
Website may be down.
```

图 1-4 初始化 rosdep 和更新异常的输出结果

解决思路就是将相关资源备份到国内的 Gitee 代码库,修改 rosdep 源码,重新定位资源。国内"鱼香 ROS"博主已经进行了修改,只需要执行如下操作即可:

```
sudo pip install rosdepc
```

如果显示没有 pip,可以试试 pip3:

```
sudo pip3 install rosdepc
```

如果 pip3 也没有,则使用如下命令:

```
sudo apt - get install python3 - pip
sudo pip install rosdepc
```

继续执行如下命令,就可以正常实现 rosdep 的初始化和更新了:

```
sudo rosdepc init && rosdepc update
```

执行上述命令后,更新成功,其输出结果如图 1-5 所示。

(7) 设置环境。

现在 ROS 已经成功安装到计算机中,默认位于/opt 路径下。用户在使用 ROS 的功能包前,需要添加 ROS 环境变量,这样系统才能找到相应的 ROS 功能包。Ubuntu 默认使用的终端是 bash,在 bash 中设置 ROS 环境变量的命令如下:

```
echo "source /opt/ros/noetic/setup.bash" >> ~/.bashrc
source ~/.bashrc
```

(8) 测试 ROS 是否安装成功。

打开终端,输入 roscore 命令,如果出现图 1-6 所示内容,那么说明 ROS 已正常启动。

接下来简单测试 ROS 运行是否正常,同时也体验一下 ROS 的神奇。启动 roscore 后,重新打开一个终端窗口,然后输入下面的命令:

```
rosrun turtlesim turtlesim_node
```

```
scott@scott-NUC11TNKi5:~$ sudo rosdepc init && rosdepc update
欢迎使用国内版rosdep之rosdepc，我是作者小鱼！

小鱼制作了11万字的ROS2教程和配套视频，关注公众号《鱼香ROS》即可领取！

小鱼rosdepc正式为您服务
---------------------------------------------------------------------------
--2022-10-11 08:53:45--  https://mirrors.tuna.tsinghua.edu.cn/github-raw/ros/rosdistro/master/rosdep/sources.list.d/20-default.list
正在解析主机 mirrors.tuna.tsinghua.edu.cn (mirrors.tuna.tsinghua.edu.cn)... 101.6.15.130, 2402:f000:1:400::2
正在连接 mirrors.tuna.tsinghua.edu.cn (mirrors.tuna.tsinghua.edu.cn)|101.6.15.130|:443... 已连接。
已发出 HTTP 请求，正在等待回应... 200 OK
长度： 550 [application/octet-stream]
正在保存至："/etc/ros/rosdep/sources.list.d/20-default.list"

/etc/ros/rosdep/sources.l 100%[===================================>]     550  --.-KB/s    用时 0s

2022-10-11 08:53:46 (91.9 MB/s) - 已保存 "/etc/ros/rosdep/sources.list.d/20-default.list" [550/550])

小鱼提示：恭喜你完成初始化，快点使用

 rosdepc update

更新吧
---------------------------------------------------------------------------
如果再使用过程中遇到任何问题，欢迎通过fishros.org.cn反馈，或者加入QQ交流群(139707339)
欢迎使用国内版rosdep之rosdepc，我是作者小鱼！

小鱼制作了11万字的ROS2教程和配套视频，关注公众号《鱼香ROS》即可领取！

小鱼rosdepc正式为您服务
---------------------------------------------------------------------------
reading in sources list data from /etc/ros/rosdep/sources.list.d
Hit https://mirrors.tuna.tsinghua.edu.cn/github-raw/ros/rosdistro/master/rosdep/osx-homebrew.yaml
Hit https://mirrors.tuna.tsinghua.edu.cn/github-raw/ros/rosdistro/master/rosdep/base.yaml
Hit https://mirrors.tuna.tsinghua.edu.cn/github-raw/ros/rosdistro/master/rosdep/python.yaml
Hit https://mirrors.tuna.tsinghua.edu.cn/github-raw/ros/rosdistro/master/rosdep/ruby.yaml
Query rosdistro index https://mirrors.tuna.tsinghua.edu.cn/rosdistro/index-v4.yaml
Skip end-of-life distro "ardent"
Skip end-of-life distro "bouncy"
Skip end-of-life distro "crystal"
Skip end-of-life distro "dashing"
Skip end-of-life distro "eloquent"
Add distro "foxy"
Add distro "galactic"
Skip end-of-life distro "groovy"
Add distro "humble"
Skip end-of-life distro "hydro"
Skip end-of-life distro "indigo"
Skip end-of-life distro "jade"
Skip end-of-life distro "kinetic"
Skip end-of-life distro "lunar"
Add distro "melodic"
Add distro "noetic"
Add distro "rolling"
updated cache in /home/scott/.ros/rosdep/sources.cache
小鱼恭喜：rosdepc已为您完成更新!!
---------------------------------------------------------------------------
如果再使用过程中遇到任何问题，欢迎通过fishros.org.cn反馈，或者加入QQ交流群(139707339)
```

图 1-5 rosdepc 更新成功的输出结果

```
scott@scott-NUC11TNKi5:~$ roscore
... logging to /home/scott/.ros/log/cfe7e548-4900-11ed-9acd-278bac5a648e/roslaunch-scott-NUC11TNKi5-8597.log
Checking log directory for disk usage. This may take a while.
Press Ctrl-C to interrupt
Done checking log file disk usage. Usage is <1GB.

started roslaunch server http://scott-NUC11TNKi5:40053/
ros_comm version 1.15.14


SUMMARY
========

PARAMETERS
 * /rosdistro: noetic
 * /rosversion: 1.15.14

NODES

auto-starting new master
process[master]: started with pid [8607]
ROS_MASTER_URI=http://scott-NUC11TNKi5:11311/

setting /run_id to cfe7e548-4900-11ed-9acd-278bac5a648e
process[rosout-1]: started with pid [8617]
started core service [/rosout]
```

图 1-6 roscore 命令启动成功后的日志信息

这时能看到一只小海龟出现在屏幕上，打开一个新的终端，输入下面的命令：

```
rosrun turtlesim turtle_teleop_key
```

将光标定位在键盘控制窗口上，然后通过键盘上的方向键来控制小海龟。如果小海龟能够正常移动，并且在屏幕上留下自己的移动轨迹(如图 1-7 所示)，那么恭喜你，ROS 已经成功地安装和运行。

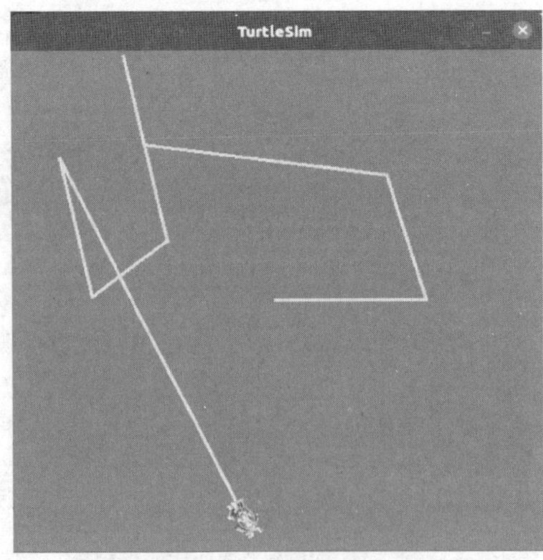

图 1-7　小海龟移动轨迹

1.3　ROS 开发环境搭建

在 ROS 开发中,可以使用多种编辑器进行代码编写、代码修改,如 Ubuntu 系统自带的 gedit、vi 等。“工欲善其事,必先利其器。”为了便于项目开发,提高代码开发效率,有必要先安装集成开发工具和使用方便的工具,如终端、IDE 等。

视频讲解

1.3.1　安装终端

在 ROS 中需要频繁地使用终端,而且在学习过程中,经常需要同时开启多个窗口,因此这里推荐一款较好用的终端——Terminator。使用效果如图 1-8 所示。

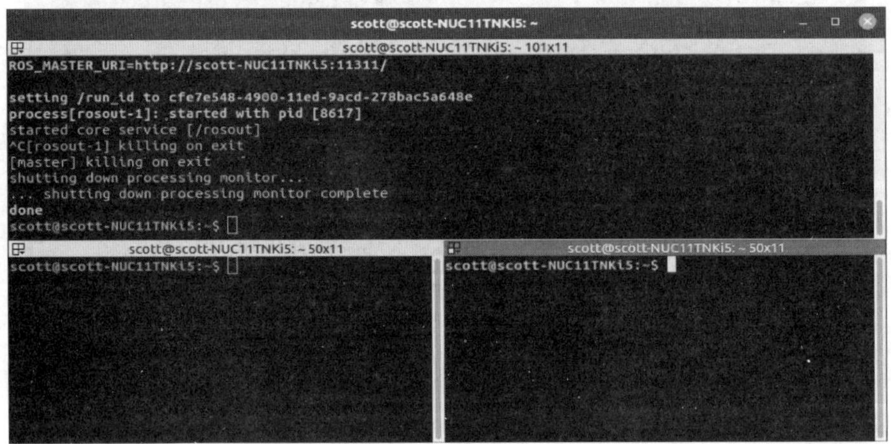

图 1-8　终端工具 Terminator 使用效果

打开一个终端,执行如下命令,安装 Terminator。

```
sudo apt install terminator
```

Terminator 常用快捷键如表 1-1 所示。

表 1-1　Terminator 常用快捷键

快　捷　键	功　　能
Alt+Up	移动到上面的终端
Alt+Down	移动到下面的终端
Alt+Left	移动到左边的终端
Alt+Right	移动到右边的终端
Ctrl+Shift+O	水平分割终端
Ctrl+Shift+E	垂直分割终端
Ctrl+Shift+Right	在垂直分割的终端中将分割条向右移动
Ctrl+Shift+Left	在垂直分割的终端中将分割条向左移动
Ctrl+Shift+Up	在水平分割的终端中将分割条向上移动
Ctrl+Shift+Down	在水平分割的终端中将分割条向下移动
Ctrl+Shift+S	隐藏/显示滚动条
Ctrl+Shift+F	搜索
Ctrl+Shift+C	复制选中的内容到剪贴板
Ctrl+Shift+V	粘贴剪贴板的内容到此处
Ctrl+Shift+W	关闭当前终端
Ctrl+Shift+Q	退出当前窗口，当前窗口的所有终端都将被关闭
Ctrl+Shift+X	最大化显示当前终端
Ctrl+Shift+Z	最大化显示当前终端并使字体放大
Ctrl+Shift+N 或 Ctrl+Tab	移动到下一个终端
Ctrl+Shift+P 或 Ctrl+Shift+Tab	移动到前一个终端

1.3.2　安装 VS Code

视频讲解

VS Code 的全称为 Visual Studio Code，是微软公司研发的一款轻量级代码编辑器，免费而且功能强大。它支持几乎所有主流程序语言的语法高亮、智能代码补全、括号匹配、自定义热键、代码片段、代码对比等特性，支持插件扩展，并针对网页开发和云端应用开发进行了优化。VS Code 支持 Windows、MacOS、Linux 等多种平台。

(1) 下载 VS Code。

下载地址为 https://code.visualstudio.com/docs?start=true。

(2) 安装 VS Code。

方式 1：双击安装即可(或右击选择安装)。

方式 2：在所在文件夹下打开终端，输入如下命令进行安装。

```
sudo dpkg -i xxxx.deb
```

(3) 几点提示。

如果在使用 VS Code 编辑代码的过程中没有代码提示，则执行下面的操作：修改.vscode/c_cpp_properties.json 文件，设置 "cppStandard"为 "c++17"。

如果在 ROS__INFO 终端输出中有中文，出现乱码，则在函数开头加入下面代码中的一行：

```
setlocale(LC_CTYPE, "zh_CN.utf8");
setlocale(LC_ALL, "");
```

1.3.3 其他 IDE

能应用于 ROS 开发的 IDE 除了前面介绍的 VS Code，还有 Eclipse、QT Creator、Pycharm 等，具体配置可以参阅 http://wiki.ros.org/IDEs。如果使用 Eclipse，也可以参阅胡春旭编著的《ROS 机器人开发实践》的 3.4 节内容。

本章小结

本章先整体介绍了 ROS 是什么，对 ROS 的起源背景、发展状况做了相关说明，接着详细讲述了 ROS Noetic 版本的安装过程以及常用的 ROS 开发环境搭建和 IDE，为后续的 ROS 学习做好了铺垫。

习题

1. 为什么要学习 ROS?
2. 常用的 ROS 开发 IDE 有哪些?
3. ROS 可以分为哪几个组成部分?
4. 如何验证 ROS 是否安装成功?

第2章

ROS架构

通过第1章的学习，读者已经将ROS安装好，运行了ROS内置的小海龟案例，对ROS有了大概的认识，但在使用ROS开发之前，有必要对ROS架构有一定了解。创建一个ROS工程，了解它的组织架构，从根本上熟悉ROS项目的组织形式，了解各文件的功能，之后才能正确地进行编程开发。

2.1 ROS架构设计

从系统架构的角度而言，ROS可以分为三个层级：基于Linux系统的OS层、实现ROS核心通信机制及众多机器人开发库的中间层和保证功能节点正常运行的应用层，如图2-1所示。

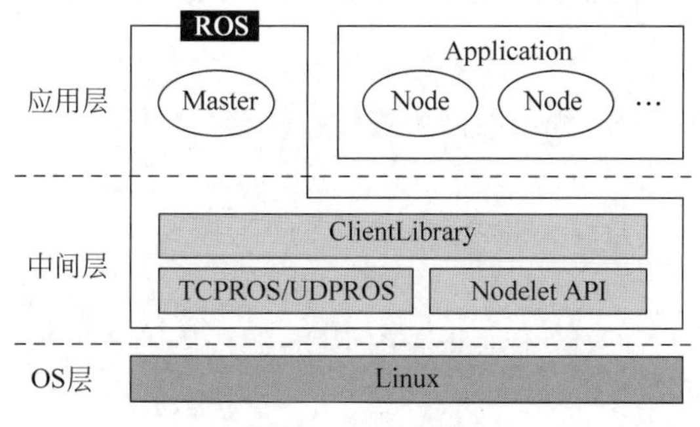

图2-1 ROS架构

(1) OS层。

ROS并不是一个传统意义上的操作系统，而只是一个元操作系统，它无法像Windows、Linux一样直接运行在计算机硬件之上，需要依托真正意义的操作系统。所以在OS层，可以直接使用ROS官方支持度最好的Ubuntu操作系统，也可以使用MacOS、Arch、Debian等操作系统，Windows也支持ROS 2版本。

(2) 中间层。

Linux 是一个通用系统,并没有针对机器人开发提供特殊的中间件,所以 ROS 在中间层做了大量的工作,其中最为重要的就是基于 TCPROS/UDPROS 的通信系统。ROS 的通信系统基于 TCP/UDP 网络,在此基础之上进行了二次封装,也就是 TCPROS/UDPROS。通信系统使用发布/订阅、客户端/服务器等模式,实现多种通信机制的数据传输。

除了 TCPROS/UDPROS 的通信机制外,ROS 还提供一种进程内的通信方法——Nodelet,Nodelet 可以为多进程通信提供一种更优化的数据传输方式,为数据的实时性传输提供支持。

在通信机制之上,ROS 还提供了大量的机器人开发代码库,如数据类型定义、坐标变换、运动控制等。

(3) 应用层。

在应用层中,ROS 需要运行一个管理者——Master,负责管理整个系统的正常运行。ROS 社区内共享了大量机器人应用功能包,这些功能包内的模块以节点为单位运行,以 ROS 标准的输入输出作为接口,开发者不需要关注模块的内部实现机制,只需要了解接口规则即可实现复用,极大地提高了代码开发效率。

从系统实现的角度而言,ROS 可以划分为三层:计算图、文件系统和开源社区,如图 2-2 所示。

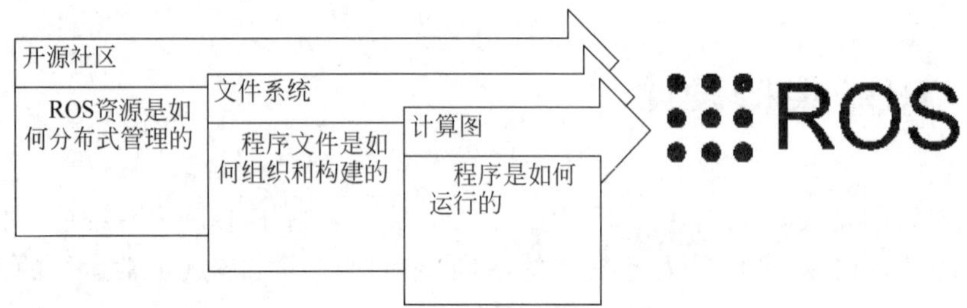

图 2-2 从系统实现的角度来划分 ROS 的层次

(1) 计算图。

ROS 分布式系统中不同进程之间需要进行数据交互,计算图可以以点对点的网络形式呈现数据交互过程。计算图中的重要概念有节点(Node)、消息(message)、通信机制——话题(topic)、通信机制——服务(service)。

(2) 文件系统。

ROS 文件系统指的是在硬盘上面查看的 ROS 源代码的组织形式。

(3) 开源社区。

ROS 的社区级概念是 ROS 网络上进行代码发布的一种表现形式,社区中的资源非常丰富,可以提供以下服务。

① 发行版(Distribution):ROS 发行版是可以独立安装、带有版本号的一系列综合功能包,类似于 Linux 发行版。这使得 ROS 软件安装更加容易,而且能够通过一个软件集合保持版本的一致性。

② 软件库(Repository):ROS 依赖于共享开源代码与软件库的网站或主机服务,不同的机构能够在这里发布和分享各自的机器人软件与程序。

③ ROS 维基(ROS Wiki)：ROS Wiki 是用于记录有关 ROS 系统信息的主要论坛。任何人都可以注册账户、贡献自己的代码，提供更正或更新、编写教程等服务。其网址是 http://wiki. ros. org/。

④ Bug 提交系统(Bug Ticket System)：用户如果发现问题或者想提出一个新功能，可以在这里实现所提出的想法。

⑤ 邮件列表(Mailing list)：ROS 用户邮件列表是针对 ROS 的主要交流渠道，能够像论坛一样交流从 ROS 软件更新到 ROS 软件使用中的各种疑问或信息，其网址是 http://lists. ros. org/。

⑥ ROS 问答(ROS Answer)：用户可以使用这个资源去提出 ROS 相关的问题。网址是 https://answers. ros. org/questions/。

⑦ 博客(Blog)：用户可以看到 ROS 相关的定期更新、照片和新闻，网址是 https://www. ros. org/news/，不过博客系统已经被 ROS 社区取而代之，网址为 https://discourse. ros. org/。

2.2　ROS 文件系统

ROS 文件系统指在硬盘上 ROS 源代码的组织形式，其结构如图 2-3 所示。

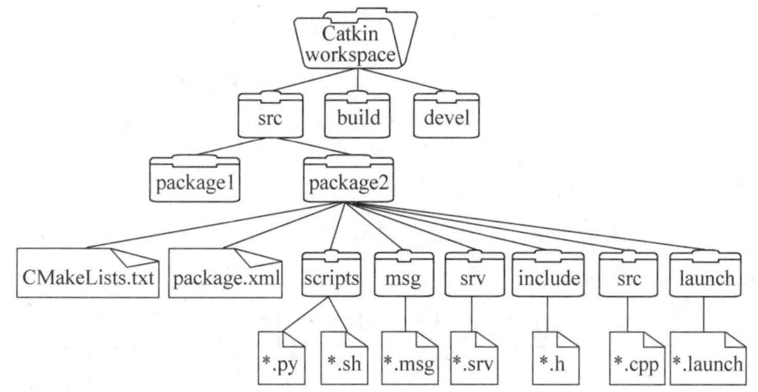

图 2-3　ROS 源代码的组织形式

2.2.1　Catkin 编译系统

源代码包只有经过编译后才能在系统上运行。Linux 下的编译器有 gcc、g++，随着源文件的增加，直接用 gcc 或 g++命令的方式显得效率低下，人们开始用 Makefile 进行编译。然而随着工程体量的增大，Makefile 也不能满足需求，于是便出现了 CMake 工具。CMake 是对 make 工具的生成器，是更高层的工具，它简化了编译构建过程，能够管理大型项目，具有良好的扩展性。对于 ROS 这样大体量的平台来说，采用的是 CMake，并且 ROS 对 CMake 进行了扩展，于是便有了 Catkin 编译系统。

最初的 ROS 编译系统是 rosbuild，但随着 ROS 的不断发展，rosbuild 逐渐暴露出许多缺点，不能很好满足系统需要。在 Groovy 版本发布后，Catkin 作为 rosbuild 的替代品被正式投入使用。Catkin操作更加简单且效率更高,可移植性更好,而且支持交叉编译和更加合理的功能包分配。目前ROS同时支持rosbuild和Catkin两种编译系统,但ROS的核心软件包已经全部转换为Catkin编译系统。rosbuild已经被逐步淘汰,建议初学者直接上手学习Catkin编译系统。

2.2.2 Catkin工作原理

Catkin编译的工作流程如下。

(1) 首先在工作空间catkin_ws/src/下递归的查找其中每个ROS的package;

(2) package中会有package.xml和CMakeLists.txt两个文件,Catkin(CMake)编译系统依据CMakeLists.txt文件生成makefiles(存储在catkin_ws/build/目录);

(3) make刚刚生成的makefiles等文件,编译链接生成可执行文件(存储在catkin_ws/devel目录)。

也就是说,Catkin就是将CMake与make指令做了封装,从而完成整个编译过程的工具。Catkin有比较突出的优点,主要体现为操作更加简单,一次配置多次使用,跨依赖项目编译。

2.2.3 使用catkin_make进行编译

要用Catkin编译一个工程或软件包,只需要用catkin_make指令。一般写完代码后,执行一次catkin_make进行编译,调用系统自动完成编译和链接过程,构建生成目标文件。编译的流程如下:

```
cd ~/catkin_ws                        #回到工作空间,catkin_make必须在工作空间下执行
catkin_make                           #开始编译
source ~/catkin_ws/devel/setup.bash #刷新环境
```

注意:Catkin编译之前需要回到工作空间目录,catkin_make在其他路径下编译不会成功。编译完成后,如果有新的目标文件产生(原来没有),那么一般紧跟着要source刷新环境,使得系统能够找到刚才编译生成的ROS可执行文件。

视频讲解

2.2.4 Catkin工作空间

工作空间(Catkin workspace)是创建、修改、编译Catkin软件包的目录。Catkin的工作空间的直观形式就是一个仓库,里面装载着ROS的各种项目工程,便于系统组织、管理和调用。在可视化图形界面里是一个文件夹。用户自己写的ROS代码都应放在工作空间中。

1. 初始化Catkin工作空间

先介绍如何建立一个Catkin的工作空间。首先需要在计算机上创建一个初始的catkin_ws/路径,这也是Catkin工作空间结构的最高层级。输入以下命令,完成初始创建。

```
mkdir -p ~/catkin_ws/src
cd ~/catkin_ws/
catkin_make      #编译工作空间
```

第一行代码直接创建了第二层级的文件夹src,这也是用户放ROS软件包的地方。第二行代码切换工作目录到工作空间,然后再对工作空间进行catkin_make编译。

2. 结构介绍

Catkin 的结构十分清晰，在工作空间下输入 tree 命令，将会显示文件结构，如图 2-4 所示。

```
cd ~/catkin_ws
sudo apt install tree
tree
```

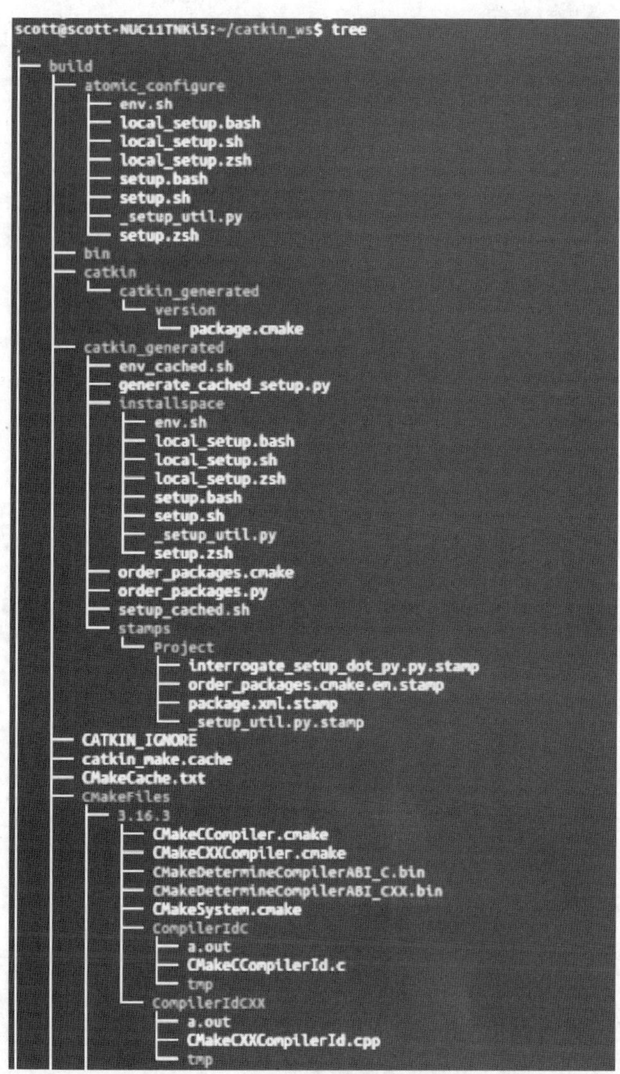

图 2-4 工作空间下的文件结构

通过 tree 命令可以看到 Catkin 工作空间的结构，它包括 src、build、devel 三个文件夹。在有些编译选项下也可能包括其他文件，但这三个文件夹是 Catkin 编译系统默认的。它们的具体作用如下：

src：ROS 的 Catkin 软件包（源代码包）；

build：Catkin（CMake）的缓存信息和中间文件；

devel：生成的目标文件（包括头文件、动态链接库、静态链接库、可执行文件等）、环境变量。

后两个文件夹由 Catkin 系统自动生成，一般不需要修改，而常用到的是 src 文件夹，用户写的 ROS 程序、网上下载的 ROS 源代码包都要存放在这里。在编译时，Catkin 编译系统会递归地查找和编译 src 文件夹下的每个源代码包，因此也可以把几个源代码包放到同一个文件夹下，如图 2-5 所示。

2.2.5 package 软件包

ROS 中的 package 不仅是 Linux 系统上的软件包，更是 Catkin 编译的基本单元，用户调用 catkin_make 编译的对象就是一个个 ROS 的 package，也就是说，任何 ROS 程序只有组织成 package 才能被编译。所以 package 也是 ROS 源代码存放的地方，无论是 C++还是 Python 的代码都要放到 package 中，这样才能正常地编译和运行。一个 package 可以编译出多个目标文件(ROS 可执行程序、动态静态库、头文件等)。

1. package 结构

一个 package 下常见的文件及路径如图 2-6 所示。

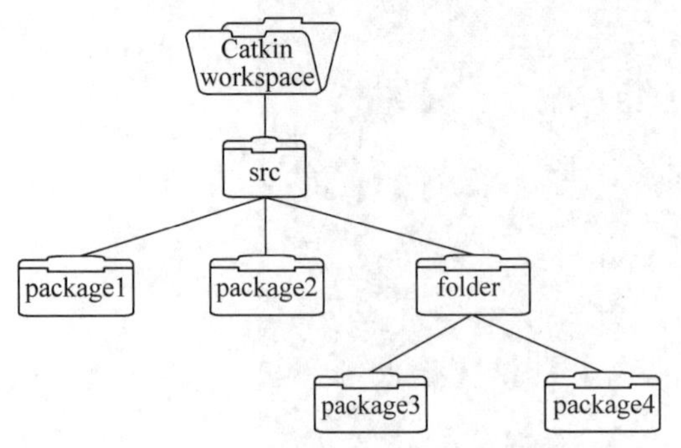

图 2-5 src 文件夹下的源代码结构

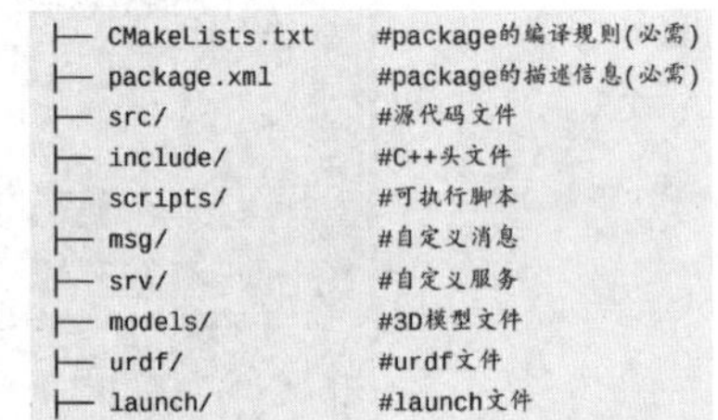

```
├── CMakeLists.txt    #package的编译规则(必需)
├── package.xml       #package的描述信息(必需)
├── src/              #源代码文件
├── include/          #C++头文件
├── scripts/          #可执行脚本
├── msg/              #自定义消息
├── srv/              #自定义服务
├── models/           #3D模型文件
├── urdf/             #urdf文件
├── launch/           #launch文件
```

图 2-6 package 下常见的文件及路径

其中定义 package 的是 CMakeLists. txt 和 package. xml，这两个文件是 package 中必不可少的。Catkin 编译系统在编译前首先就要解析这两个文件。这两个文件就定义了一个 package。package 文件夹下的文件或文件夹的主要功能如下。

CMakeLists. txt：定义 package 的包名、依赖、源文件、目标文件等编译规则，是 package 不可缺少的部分。

package. xml：功能包清单，是 package 不可缺少的成分。主要记录了该功能包的名称、版本号、信息描述、作者信息和许可信息。另外，< build_depend >和</build_depend >标签定义了功能包中代码编译所依赖的其他功能包，而< run_depend >和</run_depend >标签定义了功能包中可执行程序运行时所依赖的其他功能包。在 ROS 功能包开发过程中，这些信息需要根据功能包的具体内容进行修改。

src：放置需要编译的 C++代码。

scripts：存放可执行脚本，如 shell 脚本(. sh)、Python 脚本(. py)。

msg：存放功能包自定义的消息类型(. msg)。

include：存放 C++源码对应的头文件。

srv：存放功能包自定义的服务类型(. srv)。

models：存放机器人或仿真场景的3D模型(.sda，.stl，.dae等)。

urdf：存放机器人的模型描述文件(.urdf或.xacro)。

launch：存放launch文件(.launch或.xml)。

通常ROS文件组织都是按照以上形式，这是约定俗成的命名习惯，建议遵守。以上路径中，只有CMakeLists.txt和package.xml是必需的，其余路径根据软件包是否需要来决定。

2. package的创建

创建一个package需要在catkin_ws/src下使用catkin_create_pkg命令实现，其用法是：

```
catkin_create_pkg package depends
```

其中package是包名，depends是依赖的包名，可以依赖多个软件包。例如，以下命令创建一个test_pkg的package，依赖roscpp、rospy、std_msgs(常用依赖)。

```
catkin_create_pkg test_pkg roscpp rospy std_msgs
```

这会在当前路径下新建test_pkg软件包，包括如图2-7所示的文件。

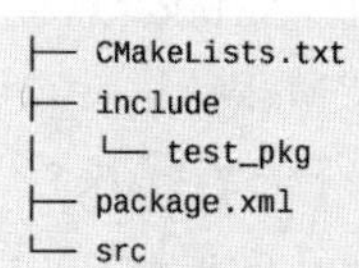

图2-7　创建test_pkg功能包后的文件

catkin_create_pkg命令帮用户完成了软件包的初始化，填充好了CMakeLists.txt和package.xml，并且将依赖项填进了这两个文件中。

3. package相关的命令

rospack命令是对package管理的工具，命令用法如表2-1所示。

表2-1　rospack相关命令

rospack命令	作　　用
rospack help	显示rospack的用法
rospack list	列出本机所有package
rospack depends [package]	显示package的依赖包
rospack find [package]	定位某个package
rospack profile	刷新所有package的位置记录

以上命令中如果package项缺省，则默认为当前目录(如果当前目录包含package.xml)。

roscd类似于Linux系统的cd命令，改进之处在于roscd可以直接cd到ROS的软件包。用法如下：

```
roscd [package]      #cd到ROS package所在路径
```

也可以将rosls视为Linux下的ls命令的改进版，可以直接显示ROS软件包的内容，用法如下：

```
rosls [package]      #列出package下的文件
```

rosdep是用于管理ROS package依赖项的命令行工具，用法如表2-2所示。

表 2-2 rosdep 相关指令

rosdep 命令	作　用
rosdep check [package]	检查 package 的依赖是否满足
rosdep install [package]	安装 package 的依赖
rosdep db	生成和显示依赖数据库
rosdep init	初始化/etc/ros/rosdep 中的源
rosdep keys	检查 package 的依赖是否满足
rosdep update	更新本地的 rosdep 数据库

一个较常使用的命令是 rosdep install --from-paths src --ignore-src --rosdistro=noetic - y，用于安装工作空间中 src 路径下所有 package 的依赖项(由 package. xml 文件指定)。

2.2.6 CMakeLists. txt 文件

1. CMakeLists. txt 的作用

CMakeLists. txt 原本是 CMake 编译系统的规则文件，而 Catkin 编译系统基本沿用了 CMake 的编译风格，只是针对 ROS 工程添加了一些宏定义。所以在写法上，Catkin 的 CMakeLists. txt 与 CMake 的基本一致。这个文件直接规定了这个 package 要依赖哪些功能包，要编译生成哪些目标，如何编译等。所以 CMakeLists. txt 非常重要，它指定了由源码到目标文件的规则，Catkin 编译系统在工作时首先会找到每个 package 下的 CMakeLists. txt，然后按照规则来编译构建。

2. CMakeLists. txt 的写法

CMakeLists. txt 的基本语法还是按照 CMake，而 Catkin 在其中加入了少量的宏，总体结构如图 2-8 所示。

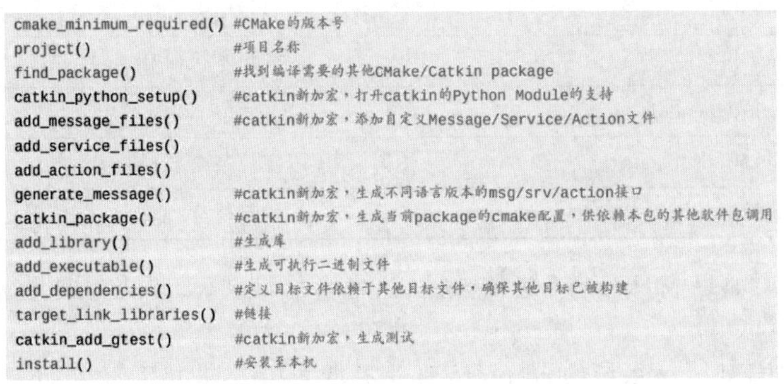
```
cmake_minimum_required() #CMake的版本号
project()                #项目名称
find_package()           #找到编译需要的其他CMake/Catkin package
catkin_python_setup()    #catkin新加宏，打开catkin的Python Module的支持
add_message_files()      #catkin新加宏，添加自定义Message/Service/Action文件
add_service_files()
add_action_files()
generate_message()       #catkin新加宏，生成不同语言版本的msg/srv/action接口
catkin_package()         #catkin新加宏，生成当前package的cmake配置，供依赖本包的其他软件包调用
add_library()            #生成库
add_executable()         #生成可执行二进制文件
add_dependencies()       #定义目标文件依赖于其他目标文件，确保其他目标已被构建
target_link_libraries()  #链接
catkin_add_gtest()       #catkin新加宏，生成测试
install()                #安装至本机
```

图 2-8 CMakeLists. txt 文件的总体结构

3. CMakeLists 案例

为了详细解释 CMakeLists. txt 的写法，这里以 turtlesim(小海龟)这个 package 为例，读者可以 roscd 到 turtlesim 功能包下查看，在 turtlesim/CMakeLists. txt 的写法如下：

```
cmake_minimum_required(VERSION 2.8.3)
#CMake 至少为 2.8.3 版
```

```
project(turtlesim)
#项目(package)名称为 turtlesim,在后续文件中可使用变量 ${PROJECT_NAME}来引用项目名
#称 turltesim
find_package(catkin REQUIRED COMPONENTS geometry_msgs message_generation rosconsole roscpp
roscpp_serialization roslib rostime std_msgs std_srvs)
#cmake 宏指定依赖的其他 package,实际生成了一些环境变量,如<NAME>_FOUND、<NAME>_INCLUDE_
#DIRS、<NAME>_LIBRARYIS
#此处 catkin 是必备依赖,其余的 geometry_msgs...为组件
find_package(Qt5Widgets REQUIRED)
find_package(Boost REQUIRED COMPONENTS thread)

include_directories(include ${catkin_INCLUDE_DIRS} ${Boost_INCLUDE_DIRS})
#指定 C++的头文件路径
link_directories(${catkin_LIBRARY_DIRS})
#指定链接库的路径
add_message_files(DIRECTORY msg FILES Color.msg Pose.msg)
#自定义 msg 文件
add_service_files(DIRECTORY srv FILES
Kill.srv
SetPen.srv
Spawn.srv
TeleportAbsolute.srv
TeleportRelative.srv)
#自定义 srv 文件

generate_messages(DEPENDENCIES geometry_msgs std_msgs std_srvs)
#在 add_message_files、add_service_files 宏之后必须加上这句话,用于生成 srv msg 头文件
#/module,生成的文件位于 devel/include 中

catkin_package(CATKIN_DEPENDS geometry_msgs message_runtime std_msgs std_srvs)
# catkin 宏命令,用于配置 ROS 的 package 配置文件和 CMake 文件
# 这个命令必须在 add_library()或者 add_executable()之前调用,该函数有 5 个可选参数:
# (1) INCLUDE_DIRS - 导出包的 include 路径
# (2) LIBRARIES - 导出项目中的库
# (3) CATKIN_DEPENDS - 该项目依赖的其他 Catkin 项目
# (4) DEPENDS - 该项目依赖的非 Catkin CMake 项目
# (5) CFG_EXTRAS - 其他配置选项

set(turtlesim_node_SRCS
src/turtlesim.cpp src/turtle.cpp
src/turtle_frame.cpp
)
set(turtlesim_node_HDRS
include/turtlesim/turtle_frame.h
)
#指定 turtlesim_node_SRCS、turtlesim_node_HDRS 变量

qt5_wrap_cpp(turtlesim_node_MOCS ${turtlesim_node_HDRS})

add_executable(turtlesim_node ${turtlesim_node_SRCS} ${turtlesim_node_MOCS})
# 指定可执行文件目标 turtlesim_node
target_link_libraries(turtlesim_node Qt5::Widgets ${catkin_LIBRARIES} ${Boost_LIBRARIES})
# 指定链接可执行文件
add_dependencies(turtlesim_node turtlesim_gencpp)
```

```
add_executable(turtle_teleop_key tutorials/teleop_turtle_key.cpp)
target_link_libraries(turtle_teleop_key ${catkin_LIBRARIES})
add_dependencies(turtle_teleop_key turtlesim_gencpp)

add_executable(draw_square tutorials/draw_square.cpp)
target_link_libraries(draw_square ${catkin_LIBRARIES} ${Boost_LIBRARIES})
add_dependencies(draw_square turtlesim_gencpp)

add_executable(mimic tutorials/mimic.cpp)
target_link_libraries(mimic ${catkin_LIBRARIES})
add_dependencies(mimic turtlesim_gencpp)
# 同样指定可执行目标、链接、依赖

install(TARGETS turtlesim_node turtle_teleop_key draw_square mimic
RUNTIME DESTINATION ${CATKIN_PACKAGE_BIN_DESTINATION})
# 安装目标文件到本地系统

install(DIRECTORY images
DESTINATION ${CATKIN_PACKAGE_SHARE_DESTINATION}
FILES_MATCHING PATTERN "*.png" PATTERN "*.svg")
```

2.2.7 package.xml 文件

package.xml 也是一个 Catkin 的 package 必备文件，是这个软件包的描述文件，在早期的 ROS 版本(rosbuild 编译系统)中，这个文件叫作 manifest.xml，用于描述 package 的基本信息。如果读者在网上看到一些 ROS 项目里包含 manifest.xml，那么它多半是 hydro 版本发布之前的项目。

1. package.xml 文件的作用

package.xml 包含了 package 的名称、版本号、信息描述、维护人员、许可信息、编译构建工具、编译依赖、运行依赖等信息。实际上 rospack find、rosdep 等命令之所以能快速定位和分析出 package 的依赖项信息，就是直接读取每个 package 中的 package.xml 文件。这个文件为用户提供了快速了解一个 package 的渠道。

2. package.xml 文件的写法

package.xml 遵循 XML 标签文本的写法。package.xml 通常包含以下标签：

```
<package>                根标记文件
<name>                   包名
<version>                版本号
<description>            内容描述
<maintainer>             维护者
<license>                软件许可证
<buildtool_depend>       编译构建工具，通常为 Catkin
 <depend>                指定依赖项为编译、导出还是运行需要的依赖，最常用
<build_depend>           编译依赖项
<build_export_depend>    导出依赖项
<exec_depend>            运行依赖项
<test_depend>            测试用例依赖项
<doc_depend>             文档依赖项
```

3. package.xml 文件案例

为了说明 package.xml 写法，还是以 turtlesim 软件包为例，其 package.xml 文件内容如下（添加了相关的注释）：

```
<?xml version = "1.0"?>
<package format = "2"> <!-- 在声明 package 时指定 format2,为新版格式 -->
<name> turtlesim </name>
<version> 0.8.1 </version>
<description>
turtlesim is a tool made for teaching ROS and ROS packages.
</description>
<maintainer email = "dthomas@osrfoundation.org"> Dirk Thomas </maintainer>
<license> BSD </license>

<url type = "website"> http://www.ros.org/wiki/turtlesim </url>
<url type = "bugtracker"> https://github.com/ros/ros_tutorials/issues </url>
<url type = "repository"> https://github.com/ros/ros_tutorials </url>
<author> Josh Faust </author>

<!-- 编译工具为 Catkin -->
<buildtool_depend> catkin </buildtool_depend>

<!-- 用 depend 来整合 build_depend 和 run_depend -->
<depend> geometry_msgs </depend>
<depend> rosconsole </depend>
<depend> roscpp </depend>
<depend> roscpp_serialization </depend>
<depend> roslib </depend>
<depend> rostime </depend>
<depend> std_msgs </depend>
<depend> std_srvs </depend>

<!-- build_depend 标签未变 -->
<build_depend> qtbase5 - dev </build_depend>
<build_depend> message_generation </build_depend>
<build_depend> qt5 - qmake </build_depend>

<!-- run_depend 要改为 exec_depend -->
<exec_depend> libqt5 - core </exec_depend>
<exec_depend> libqt5 - gui </exec_depend>
<exec_depend> message_runtime </exec_depend>
</package>
```

2.2.8 Metapackage

在一些 ROS 的教学资料或博客里，读者可能会看到一个 Stack（功能包集）的概念，它的主要作用是将多个功能接近、甚至相互依赖的软件包放到一个集合中去，组成一个逻辑上独立的功能包。但 Stack 这个概念在 Hydro 版本之后就取消了，取而代之的就是 Metapackage（元功能包）。

虽然 Metapackage 清单的 package. xml 文件与功能包的 package. xml 文件类似，但需要包含一个如下的引用标签：

```
<export>
    <metapackage/>
</export>
```

除此之外，Metapackage 不需要< buildtool_depend >标签来声明编译过程依赖的其他功能包，只需要使用< run_depend >标签声明功能包运行时依赖的其他功能包。以 navigation 元功能包为例，通过以下命令查看 package. xml 文件的内容，结果如图 2-9 所示。

```
sudo apt-get install ros-noetic-navigation
roscd navigation
gedit package.xml
```

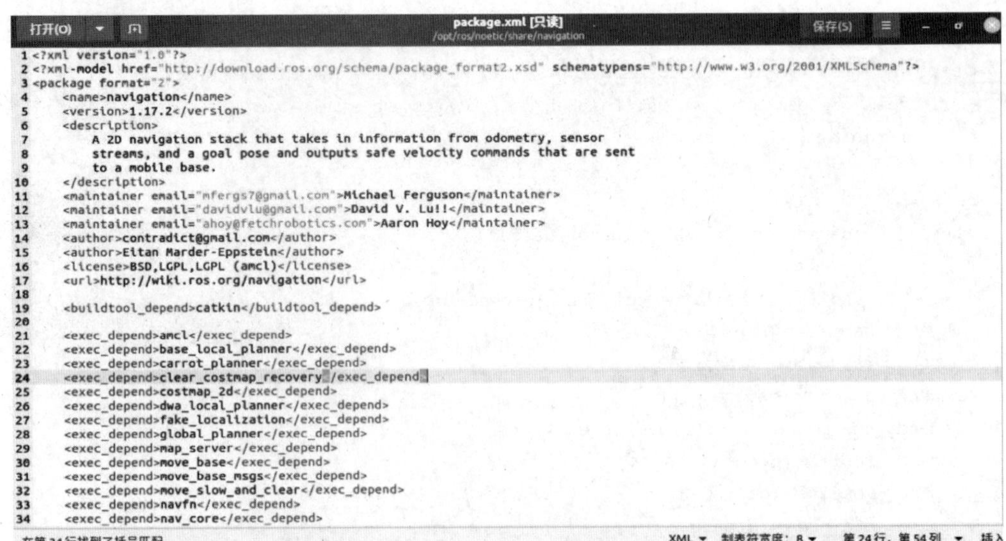

```
<?xml version="1.0"?>
<?xml-model href="http://download.ros.org/schema/package_format2.xsd" schematypens="http://www.w3.org/2001/XMLSchema"?>
<package format="2">
    <name>navigation</name>
    <version>1.17.2</version>
    <description>
        A 2D navigation stack that takes in information from odometry, sensor
        streams, and a goal pose and outputs safe velocity commands that are sent
        to a mobile base.
    </description>
    <maintainer email="mfergs7@gmail.com">Michael Ferguson</maintainer>
    <maintainer email="davidvlu@gmail.com">David V. Lu!!</maintainer>
    <maintainer email="ahoy@fetchrobotics.com">Aaron Hoy</maintainer>
    <author>contradict@gmail.com</author>
    <author>Eitan Marder-Eppstein</author>
    <license>BSD,LGPL,LGPL (amcl)</license>
    <url>http://wiki.ros.org/navigation</url>

    <buildtool_depend>catkin</buildtool_depend>

    <exec_depend>amcl</exec_depend>
    <exec_depend>base_local_planner</exec_depend>
    <exec_depend>carrot_planner</exec_depend>
    <exec_depend>clear_costmap_recovery</exec_depend>
    <exec_depend>costmap_2d</exec_depend>
    <exec_depend>dwa_local_planner</exec_depend>
    <exec_depend>fake_localization</exec_depend>
    <exec_depend>global_planner</exec_depend>
    <exec_depend>map_server</exec_depend>
    <exec_depend>move_base</exec_depend>
    <exec_depend>move_base_msgs</exec_depend>
    <exec_depend>move_slow_and_clear</exec_depend>
    <exec_depend>navfn</exec_depend>
    <exec_depend>nav_core</exec_depend>
```

图 2-9 navigation 元功能包的 package. xml 文件示例

ROS 里常见的 Metapackage 如表 2-3 所示。

表 2-3 ROS 里常见的 Metapackage

Metapackage 名称	描　述	链　接
navigation	导航相关的功能包集	https://github. com/ros-planning/navigation
moveit	运动规划相关的(主要是机械臂)功能包集	https://github. com/ros-planning/moveit
vision_opencv	ROS 与 OpenCV 交互的功能包集	https://github. com/ros-perception/vision_opencv
image_pipeline	图像获取、处理相关的功能包集	https://github. com/ros-perception/image_common
turtlebot	Turtlebot 机器人相关的功能包集	https://github. com/turtlebot/turtlebot
……	……	……

表 2-3 列举了一些常见的功能包集，如 navigation、turtlebot，它们都实现某一方面的功能。

2.2.9 其他常见文件类型

1. launch 文件

launch 文件一般以.launch 或.xml 结尾，它将 ROS 需要运行的程序进行打包，通过一句命令来启动。一般 launch 文件中会指定要启动哪些 package 下的哪些可执行程序，指定以什么参数启动，以及一些管理控制的命令。launch 文件通常放在软件包的 launch 文件夹中。

2. msg/srv/action 文件

ROS 程序中有可能有一些自定义的消息/服务/动作文件，是程序的开发者所设计的数据结构，这类文件以.msg、.srv 或.action 结尾，通常放在 package 的 msg、srv 或 action 文件夹下。

3. urdf/xacro 文件

urdf/xacro 文件是机器人模型的描述文件，以.urdf 或.xacro 结尾。它定义了机器人的连杆和关节信息，以及它们之间的位置、角度等信息，通过 urdf 文件可以将机器人的物理连接信息表示出来，并在可视化调试和仿真工具中显示。

4. yaml 文件

yaml 文件一般存储了 ROS 需要加载的参数信息，如一些属性的配置。通常在 launch 文件或程序中读取.yaml 文件，把参数加载到参数服务器上。yaml 文件通常存放在 param 文件夹下。

5. dae/stl 文件

dae 或 stl 文件是 3D 模型文件，机器人的 urdf 或仿真环境通常会引用这类文件，它们描述了机器人的三维模型。相比 urdf 文件定义简单的形状，dae/stl 文件可以定义复杂的模型，可以直接从 solidworks 或其他建模软件导出机器人装配模型，从而显示更加精确的外形。

6. rviz 文件

rviz 文件本质上是固定格式的文本文件，其中存储了 RViz 窗口的配置(显示哪些控件、视角、参数)。通常 rviz 文件不需要用户手动修改，而是直接在 RViz 工具里保存，下次运行时直接读取。

2.3 ROS 计算图

从计算图的角度来看，ROS 系统软件的功能模块是以节点方式独立运行的，可以分布于多个相同或不同的主机中，在系统运行时通过端到端的拓扑结构进行连接。

2.3.1 计算图简介

前面介绍的是 ROS 文件结构，是硬盘上 ROS 程序的存储结构，以静态方式存储，而 ROS 程序运行之后，不同的节点之间的关系是错综复杂的，因此 ROS 提供了一个实用的工具：rqt_graph。

rqt_graph 能够创建一个显示当前系统运行情况的动态图形。ROS 分布式系统中不同进程之间需要进行数据交互，计算图可以以点对点的网络形式展现数据交互过程。rqt_graph 是 rqt 程序包的一部分。

2.3.2 计算图安装

如果前期把所有的功能包都已经安装完成，则直接在终端窗口中输入：

```
rosrun rqt_graph rqt_graph
```

如果未安装，则在终端(terminal)中输入以下指令：

```
sudo apt install ros-<distro>-rqt
sudo apt install ros-<distro>-rqt-common-plugins
```

请读者根据待安装的 ROS 版本信息(如 kinetic、melodic、noetic 等)来替换指令中的 <distro>。

2.3.3 计算图演示

接下来以 ROS 内置的小海龟案例来演示计算图的使用。

首先，按照第 1 章中的 ROS 安装测试内容，运行小海龟案例；然后启动一个新的终端，并在终端中输入 rqt_graph 或 rosrun rqt_graph rqt_graph，可以看到如图 2-10 所示的网络拓扑图，该图可以显示不同节点之间的关系。

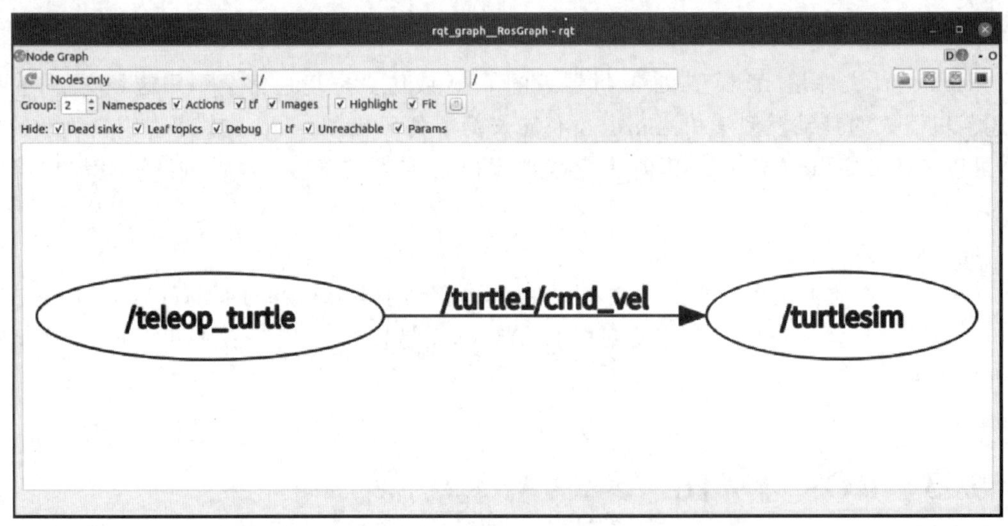

图 2-10 ROS 节点之间的拓扑图

本章小结

本章主要介绍了 ROS 的架构、编译系统及工作空间，重点讲解了功能包(package)的文件结构，功能包所包含的文件类型及主要文件的作用；然后介绍了元功能包(Metapackage)

的概念及它与普通功能包的区别，列举了常用的元功能包。

习题

1. 一个 ROS 的 package 要正常编译，必须包含哪些文件？
2. 从系统架构角度看，ROS 可以分为哪几个层级？每个层级主要包括哪些内容？
3. 简述 Catkin 编译的工作流程。
4. 常用的元功能包主要有哪些？

实验

在工作空间中新建一个名为 mybot 的功能包并进行编译，查看编译后生成的文件夹及文件。

第3章

ROS通信机制

机器人是高度复杂的系统，在机器人上可能需要集成各种传感器(如激光雷达、摄像头、IMU 等)以及对机器人的运动控制。为了解耦合，ROS 中每个功能点都是一个单独的进程，且每个进程都是独立运行的。更确切地讲，ROS 是进程(也称为 Nodes)分布式框架，为用户提供多节点之间的通信服务。这些进程甚至还可以分布于不同主机，且不同主机协同工作，从而分散计算压力。不过随之产生一个问题：不同的进程是如何通信的？即不同进程间如何实现数据交换？这即为 ROS 的通信机制的相关内容。ROS 的通信机制是最底层，也是最核心的技术。

ROS 的基本通信机制主要有以下三种实现方式：

- 话题通信(发布订阅模式)；
- 服务通信(请求响应模式)；
- 参数服务器(参数共享模式)。

本章的主要内容就是介绍各种通信机制的应用场景、理论模型、代码实现以及相关的操作命令。在学习 ROS 通信机制之前，读者需要先了解 ROS 中的节点(node)和节点管理器(master)。

3.1 Node 和 Master

3.1.1 node

在 ROS 中，最小的进程单元就是节点。一个功能包里可以有多个可执行文件，可执行文件在运行之后就成了一个进程(process)，这个进程在 ROS 中就叫作节点。从程序角度来说，节点就是一个可执行文件(通常为 C++编译生成的可执行文件、Python 脚本)被执行、加载到内存之中；从功能角度来说，通常一个节点负责机器人的某项单独的功能。由于机器人的功能模块非常复杂，通常不会把所有功能都集中到一个节点上，而会采用分布式的方式。例如，用一个节点来控制底盘轮子的运动，一个节点驱动摄像头获取图像，一个节点驱动激光雷达，一个节点根据传感器信息进行路径规划等，这样做可以降低程序发生崩溃的可能性，试想一下，如果把所有功能都写到一个程序中，模块间的通信和异常处理将会很麻烦。

在 1.2 节中执行了小海龟仿真程序和键盘控制程序，这每个程序便是一个节点。ROS 系统中不同功能模块之间的通信也就是节点间的通信。读者可以把键盘控制替换为其他控制方式，而小海龟仿真程序则不用变化，这就是一种模块化分工的思想。

3.1.2 master

由于机器人的元器件很多，功能庞大，实际运行时往往会运行众多的节点，分别实现环境感知、运动控制、决策规划等功能。那么如何合理地调配、管理这些节点呢？这就要利用 ROS 提供的节点管理器 master，master 在整个网络通信架构里相当于管理中心，管理着各个节点。节点首先在 master 处进行注册，之后 master 会将该节点纳入整个 ROS 程序中。节点之间的通信也是先由 master 进行“牵线”后，才能两两之间进行点对点通信。当 ROS 程序启动时，首先启动 master，再由节点管理器依次启动节点。

3.1.3 启动 master 与 node

当需要启动 ROS 时，首先在终端输入 roscore 命令，此时 ROS master 启动，同时启动的还有 rosout 和 parameter server。其中 rosout 是负责日志输出的一个节点，其作用是告知用户当前系统的状态，包括输出系统的错误、警告等，并且将 log 记录于日志文件中；parameter server 即参数服务器，它并不是一个节点，而是存储参数配置的一个服务器，后文会单独介绍。每次运行 ROS 的节点前，都需要把 master 启动起来，这样才能够让节点启动和注册。启动 master 之后，master 就开始按照系统的安排协调启动具体的节点。节点就是一个进程，只不过在 ROS 中它被赋予了专用的名字——node。学习了第 2 章介绍的 ROS 文件系统之后，读者知道一个功能包(package)中存放着可执行文件，可执行文件是静态的，当系统执行这些可执行文件，将这些文件加载到内存中，它就成为了动态的节点。启动具体节点的指令是：

```
rosrun pkg_name node_name
```

通常运行 ROS 就是按照这样的顺序启动，有时节点太多，会选择用 launch 文件来启动，在后面的章节会专门进行介绍。master 和 node 之间及各 node 之间的关系如图 3-1 所示。

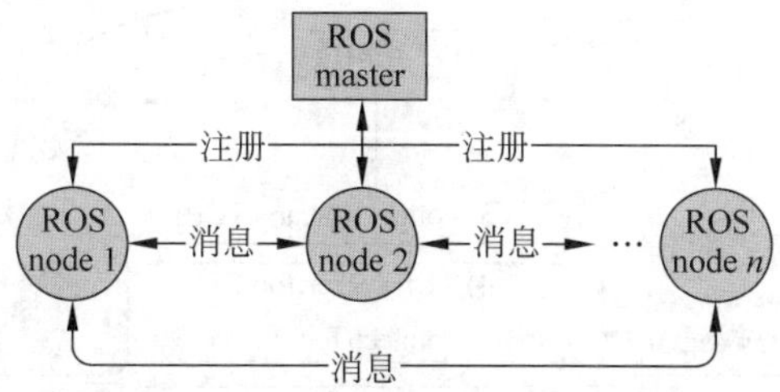

图 3-1 node 及 master 之间的关系

3.1.4　rosnode 命令

rosnode 命令用于获取节点信息，其详细用法如表 3-1 所示。

表 3-1　rosnode 命令的用法

rosnode 命令	作　用
rosnode list	列出当前运行的节点信息
rosnode info node_name	显示节点的详细信息
rosnode kill node_name	结束某个节点
rosnode ping	测试到节点的连接状态
rosnode machine	列出指定设备上的节点
rosnode cleanup	清除不可连接的节点

前三个命令较常用，在调试过程中经常需要查看当前节点以及节点信息，所以有必要记住这些命令。也可以通过 rosnode help 来查看 rosnode 命令的用法。

3.2　话题通信机制

话题(topic)通信是 ROS 中使用最频繁的一种通信模式。话题通信是基于发布订阅模式的，即一个节点发布消息，另一个节点订阅该消息。对于实时性、周期性的消息，使用话题来传输是最佳的选择。话题是一种点对点的单向通信方式，这里的"点"指的是节点，也就是说节点之间通过话题方式来传递信息。

像激光雷达、摄像头、GPS 等传感器数据的采集，都使用话题通信，换言之，话题通信适用于不断更新的数据传输相关的应用场景。

3.2.1　话题通信理论模型

话题通信的实现模型是比较复杂的，如图 3-2 所示。模型中涉及三个角色：节点管理者(ROS Master)、发布者(Talker)和订阅者(Listener)。

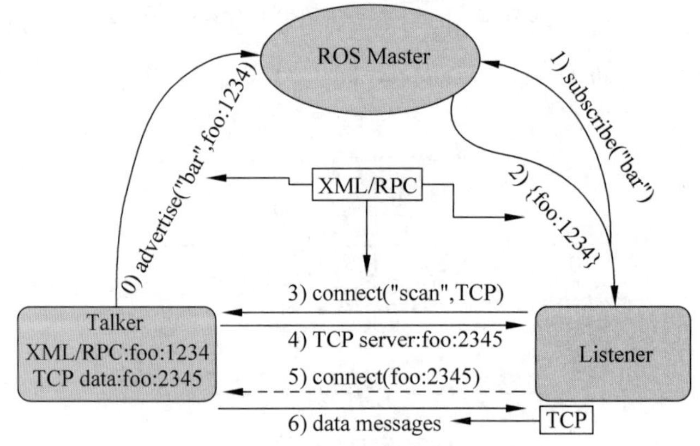

图 3-2　基于发布/订阅模型的话题通信机制

ROS Master 负责保管发布者和订阅者的注册信息，并匹配话题相同的发布者和订阅者，帮助发布者与订阅者建立连接后，发布者可以发布消息，且发布的消息会被订阅者订阅。

话题通信机制的整个流程如下。

1. *发布者注册*

发布者启动后，会通过 RPC 在 ROS Master 中注册自身信息和发布消息的话题名称。ROS Master 会将节点的注册信息加入注册表中。

2. *订阅者注册*

订阅者启动后，同样会通过 RPC 在 ROS Master 中注册自身信息和需要订阅消息的话题名。ROS Master 会将节点的注册信息加入注册表中。

3. *ROS Master 实现信息匹配*

ROS Master 会根据注册表中的信息匹配发布者和订阅者，并通过 RPC 向订阅者发送发布者的 RPC 地址信息。

4. *订阅者向发布者发送连接请求*

订阅者根据接收到的 RPC 地址，通过 RPC 向发布者发送连接请求，传输订阅的话题名、消息类型及通信协议(TCP/UDP)。

5. *发布者确认连接请求*

发布者接收到订阅者的请求后，通过 RPC 向订阅者确认连接信息，并发送自身的 TCP 地址信息。

6. *订阅者与发布者建立网络连接*

订阅者根据步骤 4 返回的消息使用 TCP 与发布者建立网络连接。

7. *发布者向订阅者发送消息*

成功建立连接后，发布者开始向订阅者发布话题消息。

从话题通信过程可以看出，发布者和订阅者可以有多个。发布者和订阅者建立连接后，不再需要 ROS Master，此后即便关闭 ROS Master，订阅者和发布者照常可以通信。

3.2.2 话题创建示例(C++版)

视频讲解 1

分别编写发布者和订阅者程序，实现发布者以 10Hz(每秒 10 次)的频率发布文本消息(“Hello World!”)，订阅者订阅消息并将该消息内容输出至终端。

视频讲解 2

1. *编写发布者程序*

首先在前面章节创建的 catkin_ws 工作空间下，使用如下命令创建功能包和新建文件：

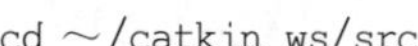

```
cd ~/catkin_ws/src
catkin_create_pkg learning_communication roscpp rospy std_msgs std_srvs
cd learning_communication/src
gedit string_publisher.cpp
```

然后在 string_publisher.cpp 文件中写入如下程序：

```
/**

    消息发布方：
        循环发布信息：Hello World 后缀数字编号

    实现流程：
```

```
    (1)包含头文件
    (2)初始化 ROS 节点:命名(唯一)
    (3)实例化 ROS 句柄
    (4)实例化发布者对象
    (5)组织被发布的数据,并编写逻辑发布数据

* 该例程将发布 chatter 话题,消息类型为 String
*/

//(1)包含头文件
#include <sstream>
#include "ros/ros.h"
#include "std_msgs/String.h"   //普通文本类型的消息

int main(int argc, char **argv)
{
    //设置编码
    setlocale(LC_ALL,"");

    //(2)初始化 ROS 节点
    //参数 1 和参数 2 在后期为节点传值时使用
    //参数 3 是节点名称,是一个标识符,需要保证运行后在 ROS 网络拓扑中唯一
    ros::init(argc, argv, "string_publisher");

    //(3)实例化 ROS 句柄
    ros::NodeHandle n;   //该类封装了 ROS 中的部分常用功能

    //(4)实例化发布者对象
    //泛型: 发布的消息类型
    //参数 1: 要发布的话题
    //参数 2: 队列中保存的最大消息数,超出此阈值时,先进队列的先销毁(时间早的先销毁)
    //创建一个 Publisher 对象,发布名为 chatter 的话题,消息类型为 std_msgs::String
    ros::Publisher chatter_pub = n.advertise<std_msgs::String>("chatter", 1000);

    //设置循环的频率(一秒 10 次)
    ros::Rate loop_rate(10);

int count = 0;
while (ros::ok())
{
    //(5)组织被发布的数据,并编写逻辑发布数据
    // 初始化 std_msgs::String 类型的消息
    //使用 stringstream 拼接字符串与编号
    std_msgs::String msg;
    std::stringstream ss;
    ss << "Hello World! " << count;
    msg.data = ss.str();

    //发布消息
    ROS_INFO("发送的消息: %s", msg.data.c_str());
    chatter_pub.publish(msg);

    //按照循环频率延时
    loop_rate.sleep();
```

```
        ++count;   //循环结束前使 count 自增
    }

    return 0;
}
```

2. 编写订阅者程序

使用 gedit string_subscriber.cpp 命令新建订阅者 CPP 文件,然后在该文件内写入如下程序:

```
/**
    消息订阅方:
        订阅话题并输出接收到的消息

    实现流程:
        (1)包含头文件
        (2)初始化 ROS 节点:命名(唯一)
        (3)实例化 ROS 句柄
        (4)实例化订阅者对象
        (5)处理订阅的消息(回调函数)
        (6)设置循环调用回调函数

 * 该例程将订阅 chatter 话题,消息类型为 String
 */

//(1)包含头文件
#include "ros/ros.h"
#include "std_msgs/String.h"

//(5)处理订阅的消息(回调函数)
void chatterCallback(const std_msgs::String::ConstPtr& msg)
{
    //将接收到的消息输出
    ROS_INFO("我听见: [%s]", msg->data.c_str());
}

int main(int argc, char **argv)
{
    setlocale(LC_ALL,"");

    //(2)初始化 ROS 节点:命名(唯一)
    ros::init(argc, argv, "string_subscriber");

    //(3)实例化 ROS 句柄
    ros::NodeHandle n;

    //(4)实例化订阅者对象
    //创建一个 Subscriber,订阅名为 chatter 的话题,注册回调函数 chatterCallback
    ros::Subscriber sub = n.subscribe("chatter", 1000, chatterCallback);

    //(6)设置循环调用回调函数
    ros::spin();

    return 0;
```

```
}
```

3. 修改配置文件 CMakeLists.txt 的内容，具体如下：

```
add_executable(string_publisher src/string_publisher.cpp)
target_link_libraries(string_publisher ${catkin_LIBRARIES})

add_executable(string_subscriber src/string_subscriber.cpp)
target_link_libraries(string_subscriber ${catkin_LIBRARIES})
```

4. 编译并执行。

CMakeLists.txt 修改完成后，在工作空间的根路径下开始编译：

```
cd ~/catkin_ws
catkin_make
```

编译完成后就可以运行发布者和订阅者这两个节点。在运行节点之前，需要在终端中设置环境变量，否则将无法找到功能包编译生成的可执行文件。即在终端中执行如下语句：

```
source devel/setup.bash
```

也可以将环境变量的配置脚本添加到终端的配置文件中，这样以后就不必每次都先设置环境变量。即执行如下语句：

```
echo "source ~/catkin_ws/devel/setup.bash" >> ~/.bashrc
source ~/.bashrc
```

环境变量设置成功后，就可以运行刚编写的发布者和订阅者程序。

(1) 启动 roscore。

在运行节点之前，首先必须确保 ROS Master 已经成功启动。命令如下：

```
roscore
```

(2) 启动发布者(Publisher)。

发布者和订阅者节点的启动顺序在 ROS 中没有要求，这里先启动发布者，命令如下：

```
rosrun learning_communication string_publisher
```

如果发布者节点正常运行，终端中会显示如图 3-3 所示的日志信息。

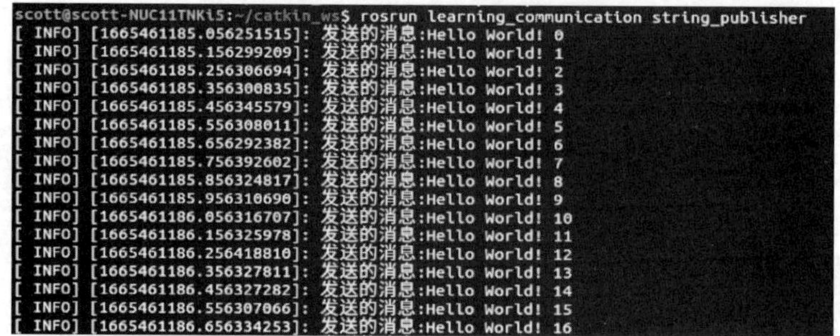

图 3-3 发布者节点成功启动后的日志信息

(3) 启动订阅者(Subscriber)。

成功运行发布者节点后，接下来运行订阅者节点，订阅发布者发布的消息，命令如下：

```
rosrun learning_communication string_subscriber
```

如果订阅者节点成功运行，在终端会显示接收到的消息内容，如图 3-4 所示。

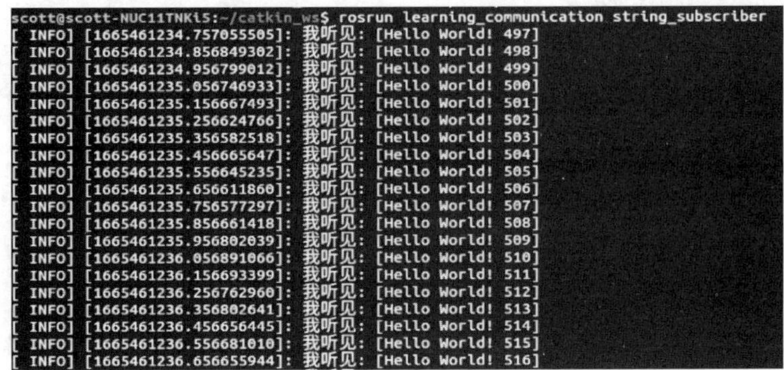

图 3-4　订阅者节点成功启动后的日志信息

3.2.3　话题创建示例（Python 版）

视频讲解

本节采用 Python 来实现 3.2.2 节中的案例，达到同样的效果。

1. 编写发布者程序

首先在 learning_communication 文件下新建一个 scripts 文件夹，用于存放 Python 文件。然后在 scripts 文件夹内新建 string_publisher.py 文件，并在该文件内写入如下内容：

```
#!/usr/bin/env python
# -*- coding: utf-8 -*-

"""
    消息发布方:
    循环发布信息:Hello World 后缀数字编号

    实现流程:
        (1)导包
        (2)初始化 ROS 节点:命名(唯一)
        (3)实例化发布者对象
        (4)组织被发布的数据,并编写逻辑发布数据

"""

# 该例程将发布 chatter 话题,消息类型为 String

#(1)导包
import rospy
from std_msgs.msg import String

def string_publisher():
    #(2)初始化 ROS 节点:命名(唯一)
    rospy.init_node('talker', anonymous = True)

    #(3)实例化发布者对象
    # 创建一个 Publisher 对象,发布名为/chatter 的话题,消息类型为 String,队列长度为 10
    pub = rospy.Publisher('chatter', String, queue_size = 10)

    #(4)组织被发布的数据,并编写逻辑发布数据
```

```
    msg = String()   #创建 msg 对象
    msg_front = "Hello World!"
    count = 0        #计数器

    #设置循环的频率
    rate = rospy.Rate(10)

    while not rospy.is_shutdown():
        #拼接字符串
        msg.data = msg_front + str(count)

    #发布消息
        pub.publish(msg)
        rospy.loginfo("写出的数据: %s", msg.data)
        count += 1

    #按照循环频率延时
        rate.sleep()

if __name__ == '__main__':
    try:
        string_publisher()
    except rospy.ROSInterruptException:
        pass
```

2. 编写订阅者程序

在 scripts 文件夹内新建 string_subscriber.py 文件，并在该文件内写入如下内容：

```
#!/usr/bin/env python
# -*- coding: utf-8 -*-

"""
    消息订阅方:
        订阅话题并输出接收到的消息

    实现流程:
        (1)导包
        (2)初始化 ROS 节点:命名(唯一)
        (3)实例化订阅者对象
        (4)处理订阅的消息(回调函数)
        (5)设置循环调用回调函数

"""

# 该例程将订阅/person_info 话题,消息类型为 String

#(1)导包
import rospy
from std_msgs.msg import String

#(4)处理订阅的消息(回调函数)
def stringCallback(msg):
    rospy.loginfo(rospy.get_caller_id() + "我听见 %s", msg.data)
```

```
def person_subscriber():
    #(2)初始化 ROS 节点:命名(唯一)
    rospy.init_node('listener', anonymous = True)

    #(3)实例化订阅者对象
    #创建一个 Subscriber 对象,订阅名为/chatter 的话题,注册回调函数 stringCallback
    rospy.Subscriber("chatter", String, stringCallback)

    #(5)设置循环调用回调函数
    rospy.spin()

if __name__ == '__main__':
    person_subscriber()
```

3. 为 Python 文件添加可执行权限

进入 scripts 目录后,打开终端,输入 chmod +x *.py,或右击该 Python 文件,勾选"设置为可执行文件"选项。

4. 编辑配置文件 CMakeLists.txt

```
catkin_install_python(PROGRAMS
  scripts/talker_p.py
  scripts/listener_p.py
  DESTINATION ${CATKIN_PACKAGE_BIN_DESTINATION}
)
```

5. 编译并执行

3.2.4　自定义 msg 话题通信示例

视频讲解

在上面的程序中,chatter 话题的消息类型是 ROS 中预定义的 String 类型。在 ROS 的元功能包 common_msgs 中提供了许多不同消息类型的功能包,如 std_msgs(标准数据类型)、geometry_msgs(几何学数据类型)、sensor_msgs(传感器数据类型)等。这些功能包可以满足大部分场景下的常用消息,但很多情况下,用户依然需要针对自己的机器人应用设计特定的消息类型。

ROS 中通过 std_msgs 封装了一些原生的数据类型,如 String、Int32、Int64、Char、Bool、Empty 等,但是这些数据一般只包含一个 data 字段,结构的单一性意味着功能上的局限性,当传输一些复杂的数据,如激光雷达的信息时,std_msgs 由于描述性较差而显得力不从心,在这种场景下,用户可以使用自定义的消息类型。

msgs 只是简单的文本文件,每行具有字段类型和字段名称,可以使用的字段类型包括:int8, int16, int32, int64(或者无符号类型 uint*),float32, float64、string,time, duration, other msg files、variable-length array[]和 fixed-length array[C]。

ROS 中还有一种特殊类型: Header(标头),包含时间戳和 ROS 中常用的坐标帧信息。用户经常可以看到 msg 文件的第一行具有 Header。

msg 文件就是 ROS 中定义消息类型的文件,一般放置在功能包根目录下的 msg 文件夹中。在功能包编译过程中,可以使用 msg 文件生成不同编程语言的代码文件。下面通过创建自定义消息如要求该消息包含人的信息,如姓名、身高、年龄等。

编写流程如下。

1. 按照固定格式创建 msg 文件

在功能包下新建 msg 文件夹，新建文件 PersonMsg. msg，并在该文件中写入如下信息：

```
string name
uint16 age
float64 height
```

注：这里使用的基础数据类型 string、uint16、float64 都是与编程语言无关的，在编译阶段会变成各种语言对应的数据类型。

2. 编辑配置文件

（1）在 package. xml 中添加编译依赖与执行依赖。

```
<build_depend>message_generation</build_depend>
<exec_depend>message_runtime</exec_depend>
<!--
exec_depend 以前对应的是 run_depend,现在非法
-->
```

（2）CMakeLists. txt 编辑 msg 相关配置。

打开功能包的 CMakeLists. txt 文件，在 find_package 中添加消息生成依赖的功能包 message_generation，这样在编译时才能找到所需的文件。

```
find_package(catkin REQUIRED COMPONENTS
  roscpp
  rospy
  std_msgs
  message_generation
)
#需要加入 message_generation,必须有 std_msgs
```

设置需要编译的 msg 文件：

```
## 配置 msg 源文件
add_message_files(
  FILES
  PersonMsg.msg
)
#生成消息时依赖于 std_msgs
generate_messages(
  DEPENDENCIES
  std_msgs
)
```

catkin 依赖也需要进行以下设置：

```
#执行时依赖
catkin_package(
#  INCLUDE_DIRS include
   CATKIN_DEPENDS roscpp rospy std_msgs message_runtime
#  DEPENDS system_lib
)
```

3. 编译、生成可以被 Python 或 C++调用的中间文件

以上配置工作完成后，回到工作空间的根路径下，使用 catkin_make 命令进行编译。编译完成后，可以使用如下命令查看自定义的 PersonMsg 消息类型，如图 3-5 所示。

```
rosmsg show PersonMsg
```

```
scott@scott-NUC11TNKi5:~/catkin_ws$ rosmsg show PersonMsg
[learning_communication/PersonMsg]:
string name
uint16 age
float64 height
```

图 3-5　自定义 PersonMsg 消息类型的数据信息

PersonMsg 消息类型定义成功后，在代码中就可以按照以上 String 类型的使用方法使用 PersonMsg 类型的消息。

3.2.5　自定义 msg 话题消息调用(C++版)

3.2.4 小节已经完成了 PersonMsg 消息类型的定义，本小节将通过编写发布者和订阅者程序，实现发布者以 10Hz(每秒 10 次)的频率发布 PersonMsg 自定义消息，订阅者订阅 PersonMsg 自定义消息并将消息内容输出至终端。实现流程如下。

1. 编写发布者程序

```
/**
 * 该例程将发布/person_info 话题,learning_communication::PersonMsg
 */

#include <ros/ros.h>
#include "learning_communication/PersonMsg.h"

int main(int argc, char **argv)
{
    setlocale(LC_ALL,"");

    //(1)初始化 ROS 节点
    ros::init(argc, argv, "person_publisher");

    //(2)创建 ROS 句柄
    ros::NodeHandle n;

    //(3)创建发布者对象
    // 创建一个 Publisher 对象,发布名为/person_info 的话题,消息类型为 learning_communication::
    //PersonMsg,队列长度为 10
    ros::Publisher person_info_pub = n.advertise<learning_communication::PersonMsg>
    ("/person_info", 10);

    //设置循环的频率
    ros::Rate loop_rate(1);

    int count = 0;
    while (ros::ok())
    {
        //(4)组织被发布的消息,编写发布逻辑并发布消息
        //初始化 learning_communication::PersonMsg 类型的消息
    learning_communication::PersonMsg person_msg;
    person_msg.name = "Mike";
    person_msg.age = 20;
    person_msg.height = 1.65;
```

```
    //发布消息
    person_info_pub.publish(person_msg);

        ROS_INFO("我叫%s,今年%d岁,身高%.2f米",
            person_msg.name.c_str(), person_msg.age, person_msg.height);

        //按照循环频率延时
        loop_rate.sleep();
    }

    return 0;
}
```

2. 编写订阅者程序

```
/**
 * 该例程将订阅/person_info话题,自定义消息类型learning_communication::PersonMsg
 */

#include <ros/ros.h>
#include "learning_communication/PersonMsg.h"

//(1)回调函数中处理personMsg
// 接收到订阅的消息后,会进入消息回调函数
void personInfoCallback(const learning_communication::PersonMsg::ConstPtr& msg)
{
    // 将接收到的消息输出
    ROS_INFO("订阅的人信息:我的名字是%s, 年龄%d, 身高%.2f",
            msg->name.c_str(), msg->age, msg->height);
}

int main(int argc, char **argv)
{
    setlocale(LC_ALL,"");

    //(2)初始化ROS节点
    ros::init(argc, argv, "person_subscriber");

    //(3)创建ROS句柄
    ros::NodeHandle n;

    //(4)创建订阅对象
    //创建一个Subscriber对象,订阅名为/person_info的话题,注册回调函数personInfoCallback
    ros::Subscriber person_info_sub = n.subscribe("/person_info", 10, personInfoCallback);

    //(5)循环等待回调函数
    ros::spin();

    return 0;
}
```

3. 编辑配置文件CMakeLists.txt

需要添加add_dependencies用以设置所依赖的消息相关的中间文件。

```
add_executable(person_publisher src/person_publisher.cpp)
```

```
target_link_libraries(person_publisher ${catkin_LIBRARIES})
add_dependencies(person_publisher ${PROJECT_NAME}_gencpp)

add_executable(person_subscriber src/person_subscriber.cpp)
target_link_libraries(person_subscriber ${catkin_LIBRARIES})
add_dependencies(person_subscriber ${PROJECT_NAME}_gencpp)
```

4. 编译并执行

编译和执行过程与3.2.4小节的案例类似。

3.2.6 自定义msg话题消息调用(Python版)

与3.2.5小节的案例类似,本小节将采用Python编程实现自定义消息PersonMsg的调用,流程如下。

1. 编写发布者代码

```
#!/usr/bin/env python
# -*- coding: utf-8 -*-
# 该例程将发布/person_info话题,自定义消息类型 learning_communication::PersonMsg

import rospy
from learning_communication.msg import PersonMsg

def velocity_publisher():
    #(1)初始化ROS节点
    rospy.init_node('person_publisher', anonymous = True)

    #(2)创建发布者对象
    # 创建一个Publisher对象,发布名为/person_info的话题,消息类型为PersonMsg,队列长度为10
    person_info_pub = rospy.Publisher('/person_info', PersonMsg, queue_size = 10)

    #设置循环的频率
    rate = rospy.Rate(10)

    while not rospy.is_shutdown():
    #(3)组织消息
    # 初始化PersonMsg类型的消息
        person_msg = PersonMsg()
        person_msg.name = "Mike";
        person_msg.age = 20;
        person_msg.height = 1.65;

    #(4)发布消息
        person_info_pub.publish(person_msg)
        rospy.loginfo("Publish person message[姓名 %s, 年龄 %d, 身高 %.2f]",
                person_msg.name, person_msg.age, person_msg.height)

    # 按照循环频率延时
        rate.sleep()

    if __name__ == '__main__':
```

```
    try:
        velocity_publisher()
    except rospy.ROSInterruptException:
        Pass
```

2. 编写订阅者代码

```
#!/usr/bin/env python
# -*- coding: utf-8 -*-
# 该例程将订阅/person_info话题,自定义消息类型PersonMsg

import rospy
from learning_communication.msg import PersonMsg

def personInfoCallback(msg):
    rospy.loginfo("接收到的人的信息: name: %s age: %d height: %.2f",
            msg.name, msg.age, msg.height)

def person_subscriber():
    #(1)初始化节点
    rospy.init_node('person_subscriber', anonymous = True)

    #(2)创建订阅者对象
    # 创建一个Subscriber对象,订阅名为/person_info的话题,注册回调函数
    # personInfoCallback
    rospy.Subscriber("/person_info", PersonMsg, personInfoCallback)

    #(3)循环等待回调函数
    rospy.spin()

if __name__ == '__main__':
    person_subscriber()
```

3. 为Python文件添加可执行权限

进入scripts文件夹后,打开终端执行chmod +x *.py,或者右击Python文件,勾选“可执行文件”选项。

4. 编辑配置文件CMakeLists.txt

```
catkin_install_python(PROGRAMS
  scripts/person_publisher.py
  scripts/person_subscriber.py
  DESTINATION ${CATKIN_PACKAGE_BIN_DESTINATION})
```

5. 编译并执行

执行过程与前面的案例类似。

3.3 常见的消息类型

本节主要介绍常见的消息(message)类型,包括std_msgs、geometry_msgs、nav_msgs、sensor_msgs等。

1. Header. msg

```
#定义数据的参考时间和参考坐标
#文件位置:std_msgs/Header.msg
uint32 seq          #数据 ID
time stamp          #数据时间戳
string frame_id     #数据的参考坐标系
```

2. Vector3. msg

```
#文件位置:geometry_msgs/Vector3.msg
float64 x
float64 y
float64 z
```

3. Accel. msg

```
#定义加速度项,包括线性加速度和角加速度
#文件位置:geometry_msgs/Accel.msg
Vector3 linear
Vector3 angular
```

4. Quaternion. msg

```
#消息代表空间中旋转的四元数
#文件位置:geometry_msgs/Quaternion.msg
float64 x
float64 y
float64 z
float64 w
```

5. Point. msg

```
#空间中的点的位置
#文件位置:geometry_msgs/Point.msg
float64 x
float64 y
float64 z
```

6. Pose. msg

```
#消息定义自由空间中的位姿信息,包括位置和指向信息
#文件位置:geometry_msgs/Pose.msg
Point position
Quaternion orientation
```

7. PoseStamped. msg

```
#定义有时空基准的位姿
#文件位置:geometry_msgs/PoseStamped.msg
Header header
Pose pose
```

8. PoseWithCovariance. msg

```
#表示空间中含有不确定性的位姿信息
#文件位置:geometry_msgs/PoseWithCovariance.msg
Pose pose
float64[36] covariance
```

9. Twist. msg

```
#定义空间中物体运动的线速度和角速度
#文件位置:geometry_msgs/Twist.msg
Vector3 linear
Vector3 angular
```

10. TwistWithCovariance. msg

```
#消息定义了包含不确定性的速度量,协方差矩阵按行分别表示:
#沿 x 方向速度的不确定性,沿 y 方向速度的不确定性,沿 z 方向速度的不确定性
#绕 x 转动角速度的不确定性,绕 y 轴转动的角速度的不确定性,绕 z 轴转动的
#角速度的不确定性
#文件位置:geometry_msgs/TwistWithCovariance.msg
Twist twist
float64[36] covariance     #分别表示[x; y; z; Rx; Ry; Rz]
```

11. Odometry. msg

```
#消息描述了自由空间中位置和速度的估计值
#文件位置:nav_msgs/Odometry.msg
Header header
string child_frame_id
PoseWithCovariance pose
TwistWithCovariance twist
```

12. Power. msg

```
#表示电源状态,是否开启
#文件位置:自定义 msg 文件
Header header
bool power
##########################
bool ON = 1
 bool OFF = 0
```

13. Echos. msg

```
#定义超声传感器
#文件位置:自定义 msg 文件
Header header
uint16 front_left
uint16 front_center
uint16 front_right
uint16 rear_left
uint16 rear_center
uint16 rear_right
```

14. Imu. msg

```
#消息包含了从惯性元件中得到的数据,加速度单位为 m/s^2,角速度单位为 rad/s
#如果所有的测量协方差已知,则需要全部填充进来。如果只知道方差,则只填充协方差矩阵的对角
#数据即可
#位置:sensor_msgs/Imu.msg
Header header
Quaternion orientation
float64[9] orientation_covariance
Vector3 angular_velocity
```

```
float64[9] angular_velocity_covariance
Vector3 linear_acceleration
float64[] linear_acceleration_covariance
```

15. LaserScan.msg

```
# 平面内的激光测距扫描数据,注意此消息类型仅仅适配激光测距设备
# 如果有其他类型的测距设备(如超声波传感器),需要另外创建不同类型的消息
# 位置:sensor_msgs/LaserScan.msg
Header header               # 时间戳为接收到第一束激光的时间
float32 angle_min           # 扫描开始时的角度(单位为 rad)
float32 angle_max           # 扫描结束时的角度(单位为 rad)
float32 angle_increment     # 两次测量之间的角度增量(单位为 rad)
float32 time_increment      # 两次测量之间的时间增量(单位为 s)
float32 scan_time           # 两次扫描之间的时间间隔(单位为 s)
float32 range_min           # 距离最小值(单位为 m)
float32 range_max           # 距离最大值(单位为 m)
float32[] ranges            # 测距数据(单位为 m,如果数据不在最小数据和最大数据之间,则抛弃)
float32[] intensities       # 强度,具体单位由测量设备确定,如果仪器没有强度测量,则数组为空即可
```

3.4 服务通信机制

前面介绍了 ROS 通信方式中的话题通信。话题是 ROS 中一种单向的异步通信方式,然而有时单向的通信满足不了通信要求,例如机器人巡逻过程中,控制系统分析传感器数据,发现可疑物体或人,此时需要拍摄照片并留存,如果用话题通信方式时就会消耗大量不必要的系统资源,造成系统的低效率高功耗。

这种情况下,就需要有另外一种请求-查询式的通信模型。本小节将介绍 ROS 通信中的另一种通信方式——service(服务)。Service 是节点之间同步通信的一种方式,允许客户端(Client)节点发布请求(Request),由服务端节点处理后反馈应答。服务通信更适用于对实时性有要求、具有一定逻辑处理能力的应用场景。

3.4.1 服务通信的理论模型

服务通信相较于话题通信更简单,其理论模型如图 3-6 所示。该模型涉及三个角色:节点管理者(ROS Master)、服务端(Server)和客户端(Client)。

ROS Master 负责保管 Server 和 Client 注册的信息,并匹配话题相同的 Server 与 Client,帮助 Server 与 Client 建立连接后,客户端发送请求信息,服务端返回响应信息。

服务通信机制的实现流程如下。

1. *服务端注册*

服务端启动后,会通过 RPC 在 ROS Master 中注册自身信息和提供的服务名称。ROS Master 会将节点的注册信息加入注册表中。

2. *客户端注册*

客户端启动后,也会通过 RPC 在 ROS Master 中注册自身信息和需要请求的服务名称。ROS Master 会将节点的注册信息加入注册表中。

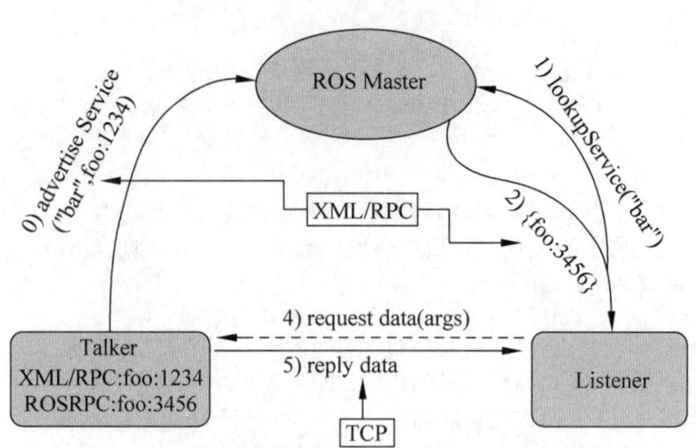

图 3-6 基于服务端/客户端模型的服务通信机制

3. ROS Master 实现信息匹配

ROS Master 会根据注册表中的信息匹配 Server 和 Client，并通过 RPC 向 Client 发送 Server 的 TCP 地址信息。

4. 客户端发送请求

客户端根据步骤 2 响应的信息，使用 TCP 与服务端建立网络连接，并发送请求数据。

5. 服务端发送响应

服务端接收、解析请求的数据，并产生响应结果返回给客户端。

3.4.2 服务通信机制示例(C++版)

分别编写服务端和客户端程序，实现文本消息("Hello ROS!")服务通信的过程。

1. 编写服务端实现代码(string_server.cpp)

```
/**
 * 该例程将提供 print_string 服务，std_srvs::SetBool
 */

//(1)包含头文件
#include "ros/ros.h"
#include "std_srvs/SetBool.h"

// service 回调函数，输入参数为 req，输出参数为 res
bool print(std_srvs::SetBool::Request &req,
         std_srvs::SetBool::Response &res)
{
    // 输出字符串
    if(req.data)
{
    ROS_INFO("服务器收到请求信息为:Hello ROS!");
    res.success = true;
    res.message = "Print Successfully";
}
else
{
    res.success = false;
    res.message = "Print Failed";
```

```
    }

    return true;
}

int main(int argc, char ** argv)
{
    setlocale(LC_ALL,"");

    //(2)初始化 ROS 节点
    ros::init(argc, argv, "string_server");

    //(3)创建 ROS 句柄
    ros::NodeHandle n;

    //(4)创建服务对象
    // 创建一个名为 print_string 的 server,注册回调函数 print()
    ros::ServiceServer service = n.advertiseService("print_string", print);

    //(5)回调函数处理请求并产生响应
    //(6)由于请求有多个,需要调用 ros::spin()
    ROS_INFO("服务已经启动,准备输出字符串");
    ros::spin();

    return 0;
}
```

2. 编写客户端实现代码(string_client.cpp)

```
/**
 * 该例程将请求 print_string 服务,std_srvs::SetBool
 */

//(1)包含头文件
#include "ros/ros.h"
#include "std_srvs/SetBool.h"

int main(int argc, char ** argv)
{
    setlocale(LC_ALL,"");

    //(2)初始化 ROS 节点
    ros::init(argc, argv, "string_client");

    //(3)创建 ROS 句柄
    ros::NodeHandle n;

    //(4)创建客户端对象
    // 创建一个 client 对象,service 消息类型是 std_srvs::SetBool
    ros::ServiceClient client = n.serviceClient<std_srvs::SetBool>("print_string");

    //(5)组织请求数据
    // 创建 std_srvs::SetBool 类型的 service 消息
    std_srvs::SetBool srv;
    srv.request.data = true;
```

```
    //(6)发送请求,返回 bool 值,标记是否成功
    bool flag = client.call(srv);

    //(7)处理响应
    // 发布 service 请求,等待应答结果
    if (flag)
    {
        ROS_INFO("请求正常处理,响应结果 : [ %s] %s", srv.response.success?"True":
"False",
                                                srv.response.message.c_str());
    }
    else
    {
        ROS_ERROR("请求 print_string 失败 ");
        return 1;
    }

    return 0;
}
```

3. 编辑 CMakeLists.txt 配置文件

```
add_executable(string_server src/string_server.cpp)
target_link_libraries(string_server ${catkin_LIBRARIES})

add_executable(string_client src/string_client.cpp)
target_link_libraries(string_client ${catkin_LIBRARIES})
```

4. 编译并执行

(1) 先对程序进行编译,并设置环境变量;

```
catkin_make
source devel/setup.bash
```

(2) 启动 roscore。

(3) 启动服务端节点。

打开一个新的终端,运行服务端节点:

```
rosrun learning_communication string_server
```

如果运行正常,则在终端会显示如图 3-7 所示的信息。

图 3-7 服务器节点启动后的日志信息

(4) 运行客户端节点。

打开一个新的终端,运行客户端节点:

```
rosrun learning_communication string_client
```

客户端发布服务请求,服务端完成服务功能后反馈结果给客户端。在客户端和服务端

的终端中分别可以看到如图3-8和图3-9所示的日志信息。

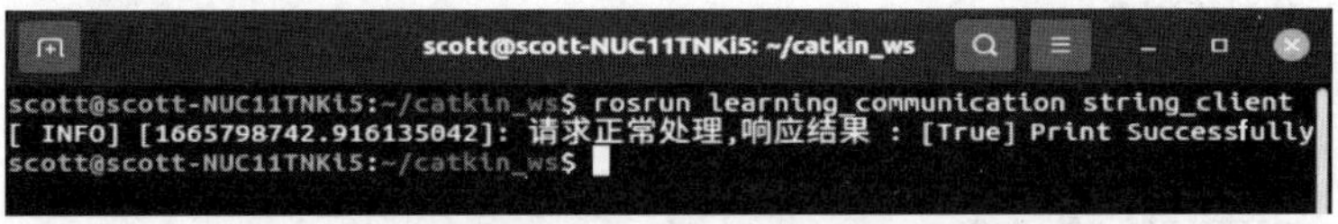

```
scott@scott-NUC11TNKi5: ~/catkin_ws
scott@scott-NUC11TNKi5:~/catkin_ws$ rosrun learning_communication string_client
[ INFO] [1665798742.916135042]: 请求正常处理,响应结果 : [True] Print Successfully
scott@scott-NUC11TNKi5:~/catkin_ws$
```

图3-8　客户端启动后发布服务请求后的日志信息

```
scott@scott-NUC11TNKi5: ~/catkin_ws
scott@scott-NUC11TNKi5:~/catkin_ws$ rosrun learning_communication string_server
[ INFO] [1665798531.379460753]: 服务已经启动, 准备输出字符串
[ INFO] [1665798742.916009164]: 服务器收到请求信息为: Hello ROS!
```

图3-9　服务端接收到服务调用后输出的日志信息

3.4.3　服务通信机制示例(Python版)

使用Python语言分别编写服务端和客户端程序,实现文本消息("Hello ROS!")服务通信的过程如下。

1. 编写服务端实现代码(string_server.py)

```
#!/usr/bin/env python
# -*- coding: utf-8 -*-
# 该例程将提供print_string服务,std_srvs::SetBool

#(1)导包
import rospy
from std_srvs.srv import SetBool, SetBoolResponse

# 回调函数的参数是请求对象,返回值是响应对象
def stringCallback(req):
    # 显示请求数据
    if req.data:
        rospy.loginfo("服务器收到请求信息为:Hello ROS!")

    # 反馈数据
        return SetBoolResponse(True, "Print Successfully")
    else:
        # 反馈数据
        return SetBoolResponse(False, "Print Failed")

def string_server():
    #(2)初始化ROS节点
    rospy.init_node('string_server')

    #(3)创建服务对象
    # 创建一个名为/print_string的server,注册回调函数stringCallback
    s = rospy.Service('print_string', SetBool, stringCallback)

    #(4)回调函数处理请求并产生响应
    # 循环等待回调函数
    print ("服务已经启动,准备输出字符串")
    rospy.spin()
```

```
if __name__ == "__main__":
    string_server()
```

2. 编写客户端实现代码(string_client.py)

```
#!/usr/bin/env python
# -*- coding: utf-8 -*-
# 该例程将请求 print_string 服务,std_srvs::SetBool

#(1)导包
import sys
import rospy
from std_srvs.srv import SetBool, SetBoolRequest

def string_client():
    #(2)初始化 ROS 节点
    rospy.init_node('string_client')

    #(3)创建请求对象
    # 发现 print_string 服务后,创建一个服务客户端,连接名为 print_string 的 service
    rospy.wait_for_service('print_string')
    try:
        string_client = rospy.ServiceProxy('print_string', SetBool)

    #(4)请求服务调用,输入请求数据
        response = string_client(True)
        return response.success, response.message
    except (rospy.ServiceException, e):
        print ("Service call failed: %s" % e)

if __name__ == "__main__":
#服务调用并输出调用结果
    print ("响应结果 : [ %s] %s" % (string_client()))
```

3. 为 Python 文件添加可执行权限

进入 scripts 文件夹后,打开终端,输入 chmod +x *.py,或右击该 Python 文件,勾选“设置为可执行文件”选项。

4. 编辑配置文件 CMakeLists.txt

```
catkin_install_python(PROGRAMS
  scripts/string_server.py
  scripts/string_client.py
  DESTINATION ${CATKIN_PACKAGE_BIN_DESTINATION}
)
```

5. 编译并执行

与 3.4.3 小节执行过程类似,分别启动 roscore、服务端和客户端。

视频讲解

3.4.4 自定义 srv 服务数据

本小节以一个简单的加法运算为例,介绍 ROS 中自定义服务的应用。本例中,客户端提交两个整数至服务端,服务端接收请求后完成求和运算,并返回结果给客户端。

与话题消息类似,ROS 中的服务数据可以通过 srv 进行语言无关的接口定义,一般放置在功能包根路径下的 srv 文件夹中。实现自定义 srv 服务数据的流程如下。

1. 按照固定格式创建 srv 文件

服务通信中,数据分成两部分,请求与应答两个数据域,数据域中的内容与话题消息的数据类型相同,在 srv 文件中请求和应答描述之间使用“---”分割,具体实现如下。

在功能包下新建 srv 文件夹,并创建 AddTwoInts. srv 文件,内容如下:

```
# 客户端请求时发送的两个数字
int32 num1
int32 num2
---
# 服务器响应发送的数据
int32 sum
```

2. 编辑配置文件

完成服务数据类型的描述后,与前面的话题消息类似,也需要在功能包的 package. xml 和 CMakeLists. txt 文件中配置依赖及编译规则,编译后将该描述文件转换成编程语言所能识别的代码。

打开 package. xml 文件,添加编译依赖与执行依赖(在定义话题消息的时候已经添加过)。

```
<build_depend>message_generation</build_depend>
<exec_depend>message_runtime</exec_depend>
```

打开 CMakeLists. txt 文件,编辑 srv 相关配置。

```
find_package(catkin REQUIRED COMPONENTS
  roscpp
  rospy
  std_msgs
  std_srvs
  message_generation
)
# 需要加入 message_generation,必须有 std_msgs
add_service_files(
  FILES
  AddTwoInts.srv
)
generate_messages(
  DEPENDENCIES
  std_msgs
)
```

3. 编译生成中间文件

功能包编译成功后,在服务的服务端节点和客户端节点的代码实现中就可以直接调用这些定义好的服务消息。接下来编写客户端和服务端节点的代码,完成两个数求和的服务过程。

3.4.5 自定义 srv 服务通信调用(C++版)

在 3.4.4 小节中已经完成了自定义服务数据的定义,本小节将通过编写客户端和服务器,实现两数相加的服务过程。实现流程如下。

1. 编写服务端实现代码(AddTwoInts_Server.cpp)

```
/*
    服务端实现:
        (1)包含头文件
        (2)初始化 ROS 节点
        (3)创建 ROS 句柄
        (4)创建服务对象
        (5)回调函数处理请求并产生响应
        (6)由于请求有多个,则需要调用 ros::spin()

*/

//(1)包含头文件
#include "ros/ros.h"
#include "learning_communication/AddTwoInts.h"

//(5)回调函数处理请求并产生响应
//返回 bool 值,标记是否处理成功
bool doReq(learning_communication::AddTwoInts::Request& req,
          learning_communication::AddTwoInts::Response& resp){
    int num1 = req.num1;
    int num2 = req.num2;

    ROS_INFO("服务器接收到的请求数据为:num1 = %d, num2 = %d",num1, num2);

    //逻辑处理
    if (num1 < 0 || num2 < 0)
    {
        ROS_ERROR("提交的数据异常:数据不可以为负数");
        return false;
    }

    //如果没有异常,那么相加并将结果赋值给 resp
    resp.sum = num1 + num2;
    return true;

}

int main(int argc, char *argv[])
{
    setlocale(LC_ALL,"");
    //(2)初始化 ROS 节点
    ros::init(argc,argv,"AddTwoInts_Server");
    //(3)创建 ROS 句柄
    ros::NodeHandle nh;
    //(4)创建服务对象
    ros::ServiceServer server = nh.advertiseService("AddTwoInts",doReq);
    ROS_INFO("服务已经启动....");

    //(6)由于请求有多个,则需要调用 ros::spin()
    ros::spin();
    return 0;
}
```

2. 编写客户端实现代码(AddTwoInts_Client.cpp)

```
/*
    服务端实现:
        (1)包含头文件
        (2)初始化 ROS 节点
        (3)创建 ROS 句柄
        (4)创建客户端对象
        (5)~(7)请求服务,接收响应
*/
//(1)包含头文件
#include "ros/ros.h"
#include "learning_communication/AddTwoInts.h"

int main(int argc, char *argv[])
{
    setlocale(LC_ALL,"");

    // 调用时动态传值,如果通过 launch 的 args 传参,需要传递的参数个数为 + 3
    if (argc != 3)
     {
        ROS_ERROR("请提交两个整数");
        return 1;
    }

    //(2)初始化 ROS 节点
    ros::init(argc,argv,"AddTwoInts_Client");
    //(3)创建 ROS 句柄
    ros::NodeHandle nh;
    //(4)创建客户端对象
    ros::ServiceClient client = nh.serviceClient<learning_communication::AddTwoInts>
("AddTwoInts");
    //等待服务启动成功
    //方式 1
    ros::service::waitForService("AddTwoInts");
    //方式 2
    // client.waitForExistence();
    //(5)组织请求数据
    learning_communication::AddTwoInts ai;
    ai.request.num1 = atoi(argv[1]);
    ai.request.num2 = atoi(argv[2]);
    //(6)发送请求,返回 bool 值,标记是否成功
    bool flag = client.call(ai);
    //(7)处理响应
    if (flag)
    {
        ROS_INFO("请求正常处理,响应结果:%d",ai.response.sum);
    }
    else
    {
        ROS_ERROR("请求处理失败....");
        return 1;
    }
```

```
    return 0;
}
```

3. 编辑 CMakeLists.txt 配置文件

```
add_executable(AddTwoInts_Server src/AddTwoInts_Server.cpp)
target_link_libraries(AddTwoInts_Server ${catkin_LIBRARIES})
add_dependencies(AddTwoInts_Server ${PROJECT_NAME}_gencpp)

add_executable(AddTwoInts_Client src/AddTwoInts_Client.cpp)
target_link_libraries(AddTwoInts_Client ${catkin_LIBRARIES})
add_dependencies(AddTwoInts_Client ${PROJECT_NAME}_gencpp)
```

4. 编译并执行

(1) 先对程序进行编译,并设置环境变量。

(2) 启动 roscore。

(3) 启动服务端节点。

```
rosrun learning_communication AddTwoInts_Server
```

(4) 运行客户端节点。

打开一个新的终端,运行客户端节点,同时需要输入加法运行的两个参数值,具体命令如下:

```
rosrun learning_communication AddTwoInts_Client 1 2
```

客户端发布服务请求,服务端完成服务功能后反馈结果给客户端。在客户端和服务端的终端中分别可以看到如图 3-10 和图 3-11 所示的日志信息。

图 3-10 客户端启动后发布服务请求后的日志信息

图 3-11 服务端接收到服务调用后完成加法运算后输出的日志信息

3.4.6 自定义 srv 服务通信调用(Python 版)

本小节采用 Python 编程实现与 3.4.5 小节案例同样的效果,具体流程如下。

1. 编写服务端实现代码

```
#! /usr/bin/env python
"""
    服务端实现:
        (1)导包
        (2)初始化 ROS 节点
        (3)创建服务对象
        (4)回调函数处理请求并产生响应
        (5)spin 函数
```

```
"""
#(1)导包
import rospy
from learning_communication.srv import AddTwoInts,AddTwoIntsRequest,AddTwoIntsResponse

#(4)回调函数处理请求并产生响应
# 回调函数的参数是请求对象,返回值是响应对象
def doReq(req):
    # 解析提交的数据
    sum = req.num1 + req.num2
    rospy.loginfo("提交的数据:num1 = %d, num2 = %d, sum = %d",req.num1, req.num2, sum)

    # 创建响应对象,赋值并返回
    # resp = AddIntsResponse()
    # resp.sum = sum
    resp = AddTwoIntsResponse(sum)
    return resp

if __name__ == "__main__":
    #(2)初始化 ROS 节点
    rospy.init_node("addTwoints_server_p")
    #(3)创建服务对象
    server = rospy.Service("AddTwoInts",AddTwoInts,doReq)

    #(5)spin 函数
    rospy.spin()
```

2. 编写客户端实现代码

```
#! /usr/bin/env python

"""
    客户端实现:
        (1)导包
        (2)初始化 ROS 节点
        (3)创建请求对象
        (4)发送请求
        (5)接收并处理响应

    优化:
        加入数据的动态获取
"""
#(1)导包
import rospy
from learning_communication.srv import *
import sys

if __name__ == "__main__":

    #优化实现
    if len(sys.argv) != 3:
        rospy.logerr("请正确提交参数")
        sys.exit(1)
```

```
    #(2)初始化 ROS 节点
    rospy.init_node("AddTwoInts_Client_p")
    #(3)创建请求对象
    client = rospy.ServiceProxy("AddTwoInts",AddTwoInts)
    # 请求前,等待服务已经就绪
    # 方式 1:
    # rospy.wait_for_service("AddTwoInts")
    # 方式 2
    client.wait_for_service()
    #(4)和(5)发送请求,接收并处理响应
    # 方式 1
    # resp = client(3,4)
    # 方式 2
    # resp = client(AddIntsRequest(1,5))
    # 方式 3
    req = AddTwoIntsRequest()
    # req.num1 = 100
    # req.num2 = 200

    #优化
    req.num1 = int(sys.argv[1])
    req.num2 = int(sys.argv[2])

    resp = client.call(req)
    rospy.loginfo("响应结果:%d",resp.sum)
```

3. 为 Python 文件添加可执行权限

进入 scripts 目录,打开终端,执行 chmod +x *.py。

4. 编辑 CMakeLists.txt 配置文件

```
catkin_install_python(PROGRAMS
  scripts/AddTwoInts_Server.py
  scripts/AddTwoInts_Client.py
  DESTINATION ${CATKIN_PACKAGE_BIN_DESTINATION}
)
```

5. 编译并执行

与 3.4.5 小节执行过程类似,分别启动 roscore、服务端和客户端。

3.5 常见的服务通信

本小节介绍常见的 srv 类型和自定义 srv 类型。服务通信相当于两个 message 通道,即一个通道用于发送,另一个通道用于接收。

1. SetBools.srv

```
#文件位置:std_srvs/SetBools.srv
bool data          # 启动或者关闭硬件
---
bool success       # 标示硬件是否成功运行
```

```
string message      # 运行信息
```

2. Trigger. srv

```
#文件位置:std_srvs/Trigger.srv
---
bool success            # 标示 srv 是否成功运行
string message          # 信息,如错误信息等
```

3. TalkerListener. srv

```
#文件位置: 自定义 srv 文件
---
bool success            # 标示 srv 是否成功运行
string message          # 信息,如错误信息等
```

4. AddTwoInts. srv

```
#对两个整数求和,虚线前是输入量,后是返回量
#文件位置:自定义 srv 文件
int32 a
int32 b
---
int32 sum
```

5. GetMap. srv

```
#文件位置:nav_msgs/GetMap.srv
#获取地图,注意请求部分为空
--- nav_msgs/OccupancyGrid map
```

6. GetPlan. srv

```
#文件位置:nav_msgs/GetPlan.srv
#得到一条从当前位置到目标点的路径
geometry_msgs/PoseStamped start       #起始点
geometry_msgs/PoseStamped goal        #目标点
float32 tolerance        #到达目标点的 x,y 方向的容错距离
---
nav_msgs/Path plan
```

7. SetMap. srv

```
#文件位置:nav_msgs/SetMap.srv
#以初始位置为基准,设定新的地图
nav_msgs/OccupancyGrid map geometry_msgs/PoseWithCovarianceStamped initial_pose
---
bool success
```

8. SetCameraInfo. srv

```
#文件位置:sensor_msgs/SetCameraInfo.srv
#通过给定的 CameraInfo 相机信息来对相机进行标定 sensor_msgs/CameraInfo camera_info
                              #相机信息
---
bool success              #如果调用成功,则返回 true
string status_message     #给出调用成功的细节
```

3.6 参数服务器

前面介绍了 ROS 中常见的两种通信方式——主题和服务，本节介绍另一种通信方式——参数服务器(parameter server)。与前两种通信方式不同，参数服务器也可以说是特殊的"通信方式"。参数服务器在 ROS 中主要用于实现不同节点之间的数据共享。

参数服务器相当于独立于所有节点的一个公共容器，可以将数据存储在该容器中，被不同的节点调用，当然不同的节点也可以往里面存储数据。参数服务器机制如图 3-12 所示。参数服务器一般适用于存在数据共享的一些应用场景，例如实现路径规划时需要参考小车的尺寸，用户可以将这些尺寸信息存储到参数服务器，全局路径规划节点与本地路径规划节点都可以从参数服务器中调用这些参数。

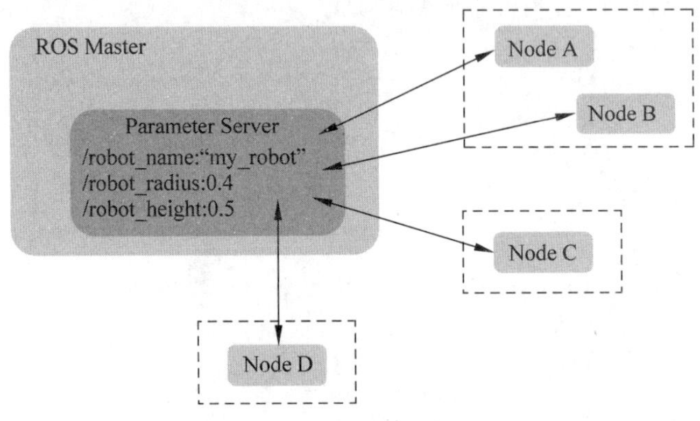

图 3-12 参数服务器机制

参数服务器的维护方式非常简单灵活，总的来讲有三种方式：命令行参数设置、launch 文件内读写参数和节点源码内读写参数。

3.6.1 命令行参数设置

使用命令行来设置参数服务，主要通过 rosparam 命令来进行各种操作设置。rosparam 能够存储并操作 ROS 参数服务器(parameter server)上的数据。参数服务器能够存储整型、浮点、布尔、字符串、字典和列表等数据类型。rosparam 使用 YAML 标记语言的语法。一般而言，YAML 的表述很自然：1 是整型，1.0 是浮点型，one 是字符串，true 是布尔，[1, 2, 3]是整型列表，{a: b, c: d}是字典。rosparam 有很多命令可以用来操作参数，如表 3-2 所示。

表 3-2 rosparam 命令

rosparam 命令	作　用
rosparam set param_key param_value	设置参数
rosparam get param_key	显示参数
rosparam load file_name	从文件加载参数
rosparam dump file_name	保存参数到文件

续表

rosparam 命令	作　用
rosparam delete	删除参数
rosparam list	列出参数名称

load 和 dump 文件需要遵守 YAML 格式，YAML 格式具体示例如下：

```
name:'Zhangsan'
age:20
gender:'M'
score{Chinese:80,Math:90}
score_history:[85,82,88,90]
```

就是"名称：值"这样一种常用的解释方式。一般格式如下：

```
key : value
```

其实可以把 YAML 文件的内容理解为 Python 中的字典，采用键值对的形式。

3.6.2 launch 文件内读写参数

launch 文件中有很多标签，而与参数服务器相关的标签只有两个，一个是 <param>，另一个是 <rosparam>。这两个标签功能比较相近，但 <param> 一般只设置一个参数，示例如下：

```
<!-- 直接定义参数并赋值 -->
<param name = "velodyne_frame_id" type = "string" value = "velodyne"/>
<!-- 定义参数并通过 arg 给参数赋值 -->
<arg name = "velodyne_frame_id" default = "velodyne"/>
<param name = "velodyne_frame_id" type = "string" value = " $ (arg velodyne_frame_id)"/>
```

<rosparam>的典型用法是先指定一个 YAML 文件，然后添加 command，将参数批量写入参数服务器，其效果等价于 rosparam load file_name，示例如下：

```
<!-- 从../config/params.yaml 文件中加载参数 -->
<rosparam command = "load" file = " $ (find * package_name)/config/params.yaml" />
```

3.6.3 节点源码内读写参数

除了上述最常用的两种读写参数服务器的方法，还有一种方法就是修改 ROS 的源码，也就是利用 API 对参数服务器进行操作。C++ 节点中有两套 API 系统可以实现参数服务器的读写。

1. ros::NodeHandle

该方式的示例如下：

```
/**
 * C++中分别通过 ros::NodeHandle 实现参数服务器中参数的读写
 **/
#include "ros/ros.h"

int main(int argc, char *argv[])
{
```

```
    //初始化 ros 节点
    ros::init(argc,argv,"param_demo_node");

    //创建 ros 节点句柄
    ros::NodeHandle nh;
    string node_param;
    std::vector < std::string > param_names;

    //新增参数到参数服务器中
    nh.setParam("param_1", 1.0);

    //读取参数.如果参数服务器中参数"param_2"存在, 就把"param_2"的值传递给变量 node_param;
    //如果"param_2"不存在,就传递默认值"hahaha"
    nh.param < std::string >("param_2",node_param,"hahaha");

    //如果参数"param_2"存在,返回 true,并赋值给变量 node_param;如果"param_2"不存在,返回
    //false,不赋值
    nh.getParam("param_2", node_param);

    //其他功能
    nh.getParamNames(param_names);
    nh.hasParam("param_2");
    nh.searchParam("param_2",node_param);
}
```

2. ros::param

相关示例如下:

```
/**
 * C++中分别通过 ros::param 实现参数服务器中参数的读写
 **/

#include "ros/ros.h"

int main(int argc, char *argv[])
{
    //初始化 ros 节点
    ros::init(argc,argv,"param_demo_node");

    string node_param;
    std::vector < std::string > param_names;

    //新增参数到参数服务器中
    ros::param::set("param_1", 1.0);

    //读取参数.如果参数服务器中参数"param_2"存在,就把"param_2"的值传递给变量 node_param;
    //如果"param_2"不存在,就传递默认值"hahaha"
    node_param = ros::param::param("param_2","hahaha");

    //如果参数"param_2"存在,返回 true,并赋值给变量 node_param;如果"param_2"不存在,返回
    //false,不赋值
   ros::param::get("param_2", node_param);

    //其他功能
```

```
    ros::param::getParamNames(param_names);
    ros::param::has("param_2");
    ros::param::search("param_2",node_param);
}
```

3.7　通信机制比较

三种通信机制中，参数服务器是一种数据共享机制，可以在不同的节点之间共享数据，话题通信与服务通信是在不同的节点之间传递数据。这三种机制是 ROS 中基础的应用广泛的通信机制。其中话题通信和服务通信有一定的相似性，也有本质上的差异，因此有必要对二者进行简单比较。

二者的实现流程是比较相似的，都涉及以下四个要素：

(1) 消息的发布方/客户端(Publisher/Client)；

(2) 消息的订阅方/服务端(Subscriber/Server)；

(3) 话题名称(Topic/Service)；

(4) 数据载体(msg/srv)。

可以概括为：两个节点通过话题关联到一起，并通过某种类型的数据载体实现数据传输。二者的实现方式也有着较大差异，具体比较结果如表 3-3 所示。

表 3-3　话题及服务通信方式的比较

通信机制	通信模式	同步性	底层协议	缓冲区	实时性	节点关系	通信数据	使用场景
话题(Topic)	发布/订阅	异步	ROSTCP/ROSUDP	有	弱	多对多	msg	连续高频的数据发布与接收，如激光雷达、里程计
服务(Service)	请求/响应	同步	ROSTCP/ROSUDP	无	强	一对多(一个服务端)	srv	偶尔调用或执行某一项特定功能，如拍照、语音识别

本章小结

本章主要介绍了 ROS 中三种最基本、最核心的通信机制：话题通信、服务通信和参数服务器。对于每种通信机制都介绍了如下内容：

- 通信机制的理论模型；
- 通信机制的应用场景；
- 通信机制的 C++与 Python 的代码实现。

本章还对话题通信和服务通信进行了比较，对比了话题通信与服务通信的相同点及差异。另外，本章还给出了常用的 msg 和 srv 类型的定义，有助于读者将来在开发中参考使用。通过本章内容的学习,读者可以理解 ROS 的大部分应用场景。

习题

1. 如何启动 ROS Master?
2. 分别阐述话题通信和服务通信机制的原理,并说明其应用场合。
3. 参数服务器的维护主要有哪几种方式?
4. ROS 中常用的数据通信方式有哪些?
5. 比较话题通信和服务通信的异同点。

实验

1. 编写程序,实现话题通信。
2. 编写程序,实现服务通信。

第4章

ROS运行管理

ROS 使用多进程(节点)的分布式框架。一个完整的 ROS 系统可能出现如下情形：

- 可能包含多台主机；
- 每台主机上有多个工作空间；
- 每个工作空间中又包含多个功能包；
- 每个功能包包含多个节点，不同的节点都有各自的节点名称；
- 每个节点可能还会设置一个或多个话题。

在多级的 ROS 系统中，文件的处理与维护如何实现，例如，如何关联不同的功能包？繁多的 ROS 节点应该如何启动？功能包、节点、话题、参数重名时应该如何处理？不同主机上的节点如何通信？相信读者完成本章的学习后，可以掌握这些问题的解决办法。

4.1 ROS 节点运行管理

关于 launch 文件的使用，前面的章节中有相关说明。launch 文件是一个 XML 格式的文件，可以启动本地和远程的多个节点，还可以在参数服务器中设置参数。其作用是简化节点的配置与启动，提高 ROS 程序的启动效率。下面以第 3 章 person 消息发布和订阅为例说明 launch 文件的使用。

1. 新建 launch 文件

首先新建一个 learning_launch 功能包，再在该功能包下新建一个 launch 文件夹，并在该文件夹下新建 demo.launch 文件。打开编辑 launch 文件，在文件中添加如下程序：

```
<launch>
    <node pkg = "learning_communication" type = "person_subscriber" name = "talker" />
    <node pkg = "learning_communication" type = "person_publisher" name = "listener" />
</launch>
```

2. 调用 launch 文件

```
roslaunch learning_launch demo.launch
```

执行上述命令后，会出现如图 4-1 所示的界面，可以看到启动了 listener 和 talker 两个节点。

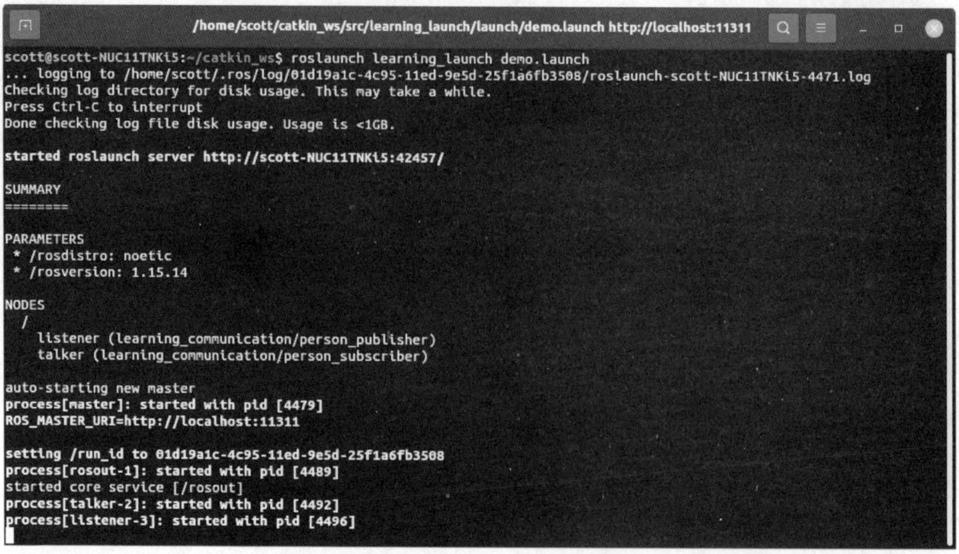

```
/home/scott/catkin_ws/src/learning_launch/launch/demo.launch http://localhost:11311
scott@scott-NUC11TNKi5:~/catkin_ws$ roslaunch learning_launch demo.launch
... logging to /home/scott/.ros/log/01d19a1c-4c95-11ed-9e5d-25f1a6fb3508/roslaunch-scott-NUC11TNKi5-4471.log
Checking log directory for disk usage. This may take a while.
Press Ctrl-C to interrupt
Done checking log file disk usage. Usage is <1GB.

started roslaunch server http://scott-NUC11TNKi5:42457/

SUMMARY
========

PARAMETERS
 * /rosdistro: noetic
 * /rosversion: 1.15.14

NODES
  /
    listener (learning_communication/person_publisher)
    talker (learning_communication/person_subscriber)

auto-starting new master
process[master]: started with pid [4479]
ROS_MASTER_URI=http://localhost:11311

setting /run_id to 01d19a1c-4c95-11ed-9e5d-25f1a6fb3508
process[rosout-1]: started with pid [4489]
started core service [/rosout]
process[talker-2]: started with pid [4492]
process[listener-3]: started with pid [4496]
```

图 4-1　启动 launch 文件后的界面

注意：执行 roslaunch 命令调用 launch 文件时，首先会判断是否启动了 roscore。如果已经启动，则不再启动，否则会自动调用 roscore。

4.1.1　launch 文件标签之 launch

<launch>标签是所有 launch 文件的根标签，充当其他标签的容器，文件中的其他内容都必须放在这个标签中。其格式如下：

```
<launch>
…
</launch>
```

4.1.2　launch 文件标签之 node

<node>标签用于指定 ROS 节点，是最常见的标签。需要注意的是，roslaunch 命令不能保证按照 node 的声明顺序来启动节点(节点的启动是多进程的)。

1. 属性

pkg="包名"：节点所在的功能包名称；

type="nodeType"：节点的可执行文件名称；

name="nodeName"：节点运行时的名称(在 ROS 网络拓扑中节点的名称)；

args="xxx xxx xxx"(可选)：将参数传递给节点；

machine="机器名"：在指定机器上启动节点；

respawn="true | false"(可选)：如果节点退出，是否自动重启；

respawn_delay=" N"(可选)：如果 respawn 为 true，那么延迟 N 秒后启动节点；

required="true | false"(可选)：该节点是否必需，如果为 true，那么如果该节点退出，

将关闭整个 roslaunch；

ns="xxx"(可选)：在指定命名空间 xxx 中启动节点；

clear_params="true | false"(可选)：在启动前，删除节点的私有空间的所有参数；

output="log | screen"(可选)：日志发送目标，可以设置为 log(日志文件)或 screen(屏幕)，默认是 log。

2. 子级标签

env：环境变量设置；

remap：重映射节点名称；

rosparam：参数设置；

param：参数设置。

4.1.3 launch 文件标签之 include

<include>标签用于将另一个 XML 格式的 launch 文件导入当前文件中，类似 C 语言中的头文件包含。

1. 属性

file="$(find 功能包名)/xxx/xxx.launch"：要包含的文件路径；

ns="xxx"(可选)：在指定命名空间导入文件。

2. 子级标签

env：环境变量设置；

arg：将参数传递给被包含的文件。

4.1.4 launch 文件标签之 remap

<remap>标签用于重映射 ROS 计算图资源的命名。用户不需要修改已有功能包的接口，只需要将接口名称重映射，取一个别名，这样系统就能识别该接口。

属性如下。

from="xxx"：原命名；

to="yyy"：映射之后的命名。

例如，turtlebot 的键盘控制节点发布速度指令话题是/turtlebot/cmd_vel，但是如果当前机器人订阅的速度控制话题是/cmd_vel，这时使用<remap>就可以轻松解决问题，实现代码如下：

```
<remap from="/turtelbot/cmd_vel" to="/cmd_vel"/>
```

4.1.5 launch 文件标签之 param

<param>标签主要用来在参数服务器上设置参数，参数源可以在标签中通过 value 指定，也可以通过外部文件加载，在<node>标签中时，相当于私有命名空间。launch 文件执行后，参数值就加载到 ROS 的参数服务器上。每个活跃的节点都可以通过 ros::param::get()接口来获取参数的值，用户也可以在终端中通过 rosparam 命令获得参数的值。

属性如下。

name="命名空间/参数名"：参数名称，可以包含命名空间。

value="xxx"(可选)：定义参数值，如果此处省略，必须指定外部文件作为参数源。

type="str | int | double | bool | yaml"(可选)：指定参数类型。如果未指定，roslaunch 会尝试确定参数类型，规则如下。

- 如果包含 '.' 的数字，解析为浮点型，否则为整型；
- "true" 和 "false" 是 bool 值(不区分大小写)；
- 其他的字符串。

4.1.6　launch 文件标签之 rosparam

< rosparam >标签可以将 YAML 格式文件中的参数全部导入 ROS 参数服务器中，或将参数导出到 YAML 文件，也可以用来删除参数。< rosparam >标签在< node >标签中时被视为私有标签。

属性如下。

command="load | dump | delete"(可选，默认 load)：加载、导出或删除参数；

file="$(find xxxxx)/xxx/yyy...."：加载或导出到的 YAML 文件；

param="参数名称"；

ns="命名空间"(可选)。

4.1.7　launch 文件标签之 arg

< arg >标签用于动态传参，类似于函数的参数，仅限于 launch 文件使用，便于 launch 文件的重构，与 ROS 节点内部的实现没有关系。

1. 属性

name="参数名称"：default="默认值"(可选)；

value="数值"(可选)：不可以与 default 并存；

doc="描述"：参数说明。

2. 示例

设置 argument 使用< arg >标签元素，语法如下：

```
< arg name = "arg - name" default =  "arg - value"/>
```

launch 文件中需要使用 argument 时，可以使用如下方式调用：

```
< param name = "foo" value = " $ (arg arg - name)"/>
< node name = "node" pkg = "package" type = "type" args = " $ (arg arg - name)"/>
launch 文件传参语法实现 hello.launch
< launch >
    < arg name = "xxx" />
    < param name = "param" value = " $ (arg xxx)" />
</launch >
```

命令行调用 launch 传参的方式如下：

```
roslaunch hello.launch xxx: = value
```

4.1.8　launch 文件标签之 group

< group >标签可以对节点分组，具有 ns(命名空间)属性，可以让节点归属于某个命名

空间。

1. 属性

```
ns = "名称空间"(可选):clear_params = "true | false"(可选)
```

表示启动前是否删除组名称空间的所有参数(谨慎使用)。

2. 子级标签

除了 launch 标签外的其他标签。

4.2 ROS 工作空间覆盖

所谓工作空间覆盖,是指在不同工作空间中存在同名功能包的情形。

在 ROS 开发过程中,用户会自定义工作空间,且同时可以存在多个自定义工作空间。这样可能会出现一种情况:虽然某个工作空间内的功能包不能重名,但是自定义工作空间的功能包与内置的功能包可以重名或者不同的自定义工作空间中也可以出现相同名字的功能包,那么调用该功能包时会调用哪一个呢?例如,自定义工作空间 A 存在功能包 turtlesim,自定义工作空间 B 也存在功能包 turtlesim,当然系统内置空间也存在同名功能包,这时调用 turtlesim 功能包,会调用哪个工作空间中的呢?

为了得到上述问题的答案,通过以下操作来获取。

(1) 新建工作空间 A 与工作空间 B,两个工作空间中都创建 turtlesim 功能包。

(2) 在 ~/. bashrc 文件下追加当前工作空间的 bash 格式如下:

```
source /home/用户/路径/工作空间 A/devel/setup.bash
source /home/用户/路径/工作空间 B/devel/setup.bash
```

(3) 在终端中输入命令 source . bashrc,加载环境变量。

(4) 输入命令 echo $ROS_PACKAGE_PATH,查看 ROS 环境变量。

结果如下:

自定义工作空间 B:自定义工作空间 A:系统内置空间

(5) 使用命令 roscd turtlesim,会进入自定义工作空间 B。

出现上述结果的原因如下:首先 ROS 解析. bashrc 文件,并生成 ROS_PACKAGE_PATH ROS 包路径,该变量中按照. bashrc 中的配置设置工作空间优先级,在设置时需要遵循一定的原则:ROS_PACKAGE_PATH 中的值和. bashrc 的配置顺序相反,后配置的优先级更高。如果更改自定义空间 A 与自定义空间 B 的 source 顺序,那么调用时将进入工作空间 A。

读者可以发现,当功能包重名时系统会按照 ROS_PACKAGE_PATH 查找,配置在前面的会优先被执行。

4.3 ROS 节点重名

ROS 中创建的节点是有名称的,C++初始化节点时使用 ros::init(argc,argv,"xxxx")

语句来定义节点名称,Python 初始化节点时则通过 rospy.init_node("yyyy") 来定义节点名称。在 ROS 的网络拓扑中是不可以出现重名节点的,这也就意味着不可以启动重名节点或者同一个节点启动多次,在 ROS 中如果启动重名节点,之前已经存在的节点会被直接关闭,那么如果有这种需求的话,怎么优化呢?

在 ROS 中使用命名空间或名称重映射来解决上面的问题。命名空间就是为名称添加前缀,名称重映射是为名称起别名,这两种方法都可以解决节点重名问题。两种方法的实现途径有以下几种:

- rosrun 命令;
- launch 文件;
- 编码实现。

以上三种方式都可以通过命名空间或名称重映射来规避节点重名,本节将对三者的使用方法逐一讲解。

案例 启动两个 turtlesim_node 节点,当然如果直接打开两个终端并启动,那么第一次启动的节点就会关闭,并给出如下提示:

```
[ WARN] [1578812836.351049332]: Shutdown request received.
[ WARN] [1578812836.351207362]: Reason given for shutdown: [new node registered with same name]
```

两个节点重名导致以上报错,接下来将会介绍多种方案来解决节点重名问题。

4.3.1 rosrun 设置命名空间与重映射

1. rosrun 设置命名空间

语法:

```
rosrun 功能包名 节点名 __ns:=新名称
```

具体示例如下:

```
rosrun turtlesim turtlesim_node __ns:=/xxx
rosrun turtlesim turtlesim_node __ns:=/yyy
```

这时会发现两个节点都可以正常运行。再通过 rosnode list 查看节点信息,显示结果为:

```
/xxx/turtlesim
/yyy/turtlesim
```

2. rosrun 设置名称重映射

名称重映射即为节点起别名,其语法格式为:

```
rosrun 功能包名 节点名 __name:=新名称
```

具体示例如下:

```
rosrun turtlesim turtlesim_node __name:=turtle1 或 rosrun turtlesim turtlesim_node /turtlesim:=turtle1
rosrun turtlesim turtlesim_node __name:=turtle2 或 rosrun turtlesim turtlesim_node /turtlesim:=turtle2
```

同样两个节点都可以运行,使用 rosnode list 查看节点信息,结果如下:

```
/turtle1
/turtle2
```

3．rosrun 命名空间与名称重映射叠加

语法：

```
rosrun 功能包名 节点名 __ns: = 新名称 __name: = 新名称
```

具体示例如下：

```
rosrun turtlesim turtlesim_node __ns: = /xxx __name: = tn
```

运行 rosnode list 查看节点信息，显示结果为：

```
/xxx/tn
```

4.3.2　launch 文件设置命名空间与重映射

前面章节介绍 launch 文件的使用语法时，在< node >标签中有两个属性：name 和 ns，二者分别用于实现名称重映射与命名空间设置。使用 launch 文件方式来设置命名空间与名称重映射相对来说比较简单。下面是 launch 文件设置命名空间与名称重映射的示例。

```
< launch >
    < node pkg = "turtlesim" type = "turtlesim_node" name = "turtle1" />
    < node pkg = "turtlesim" type = "turtlesim_node" name = "turtle2" />
    < node pkg = "turtlesim" type = "turtlesim_node" name = "turtle1" ns = "hello"/>
</launch >
```

在< node >标签中，name 属性是必须要的，而 ns 可选。

运行上述 launch 文件后，使用 rosnode list 命令查看节点信息，显示结果为：

```
/turtle1
/turtle2
/turtle1/hello
```

4.3.3　编码设置命名空间与重映射

如果使用自定义节点实现方式，那么可以更灵活地设置命名空间与重映射。

1．C++ 实现重映射

核心代码为：

```
ros::init(argc,argv,"zhangsan",ros::init_options::AnonymousName);
```

2．C++ 实现命名空间

核心代码如下：

```
std::map < std::string, std::string > map;
map["__ns"] = "xxxx";
ros::init(map,"wangqiang");
```

3．Python 实现重映射

核心代码：

```
rospy.init_node("lisi",anonymous = True)
```

4.4　ROS 话题名称设置

在 ROS 中节点名称可能出现相同的情况，同理，话题名称也可能相同。

在 ROS 执行过程中，不同节点之间通信都依赖于话题，话题名称也可能重复，这种情况下，系统虽然不会抛出异常，但是可能导致订阅的消息错误，从而节点运行异常。这时需要将两个节点的话题名称由相同修改为不同。又或者两个节点使用了相同的消息类型，但话题名称不同，导致通信失败，这种情况下需要将两个节点的话题名称由不同改为相同。

解决上述问题的策略与节点重名类似，也是使用名称重映射或为名称添加前缀。根据前缀不同，话题名称可以分为全局、相对和私有三种类型。

全局(参数名称直接参考 ROS 系统，与节点命名空间平级)

相对(参数名称参考节点的命名空间，与节点名称平级)

私有(参数名称参考节点名称，是节点名称的子级)

名称重映射是为名称起别名，为名称添加前缀，实现起来比节点重名更复杂一点，不仅使用命名空间作为前缀，还可以使用节点名称作为前缀。两种策略的实现有以下三种途径：

- rosrun 命令；
- launch 文件；
- 编码实现。

本节将逐一演示以上三种方法的使用步骤，三者实现的目标类似。下面以小海龟的键盘节点为例进行说明。

在 ROS 中提供了一个比较好用的键盘控制功能包：ros-noetic-teleop-twist-keyboard，可以控制机器人的运动，作用类似于小海龟的键盘控制节点，可以使用 sudo apt install ros-noetic-teleop-twist-keyboard 来安装该功能包，然后执行 rosrun teleop_twist_keyboard teleop_twist_keyboard.py，再启动小海龟显示节点。不过此时前者不能控制小海龟运动，因为二者使用的话题名称不同，前者使用的是 cmd_vel 话题，后者使用的是 /turtle1/cmd_vel 话题。需要将话题名称修改为一致，才能使用，如何实现该功能呢？

4.4.1　rosrun 设置话题重映射

rosrun 名称重映射语法：

```
rosrun 功能包名 节点名 话题名:=新话题名称
```

实现 teleop_twist_keyboard 命令与小海龟显示节点的通信有以下两种方案。

1. 方案一

将 teleop_twist_keyboard 节点的话题设置为/turtle1/cmd_vel。

启动键盘控制节点：

```
rosrun teleop_twist_keyboard teleop_twist_keyboard.py /cmd_vel:=/turtle1/cmd_vel
```

启动小海龟显示节点：

```
rosrun turtlesim turtlesim_node
```

则二者可以实现正常通信。

2. 方案二

将小海龟显示节点的话题设置为/cmd_vel。

启动键盘控制节点：

```
rosrun teleop_twist_keyboard teleop_twist_keyboard.py
```

启动小海龟显示节点：

```
rosrun turtlesim turtlesim_node /turtle1/cmd_vel:=/cmd_vel
```

则二者同样可以实现正常通信。

4.4.2 launch 文件设置话题重映射

launch 文件设置话题重映射的语法如下：

```
<node pkg="xxx" type="xxx" name="xxx">
    <remap from="原话题" to="新话题" />
</node>
```

实现 teleop_twist_keyboard 节点与小海龟显示节点通信有以下两种方案。

1. 方案一

将 teleop_twist_keyboard 节点的话题设置为/turtle1/cmd_vel。

```
<launch>
    <node pkg="turtlesim" type="turtlesim_node" name="t1" />
    <node pkg="teleop_twist_keyboard" type="teleop_twist_keyboard.py" name="key">
        <remap from="/cmd_vel" to="/turtle1/cmd_vel" />
    </node>
</launch>
```

这样可以实现二者的正常通信。

2. 方案二

将小海龟显示节点的话题设置为/cmd_vel。

```
<launch>
    <node pkg="turtlesim" type="turtlesim_node" name="t1">
        <remap from="/turtle1/cmd_vel" to="/cmd_vel" />
    </node>
    <node pkg="teleop_twist_keyboard" type="teleop_twist_keyboard.py" name="key" />
</launch>
```

同样可以实现二者的正常通信。

4.4.3 编码设置话题名称

前面已经讲解了，话题名称大致有三种类型，下面将结合编码演示其具体关系。

1. C++实现

演示准备：

(1) 初始化节点，设置一个节点名称。

```
ros::init(argc,argv,"hello")
```

(2) 设置不同类型的话题。

(3) 启动节点时,传递一个 __ns:= xxx。

(4) 节点启动后,使用 rostopic 查看话题信息。

1) 全局名称

格式:以"/"开头的名称,和节点名称无关。

比如:/xxx/yyy/zzz

示例 1:ros::Publisher pub = nh.advertise< std_msgs::String >("/chatter",1000);

结果 1:/chatter

示例 2:ros::Publisher pub = nh.advertise< std_msgs::String >("/chatter/money",1000);

结果 2:/chatter/money

2) 相对名称

格式:非"/"开头的名称,参考命名空间(与节点名称平级)来确定话题名称。

示例 1:ros::Publisher pub = nh.advertise< std_msgs::String >("chatter",1000);

结果 1:xxx/chatter

示例 2:ros::Publisher pub = nh.advertise< std_msgs::String >("chatter/money",1000);

结果 2:xxx/chatter/money

3) 私有名称

格式:以"~"开头的名称。

示例 1:

```
ros::NodeHandle nh("~");
ros::Publisher pub = nh.advertise< std_msgs::String >("chatter",1000);
```

结果 1:/xxx/hello/chatter

示例 2:

```
ros::NodeHandle nh("~");
ros::Publisher pub = nh.advertise< std_msgs::String >("chatter/money",1000);
```

结果 2:/xxx/hello/chatter/money

注:当使用"~"而话题名称又以"/"开头时,那么话题名称是绝对的。

示例 3:

```
ros::NodeHandle nh("~");
ros::Publisher pub = nh.advertise< std_msgs::String >("/chatter/money",1000);
```

结果 3:/chatter/money

2. Python 实现

演示准备:

(1) 初始化节点,设置一个节点名称。

```
rospy.init_node("hello")
```

(2) 设置不同类型的话题。

(3) 启动节点时,传递一个 __ns:= xxx。

(4) 节点启动后,使用 rostopic 查看话题信息。

1）全局名称

格式：以"/"开头的名称，和节点名称无关。

示例1：`pub = rospy.Publisher("/chatter",String,queue_size = 1000)`

结果1：/chatter

示例2：`pub = rospy.Publisher("/chatter/money",String,queue_size = 1000)`

结果2：/chatter/money

2）相对名称

格式：非"/"开头的名称，参考命名空间（与节点名称平级）来确定话题名称。

示例1：`pub = rospy.Publisher("chatter",String,queue_size = 1000)`

结果1：xxx/chatter

示例2：`pub = rospy.Publisher("chatter/money",String,queue_size = 1000)`

结果2：xxx/chatter/money

3）私有名称

格式：以"～"开头的名称。

示例1：`pub = rospy.Publisher("～chatter",String,queue_size = 1000)`

结果1：/xxx/hello/chatter

示例2：`pub = rospy.Publisher("～chatter/money",String,queue_size = 1000)`

结果2：/xxx/hello/chatter/money

4.5 ROS 参数名称设置

在 ROS 中的节点名称、话题名称可能出现相同的情况，同理，参数也可能重名。当参数重名时，就会产生覆盖，那么该如何避免这种情况呢？

关于参数重名的处理，没有像话题那样的重映射方法。为了避免参数重名，通常都是采用为参数名添加前缀的方式，其实现方式类似于话题名称，有全局、相对和私有三种类型。

- 全局（参数名称直接参考 ROS 系统，与节点命名空间平级）；
- 相对（参数名称参考的是节点的命名空间，与节点名称平级）；
- 私有（参数名称参考节点名称，是节点名称的子级）。

设置参数同样有三种方式：rosrun 命令、launch 文件、编码实现。三种设置方式前面都已经有所涉及，但是之前没有涉及命名问题，本节将对三者命名的设置逐一演示。

例如，启动节点时，为参数服务器添加参数（需要注意参数名称设置）。

4.5.1 rosrun 设置参数

rosrun 在启动节点时，也可以设置参数。

语法：

```
rosrun 功能包名 节点名称 _参数名:= 参数值
```

启动小海龟显示节点,并设置参数 A 的值为 100,语句为:

```
rosrun turtlesim turtlesim_node _A: = 100
```

通过运行 rosparam list 查看节点信息,结果显示为:

```
/turtlesim/A
/turtlesim/background_b
/turtlesim/background_g
/turtlesim/background_r
```

结果显示参数 A 前缀节点名称,也就是说 rosrun 执行参数设置,参数名使用私有模式。

4.5.2 launch 文件设置参数

通过 launch 文件设置参数的方法前面的章节已经讲述过,可以在< node >标签外,或< node >标签中通过< param >或< rosparam >来设置参数。在< node >标签外设置的参数是全局性质的,参考"/",在< node >标签中设置的参数是私有性质的,参考/命名空间/节点名称。

以< param >标签为例设置参数如下:

```
< launch >
    < param name = "p1" value = "100" />
    < node pkg = "turtlesim" type = "turtlesim_node" name = "turtle1">
        < param name = "p2" value = "100" />
    </node >
</launch >
```

运行 rosparam list 命令查看节点信息,其结果为:

```
/p1
/turtle1/p2
```

4.5.3 编码设置参数

通过编码的方式可以更方便地设置全局、相对与私有参数。

1. C++实现方式

使用 C++方式时,可以使用 ros::param 或者 ros::NodeHandle 来设置参数。

1) ros::param 设置参数

设置参数调用的 API 是 ros::param::set,该函数中,参数 1 传入参数名称,参数 2 传入参数值。参数 1 中设置参数名称时,如果以"/"开头,就是全局参数;如果以"~"开头,就是私有参数;既不以"/"也不以"~"开头,就是相对参数。代码示例如下:

```
ros::param::set("/set_A",100);        //全局参数,和命名空间及节点名称无关
ros::param::set("set_B",100);         //相对参数,参考命名空间
ros::param::set("~set_C",100);        //私有参数,参考命名空间与节点名称
```

运行时,假设设置的命名空间为 xxx,节点名称为 yyy,运行 rosparam list 命令查看结果为:

```
/set_A
/xxx/set_B
/xxx/yyy/set_C
```

2）ros::NodeHandle 设置参数

使用 ros::NodeHandle 方式设置参数时，首先需要创建 NodeHandle 对象，然后调用该对象的 setParam 函数，该函数参数 1 为参数名，参数 2 为要设置的参数值。如果参数名以"/"开头，就是全局参数。如果参数名不以"/"开头，那么，该参数是相对参数还是私有参数、与 NodeHandle 对象有关。如果 NodeHandle 对象创建时调用的默认的无参构造，那么该参数是相对参数；如果 NodeHandle 对象创建时使用 ros::NodeHandle nh("～")，那么该参数就是私有参数。代码示例如下：

```
ros::NodeHandle nh;
nh.setParam("/nh_A",100);          //全局参数,和命名空间及节点名称无关
nh.setParam("nh_B",100);           //相对参数,参考命名空间

ros::NodeHandle nh_private("～");
nh_private.setParam("nh_C",100);   //私有参数,参考命名空间与节点名称
```

运行时，假设设置的命名空间为 xxx，节点名称为 yyy，运行 rosparam list 命令查看结果为：

```
/nh_A
/xxx/nh_B
/xxx/yyy/nh_C
```

2. Python 实现方式

使用 Python 编程实现参数设置的语法要比 C++ 更简洁，调用的 API 是 rospy.set_param。该函数中，参数 1 传入参数名称，参数 2 传入参数值，参数 1 中设置参数名称时，如果以"/"开头，那么就是全局参数；如果以"～"开头，那么就是私有参数；既不以"/"也不以"～"开头，那么就是相对参数。代码示例如下：

```
rospy.set_param("/py_A",100)       #全局参数,和命名空间及节点名称无关
rospy.set_param("py_B",100)        #相对参数,参考命名空间
rospy.set_param("～py_C",100)      #私有参数,参考命名空间与节点名称
```

运行时，假设设置的命名空间为 xxx，节点名称为 yyy，运行 rosparam list 命令查看结果为：

```
/py_A
/xxx/py_B
/xxx/yyy/py_C
```

4.6 launch 文件综合案例

以小海龟为例，综合 param 标签、rosparam 标签、arg 标签、多节点启动设置来看看如何在 launch 文件中使用这些标签。在 launch 文件夹中新建 turtlesim_parameter_config.launch 文件，并在该文件中输入如下信息。

```
<launch>

<param name = "/turtle_number"     value = "2"/>
```

```
    <arg name = "TurtleName1"     default = "Turtle1" />
    <arg name = "TurtleName2"     default = "Turtle2" />

    <node pkg = "turtlesim" type = "turtlesim_node" name = "turtlesim_node">
    <param name = "turtle_name1"      value = " $ (arg TurtleName1)"/>
    <param name = "turtle_name2"      value = " $ (arg TurtleName2)"/>

    <rosparam file = " $ (find learning_launch)/config/param.yaml" command = "load"/>
</node>

    <node pkg = "turtlesim" type = "turtle_teleop_key" name = "turtle_teleop_key" output =
"screen"/>

</launch>
```

运行 launch 文件后,再执行 rosparam list 查看参数加载情况及执行 rosparam get 查看参数值,其结果如图 4-2 所示。

```
scott@scott-NUC11TNKi5:~/catkin_ws$ rosparam list
/rosdistro
/roslaunch/uris/host_scott_nuc11tnki5__37521
/rosversion
/run_id
/turtle_number
/turtlesim_node/A
/turtlesim_node/B
/turtlesim_node/background_b
/turtlesim_node/background_g
/turtlesim_node/background_r
/turtlesim_node/group/C
/turtlesim_node/group/D
/turtlesim_node/turtle_name1
/turtlesim_node/turtle_name2
scott@scott-NUC11TNKi5:~/catkin_ws$ rosparam get /turtle_number
2
scott@scott-NUC11TNKi5:~/catkin_ws$
```

图 4-2 查看 rosparam list 结果

视频讲解

4.7 ROS 主从机通信配置

ROS 是一个分布式计算框架。一个运行中的 ROS 系统可以包含分布在多台计算机上的多个节点。根据系统的配置方式,任何节点可能随时需要与任何其他节点进行通信。

因此,ROS 对网络配置有以下要求:

- 所有端口上的所有机器之间必须有完整的双向连接;
- 每台计算机必须通过所有其他计算机都可以解析的名称来公告自己;
- 首先保证不同计算机处于同一网络中,最好分别设置固定 IP,如果为虚拟机,需要将网络适配器改为桥接模式。

下面以两台计算机为例具体讲解分布式通信的配置步骤。

(1) 在主机和从机上分别使用 ifconfig 命令查询自身 IP 地址(两台计算机必须在同一个网段下)。

（2）修改配置文件。

分别修改不同计算机的 /etc/hosts 文件，在该文件中加入对方的 IP 地址和计算机名，分别在两台计算机的终端输入如下命令：

```
sudo gedit /etc/hosts
```

打开文件后，在打开的文件中分别输入对方计算机的 IP 地址和计算机名，输入格式如下：

```
(主机端)从机的 IP      从机计算机名
(从机端)主机的 IP      主机计算机名
```

设置完毕后，通过 ping 命令测试网络通信是否正常。在主机终端输入命令如下：

```
ping 从机的 IP 或者从机名
```

（3）实现主从机在 ROS 上的通信。

在主机的～/. bashrc 文件末尾增加以下两行代码：

```
export ROS_MASTER_URI = http://主机 IP:11311
export ROS_HOSTNAME = 主机 IP
```

在从机的～/. bashrc 文件末尾也增加以下两行代码（从机可能有多台，每台都做同样的设置）：

```
export ROS_MASTER_URI = http://主机 IP:11311
export ROS_HOSTNAME = 从机 IP
```

（4）对主机和从机分别更新环境，在终端运行如下命令：

```
source ～/.bashrc
```

（5）通信验证。

① 在主机的终端运行 roscore 命令；

② 主机启动订阅节点，从机启动发布节点，测试通信是否正常；

③ 反向测试，主机启动发布节点，从机启动订阅节点，测试通信是否正常。

本章小结

本章主要介绍了 ROS 的运行管理机制，包括如何使用 launch 文件来管理和维护 ROS 中的节点；并针对 ROS 中出现的"重名"现象，讲述了采用重映射、为命名添加前缀的方式规避"重名"节点、话题、参数等情况，从而实现节点的正常启动，话题正常通信和参数正常设置。最后，还对 ROS 主从机通信做了详细介绍，给出了具体设置方法。本章的内容还是偏向语法层面的实现，第 5 章将开始介绍 ROS 中内置的一些较实用的组件。

习题

1. launch 文件的作用是什么？如何启动 launch 文件？

2. 如何解决 ROS 中节点“重名”的问题？实现途径有哪些？
3. 根据添加的前缀不同,ROS 中设置的参数主要有哪几种类型？
4. 为了解决话题同名的情况,可以采用哪些策略实现？
5. 简述 ROS 主从机通信配置过程。

实验

1. 编写一个 launch 文件,启动一个服务端和客户端,实现两个整数相加,并将结果输出至终端。

2. 以树莓派为主机,计算机或笔记本电脑为从机,设置主从机通信方式,并以小海龟为例(主机上运行 turtlesim_node 节点,从机上运行键盘控制节点),验证主从机通信的有效性。

第5章

ROS常用组件工具

在 ROS 中内置了一些比较常用的工具，利用这些工具可以方便快捷地实现某个功能或调试程序，从而提高开发效率，本章主要讲解 ROS 中如下内置工具：

- TF 坐标变换（实现不同类型的坐标系之间的转换）；
- Gazebo 仿真工具；
- RViz 可视化工具；
- 集成了多款图形化调试工具的 rqt 工具箱；
- 录制 ROS 节点的执行过程并可以重放该过程的 rosbag；
- 用于与外界沟通的 rosbridge。

通过本章的学习，读者将达成以下目标：了解 TF 坐标变换的概念及应用场景；能够独立完成 TF 案例——小海龟跟随；能够熟练使用 Gazebo、RViz、rqt 中的图形化工具；能够使用 rosbag 命令或编码的形式实现数据录制与回放。熟练使用这些工具，对使用 ROS 开发机器人有极大的帮助，可以达到事半功倍的效果。

5.1 TF 坐标变换

通常机器人需要安装多个传感器，如激光雷达、摄像头等，有的传感器可以感知机器人周边的物体方位，以协助机器人定位障碍物。那么可以直接将物体相对传感器的方位信息等价于物体相对于机器人系统或机器人其他组件的方位信息吗？答案显然是否定的，这中间需要一个转换过程。

来看一个具体的场景：现有一个移动式机器人底盘，在底盘上安装了一个激光雷达，如图 5-1 所示，雷达相对于底盘的偏移量已知，现雷达检测到一个障碍物信息，获取到的坐标为 (x, y, z)，该坐标是以雷达为参考点的，如何将这个坐标转换成以小车为参考坐标系的坐标呢？

坐标变换是机器人学中一个非常基础、同时也非常重要的知识点。在机器人设计和应用中都会涉及不同组件的位置和姿态，这就需要引入坐标系及坐标变换的概念。明确了不

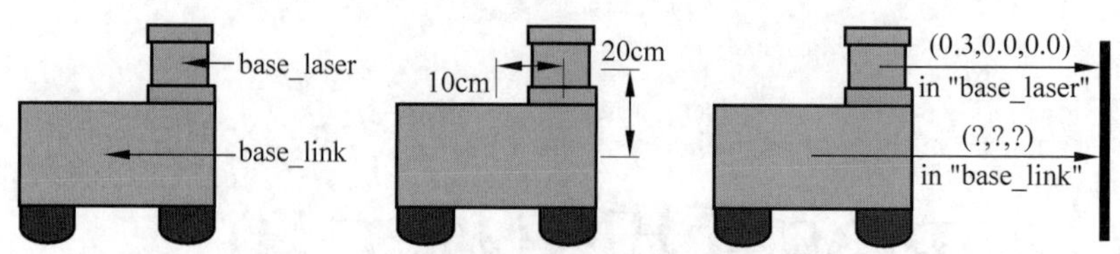

图 5-1 小车的本体坐标系与激光雷达坐标系

同坐标系之间的相对关系，就可以实现任何坐标点在不同坐标系之间的转换。ROS 中的坐标变换系统由 TF 功能包维护。

5.1.1 TF 功能包

TF(transform)是一个让用户随时间跟踪多个坐标系的功能包，它使用树型数据结构存储坐标系，根据时间缓冲并维护多个坐标系之间的坐标变换关系，可以在任意时间实现不同坐标系间点、向量等坐标的变换。

使用 TF 功能包大概需要以下两个步骤。

(1) 监听 TF 变换。

接收并缓存系统中发布的所有坐标变换数据，并从中查询所需要的坐标变换关系。

(2) 广播 TF 变换。

向系统中广播坐标系之间的坐标变换关系。系统中可能会存在多个不同部分的 TF 变换广播，每个广播都可以直接将坐标变换关系插入 TF 树中，不需要再进行同步。图 5-2 为 TF 实现过程示意图。

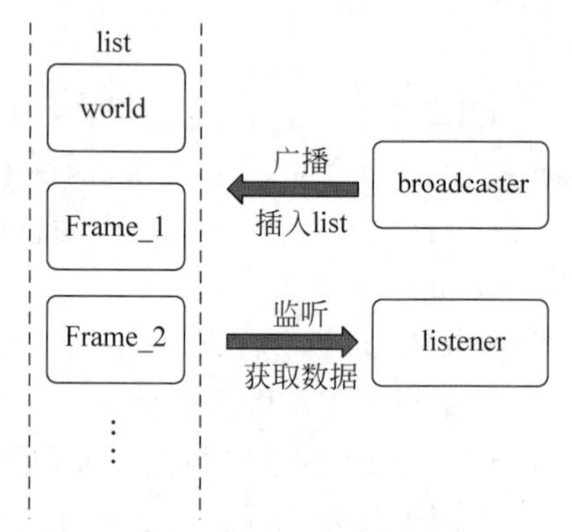

图 5-2 TF 实现过程示意图

TF 库常见的 C++数据类型如表 5-1 所示。

表 5-1 TF 库常见的 C++数据类型

名　　称	数据类型
四元数	tf::Quaternion
向量	tf::Vector3
点	tf::Point
位姿	tf::Pose
变换	tf::Transform
3×3 矩阵	tf::Matrix3×3
带时间戳的以上类型	tf::Stamped<T>
带时间戳的变换	tf::StampedTransform

TF 库中常用函数主要有以下几种。

(1) 广播机制常用函数。

```
broad = tf.TransformBroadcaster()          //创建广播对象
broad. sendTransform(translation, rotation, time, child, parent)
broad. sendTransformMessage(transform)     // 发布变换
```

(2) 监听机制常用函数。

```
listener = tf.TransformListener()                                    //创建监听对象
listener.waitForTransform(self, tar_frame, source_frame,time,timeout) //阻塞
listener.lookupTransform(self, tar_frame, source_frame,time)          //监听
```

(3) 类型转换函数。

```
euler_from_quaternion(quaternion, axes = 'sxyz')      //四元数到欧拉角
quaternion_from_matrix(matrix)                         //矩阵到四元数
```

5.1.2 TF 消息

TF 就是通过广播发布消息来维系机器人每个坐标系(连杆)之间的转换关系,这个消息的数据载体是 msg 形式。在实现坐标转换时常用 msg:geometry_msgs/TransformStamped 和 geometry_msgs/PointStamped,前者用于传输坐标系相关位置信息,后者用于传输某个坐标系内坐标点的信息。在坐标变换中,需要频繁使用坐标系的相对关系和坐标点信息。

1. geometry_msgs/TransformStamped 格式规范

通过在终端中输入 rosmsg info geometry_msgs/TransformStamped,可以获得 TransformStamped.msg 的格式规范如下:

```
std_msgs/Header header                      #头信息
  uint32 seq                                #|-- 序列号
  time stamp                                #|-- 时间戳
  string frame_id                           #|-- 坐标 ID
string child_frame_id                       #子坐标系的 id
geometry_msgs/Transform transform           #坐标信息
  geometry_msgs/Vector3 translation         #偏移量
    float64 x                               #|-- X 方向的偏移量
    float64 y                               #|-- Y 方向的偏移量
    float64 z                               #|-- Z 方向的偏移量
  geometry_msgs/Quaternion rotation         #四元数
    float64 x
    float64 y
    float64 z
    float64 w
```

观察标准的格式规范,首先 header 定义了序号、时间及 frame 的名称,接着还定义了 child_frame,这两个 frame 之间要进行哪种变换就是由 geometry_msgs/Transform 来定义。Vector3 三维向量表示平移,Quaternion 四元数表示旋转。

2. geometry_msgs/PointStamped 格式规范

通过在终端中输入 rosmsg info geometry_msgs/PointStamped,可以获得 PointStamped.msg 的格式规范如下:

```
std_msgs/Header header                        #头信息
  uint32 seq                                  #|-- 序号
  time stamp                                  #|-- 时间戳
  string frame_id                             #|-- 所属坐标系的 id
geometry_msgs/Point point                     #点坐标
  float64 x                                   #|-- x y z 坐标
  float64 y
```

```
float64 z
```

5.1.3 TF 与 TF2

1. TF 与 TF2 的比较

自 ROS Hydro 版本以来,第一代 TF 已被"弃用",转而支持 TF2。TF2 相比 TF 更加简单高效,是 TF 的超集。TF 与 TF2 所依赖的功能包是不同的,TF 对应的是 tf 包,TF2 对应的是 tf2 和 tf2_ros 包,TF2 功能包增强了内聚性,且在 TF2 中针对不同类型的 API 做了分包处理。

2. TF 与 TF2 的静态坐标变换演示对比

TF2 版静态坐标变换:

```
rosrun tf2_ros static_transform_publisher 0 0 0 0 0 0 /base_link /laser
```

TF 版静态坐标变换:

```
rosrun tf static_transform_publisher 0 0 0 0 0 0 /base_link /laser 100
```

读者会发现,TF 版本的启动中最后多一个参数,该参数指定发布频率。

使用 rostopic 查看话题消息,会发现包含/tf 与/tf_static 两个话题,前者是 TF 发布的话题,后者是 TF2 发布的话题。下面分别调用命令输出二者的话题消息,查看结果。rostopic echo /tf 会循环输出坐标系信息;而 rostopic echo /tf_static 只输出一次坐标系信息。

3. 结论

如果是静态坐标转换,那么不同坐标系之间的相对状态是固定的,既然是固定的,那么没有必要重复发布坐标系间的转换消息,显然 TF2 较之于 TF 更高效。

视频讲解 1

视频讲解 2

5.1.4 静态坐标变换

所谓静态坐标变换,是指两个坐标系之间的相对位置是固定的。

有一个机器人模型主要由主体和雷达构成,各对应一个坐标系,坐标系的原点分别位于主体与雷达的物理中心。已知雷达原点相对于主体原点位移关系如下:x=0.2,y= 0.0,z=0.5。当前雷达检测到一个障碍物,在雷达坐标系中障碍物的坐标为(2.0 3.0 5.0),试求该障碍物相对于机器人主体的坐标。

1. 实现分析

(1) 坐标系相对关系可以通过发布方发布;

(2) 订阅方订阅到发布的坐标系相对关系,再传入坐标点信息,然后借助于 tf 实现坐标变换,并将结果输出。

2. 实现流程

分别通过 C++与 Python 编程实现,二者流程是相同的,主要步骤如下。

(1) 新建功能包,添加依赖;

(2) 编写发布方实现;

(3) 编写订阅方实现;

(4) 执行并查看结果。

3. 具体实现

1）方案一：C++实现过程

(1) 创建功能包。

创建功能包 tf2、tf2_ros、tf2_geometry_msgs、roscpp、rospy、std_msgs 和 geometry_msgs，所创建项目依赖于它们。

(2) 编写发布方程序(程序名为 static_tf_broadcaster.cpp)。

```
/*
    静态坐标变换发布方:
    发布关于 laser 坐标系的位置信息
*/

// 1.包含头文件
#include "ros/ros.h"
#include "tf2_ros/static_transform_broadcaster.h"
#include "geometry_msgs/TransformStamped.h"
#include "tf2/LinearMath/Quaternion.h"    //设置欧拉角
/*
    静态坐标变换发布方:
        发布关于 laser 坐标系的位置信息
    实现流程:
        1.包含头文件
        2.初始化 ROS 节点
        3.创建静态坐标转换广播器
        4.创建坐标系信息
        5.广播器发布坐标系信息
        6.spin()
*/

int main(int argc, char *argv[])
{
    setlocale(LC_ALL,"");
    // 2.初始化 ROS 节点
    ros::init(argc,argv,"static_pub");
    ros::NodeHandle nh;
    //3.创建静态坐标转换广播器
    tf2_ros::StaticTransformBroadcaster pub;
    //4.创建坐标系信息
    geometry_msgs::TransformStamped tfs;
    tfs.header.stamp = ros::Time::now();
    tfs.header.frame_id = "base_link"; //相对坐标系中被参考的那一个
    tfs.child_frame_id = "laser";
    tfs.transform.translation.x = 0.2;
    tfs.transform.translation.y = 0.0;
    tfs.transform.translation.z = 0.5;
    //需要根据欧拉角转换
    tf2::Quaternion qtn;                        //创建四元数对象
    //向该对象设置欧拉角,这个对象可以将欧拉角转换为四元数
    qtn.setRPY(0,0,0);                          //欧拉角的单位是弧度
    tfs.transform.rotation.x = qtn.getX();
    tfs.transform.rotation.y = qtn.getY();
    tfs.transform.rotation.z = qtn.getZ();
```

```
    tfs.transform.rotation.w = qtn.getW();
    //5.广播器发布坐标系信息
    pub.sendTransform(tfs);
    //6.spin()
    ros::spin();
    return 0;
}
```

(3) 编写订阅方程序(程序名为 static_tf_listener.cpp)。

```
/*
    订阅坐标系信息,生成一个相对于子级坐标系的坐标点数据,转换成父级坐标系中的坐标点
 */
//1.包含头文件
#include "ros/ros.h"
#include "tf2_ros/transform_listener.h"         //监听
#include "tf2_ros/buffer.h"          //将订阅的数据缓存,与 transform_listener.h 一起使用
#include "geometry_msgs/PointStamped.h"
#include "tf2_geometry_msgs/tf2_geometry_msgs.h" //注意: 调用 transform 必须包含该头文件
/*
  订阅方:订阅发布的坐标系相对关系,传入一个坐标点,调用 tf 实现转换
  流程:
        1.包含头文件
        2.编码、初始化、NodeHandle
        3.创建订阅对象 --->订阅坐标系相对关系
        4.创建一个坐标点数据
        5.转换算法,需要调用 TF 内置实现
        6.输出
*/

int main(int argc, char * argv[])
{
    //2.编码、初始化、NodeHandle
    setlocale(LC_ALL,"");
    ros::init(argc,argv,"static_sub");
    ros::NodeHandle nh;
    //3.创建订阅对象 --->订阅坐标系相对关系
    //3.1 创建一个 buffer(缓存)
    tf2_ros::Buffer buffer;
    //3.2 再创建监听对象(监听对象可以将订阅的数据传入 buffer)
    tf2_ros::TransformListener listener(buffer);
    //4.创建一个坐标点数据
    geometry_msgs::PointStamped ps;
    ps.header.frame_id = "laser";
    ps.header.stamp = ros::Time::now();
    ps.point.x = 2.0;
    ps.point.y = 3.0;
    ps.point.z = 5.0;
    //添加休眠
    //ros::Duration(2).sleep();
    //5.转换算法,需要调用 TF 内置实现
    ros::Rate rate(10);
    while(ros::ok())
    {
        //核心代码:将 ps 转换成相对于 base_link 的坐标点
```

```
        geometry_msgs::PointStamped ps_out;
        /*
        调用 buffer 的转换函数 transform()
        参数 1:被转换的坐标点
        参数 2:目标坐标系
        返回值:输出的坐标点
        ps1:调用时必须包含头文件 tf2_geometry_msgs/tf2_geometry_msgs.h
        ps2:运行时存在的问题:抛出一个异常"base_link 不存在"
            原因:订阅数据是一个耗时操作,可能在调用 transform 转换函数时,坐标系的
                相对关系还没有订阅,因此出现异常
            解决方案 1:在调用转换函数前,执行休眠
            解决方案 2:进行异常处理
        */
        try
        {
            ps_out = buffer.transform(ps,"base_link");
            //6.输出
            ROS_INFO("转换后的坐标值:(%.2f, %.2f, %.2f),参考的坐标系:%s",
                    ps_out.point.x,
                    ps_out.point.y,
                    ps_out.point.z,
                    ps_out.header.frame_id.c_str()
                    );
        }
        catch(const std::exception& e)
        {
            //std::cerr << e.what() << '\n';
            ROS_INFO("程序异常:%S",e.what());
        }

        rate.sleep();
        ros::spinOnce();
    }

    return 0;

}
```

(4) 修改 CMakeLists.txt 配置文件，在该文件中增加如下内容：

```
add_executable(static_tf_broadcaster src/static_tf_broadcaster.cpp)
target_link_libraries(static_tf_broadcaster ${catkin_LIBRARIES})

add_executable(static_tf_listener src/static_tf_listener.cpp)
target_link_libraries(static_tf_listener ${catkin_LIBRARIES})
```

(5) 执行。

可以使用命令行或 launch 文件的方式分别启动发布节点与订阅节点，如果程序无异常，控制台将输出坐标转换后的结果，如图 5-3 所示。

2) 方案二：Python 实现流程

(1) 新建 scripts 文件夹。

在 5.1.4 节创建的 learning_tf 功能包下新建 scripts 文件夹，并在该文件夹下创建.py 文件。

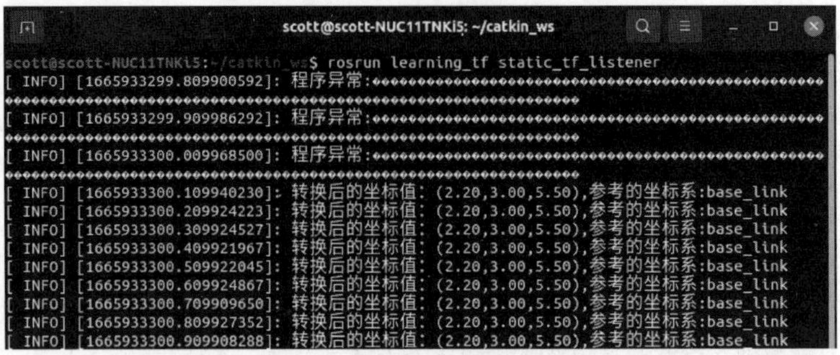

```
scott@scott-NUC11TNKi5: ~/catkin_ws
scott@scott-NUC11TNKi5:~/catkin_ws$ rosrun learning_tf static_tf_listener
[ INFO] [1665933299.809900592]: 程序异常:◆◆◆◆◆◆◆◆◆◆◆◆◆◆◆◆◆◆◆◆◆◆◆◆◆◆◆◆◆◆◆◆◆◆◆◆◆◆◆◆◆◆◆◆◆◆◆◆◆◆◆◆◆◆◆◆◆◆◆◆◆◆◆◆◆◆◆◆◆◆◆◆◆◆◆◆◆◆◆◆◆◆◆◆◆◆◆◆◆◆◆◆◆◆◆◆◆◆◆◆◆◆◆◆◆◆◆
[ INFO] [1665933299.909986292]: 程序异常:◆◆◆◆◆◆◆◆◆◆◆◆◆◆◆◆◆◆◆◆◆◆◆◆◆◆◆◆◆◆◆◆◆◆◆◆◆◆◆◆◆◆◆◆◆◆◆◆◆◆◆◆◆◆◆◆◆◆◆◆◆◆◆◆◆◆◆◆◆◆◆◆◆◆◆◆◆◆◆◆◆◆◆◆◆◆◆◆◆◆◆◆◆◆◆◆◆◆◆◆◆◆◆◆◆◆◆
[ INFO] [1665933300.009968500]: 程序异常:◆◆◆◆◆◆◆◆◆◆◆◆◆◆◆◆◆◆◆◆◆◆◆◆◆◆◆◆◆◆◆◆◆◆◆◆◆◆◆◆◆◆◆◆◆◆◆◆◆◆◆◆◆◆◆◆◆◆◆◆◆◆◆◆◆◆◆◆◆◆◆◆◆◆◆◆◆◆◆◆◆◆◆◆◆◆◆◆◆◆◆◆◆◆◆◆◆◆◆◆◆◆◆◆◆◆◆
[ INFO] [1665933300.109940230]: 转换后的坐标值: (2.20,3.00,5.50),参考的坐标系:base_link
[ INFO] [1665933300.209924223]: 转换后的坐标值: (2.20,3.00,5.50),参考的坐标系:base_link
[ INFO] [1665933300.309924527]: 转换后的坐标值: (2.20,3.00,5.50),参考的坐标系:base_link
[ INFO] [1665933300.409921967]: 转换后的坐标值: (2.20,3.00,5.50),参考的坐标系:base_link
[ INFO] [1665933300.509922045]: 转换后的坐标值: (2.20,3.00,5.50),参考的坐标系:base_link
[ INFO] [1665933300.609924867]: 转换后的坐标值: (2.20,3.00,5.50),参考的坐标系:base_link
[ INFO] [1665933300.709909650]: 转换后的坐标值: (2.20,3.00,5.50),参考的坐标系:base_link
[ INFO] [1665933300.809927352]: 转换后的坐标值: (2.20,3.00,5.50),参考的坐标系:base_link
[ INFO] [1665933300.909908288]: 转换后的坐标值: (2.20,3.00,5.50),参考的坐标系:base_link
```

图 5-3 静态坐标变换结果

(2) 编写发布方程序(程序名为 static_tf_broadcaster.py)。

```
#! /usr/bin/env python

"""
    发布方: 发布两个坐标系的相对关系(车辆底盘 --- base_link , 雷达 --- laser)
    流程:
        1. 导包
        2. 初始化节点
        3. 创建发布对象
        4. 组织被发布的数据
        5. 发布数据
        6. spin()
"""
#1.导包
import rospy                                        #头文件 1
import tf2_ros                                      #头文件 2
import tf                                           #头文件 3
from geometry_msgs.msg import TransformStamped      #头文件 4

if __name__ == "__main__":

    # 2. 初始化节点
    rospy.init_node("start_tf_pub")
    # 3. 创建发布对象 - 头文件 2
    pub = tf2_ros.StaticTransformBroadcaster()
    # 4. 组织被发布的数据 - 头文件 4
    tfs = TransformStamped()
    # 4.1 header
    tfs.header.stamp = rospy.Time.now()
    tfs.header.frame_id = "base_link"
    # 4.2 child frame
    tfs.child_frame_id = "laser"
    # 4.3 相对关系(偏移与四元数)
    tfs.transform.translation.x = 0.2
    tfs.transform.translation.y = 0.0
    tfs.transform.translation.z = 0.5
    # 4.4 先从欧拉角转换成四元数 - 头文件 3
    qtn = tf.transformations.quaternion_from_euler(0,0,0)
    # 4.5 再设置四元数
    tfs.transform.rotation.x = qtn[0]
    tfs.transform.rotation.y = qtn[1]
```

```
    tfs.transform.rotation.z = qtn[2]
    tfs.transform.rotation.w = qtn[3]

    # 5. 发布数据
    pub.sendTransform(tfs)
    # 6. spin()
    rospy.spin()
```

(3) 编写订阅方程序(程序名为 static_tf_listener.py)。

```
#! /usr/bin/env python

"""
    订阅方：订阅坐标变换消息,传入被转换的坐标,调用转换算法

    流程：
        1. 导包
        2. 初始化
        3. 创建订阅对象
        4. 组织被转换的坐标点
        5. 转换逻辑实现,调用 tf 封装的算法
        6. 输出结果
"""
#1.导包
import rospy                                            #头文件 1
import tf2_ros                                          #头文件 2
from tf2_geometry_msgs import tf2_geometry_msgs         #头文件 3

if __name__ == "__main__":

    # 2. 初始化
    rospy.init_node("static_tf_sub")

    # 3. 创建订阅对象
    # 3.1 创建一个缓存对象 - 头文件 2
    buffer = tf2_ros.Buffer()
    # 3.2 创建订阅对象(将缓存对象传入)
    sub = tf2_ros.TransformListener(buffer)

    # 4. 组织被转换的坐标点 - 头文件 3
    ps = tf2_geometry_msgs.PointStamped()
    ps.header.stamp = rospy.Time.now()
    ps.header.frame_id = "laser"
    ps.point.x = 2.0
    ps.point.y = 3.0
    ps.point.z = 5.0

    # 5. 转换逻辑实现,调用 tf 封装的算法
    rate = rospy.Rate(1)
    while not rospy.is_shutdown():
        # 使用 try 防止
        try:
            # 转换实现
            """
            参数 1: 被转换的坐标点
```

```
            参数 2: 目标坐标系
            返回值: 转换后的坐标点

            PS:
            问题: 抛出异常"base_link 不存在"
            原因: 转换函数调用时,可能还没有订阅坐标系的相对关系
            解决: try 捕获异常并处理
            """
            ps_out = buffer.transform(ps,"base_link")
            # 6. 输出结果
            rospy.loginfo("转换后的坐标:(%.2f,%.2f,%.2f),参考的坐标系: %s",
                        ps_out.point.x,
                        ps_out.point.y,
                        ps_out.point.z,
                        ps_out.header.frame_id)
        except Exception as e:
            rospy.logerr("错误提示:%s",e)

        rate.sleep()
```

权限设置及配置文件修改请参考第 3 章内容。

(4) 执行。

可以使用命令行或 launch 文件的方式分别启动发布节点与订阅节点,如果程序无异常,控制台将输出坐标转换后的结果。

4. 补充知识

(1) 当坐标系之间的相对位置固定时,所需参数也是固定的:父级坐标系名称、子级坐标系名称、x 偏移量、y 偏移量、z 偏移量、x 翻滚角度、y 俯仰角度、z 偏航角度。实现逻辑相同,参数不同。ROS 系统已经封装好了专门的节点,使用格式如下:

```
rosrun tf2_ros static_transform_publisher x 偏移量 y 偏移量 z 偏移量 z 偏航角度 y 俯仰角度 x 翻滚角度 父级坐标系 子级坐标系
```

示例如下:

```
rosrun tf2_ros static_transform_publisher 0.2 0 0.5 0 0 0 /baselink /laser
```

建议读者使用这种方式直接实现静态坐标系相对信息的发布。

(2) 可以借助 RViz 显示坐标系关系,具体操作步骤如下:

① 在终端中输入 rviz;

② 在启动的 RViz 界面中设置 Fixed Frame 为 base_link;

③ 单击左下角的 Add 按钮,在弹出的窗口中选择 TF 组件,即可显示坐标关系,其结果如图 5-4 所示。

视频讲解

5.1.5 动态坐标变换

所谓动态坐标变换,是指两个坐标系之间的相对位置是变化的。下面以小海龟跟随案例来演示动态坐标变换过程。

1. 案例描述

启动两个 turtlesim_node 节点,两只小海龟相当于两个坐标系,键盘控制其中一只小海

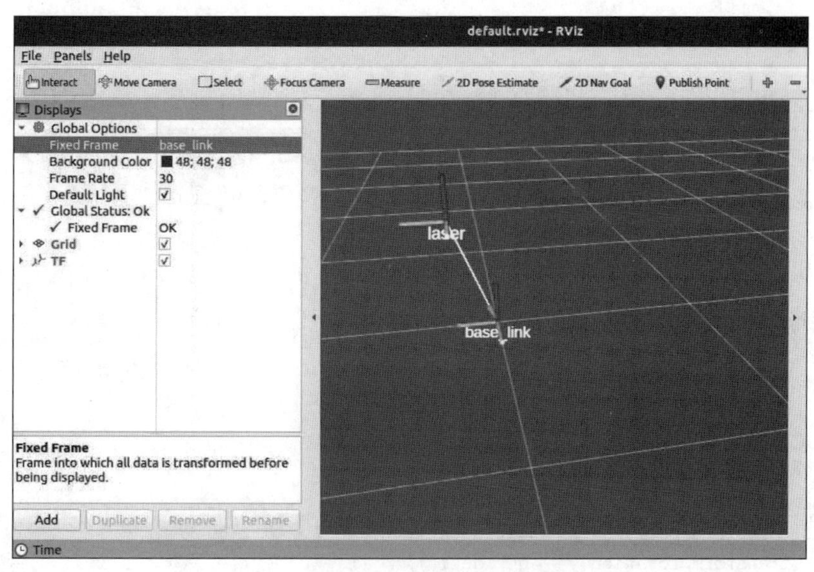

图 5-4　在 RViz 中显示 TF 结果

龟运动,另一只小海龟将跟随前一只小海龟移动,最终重叠在一起,跟随过程中将两个坐标系的相对位置动态发布出来。实现小海龟跟随的核心是小海龟 A 和 B 都要发布相对世界坐标系的坐标信息,然后订阅到该信息需要转换获取 A 相对于 B 坐标系的信息,最后生成速度信息,并控制 B 运动。

2. 实现分析

(1) 启动小海龟显示节点;

(2) 在小海龟显示窗体中生成一只新的小海龟(需要使用服务);

(3) 编写两只小海龟发布坐标信息的节点;

(4) 编写订阅节点订阅坐标信息,并生成新的相对关系生成速度信息实现流程。

3. 具体实现

1) 方案一:采用 C++方式实现

(1) 创建功能包。

创建项目功能包依赖于 tf2、tf2_ros、tf2_geometry_msgs、roscpp、rospy、std_msgs、geometry_msgs、turtlesim。

(2) 编写发布方程序(程序名为 turtle_tf_broadcaster.cpp)。

```
/*
   动态的坐标系相对姿态发布(一个坐标系相对于另一个坐标系的相对姿态是不断变化的)
*/
// 1.包含头文件
#include "ros/ros.h"
#include "turtlesim/Pose.h"
#include "tf2_ros/transform_broadcaster.h"
#include "geometry_msgs/TransformStamped.h"
#include "tf2/LinearMath/Quaternion.h"

//保存小海龟的名称
std::string turtle_name;
```

```
void doPose(const turtlesim::Pose::ConstPtr &pose)
{
    //6.1 创建一个 TF 广播器
    static tf2_ros::TransformBroadcaster broadcaster;

    //6.2 将 pose 信息转换为 TransformStamped
    geometry_msgs::TransformStamped tfs;
    tfs.header.frame_id = "/world";
    tfs.header.stamp = ros::Time::now();
    tfs.child_frame_id = turtle_name.c_str();
    tfs.transform.translation.x = pose->x;
    tfs.transform.translation.y = pose->y;
    tfs.transform.translation.z = 0.0;

    //将欧拉角转换成四元数
    tf2::Quaternion qnt;
    qnt.setRPY(0,0,pose->theta);
    tfs.transform.rotation.x = qnt.getX();
    tfs.transform.rotation.y = qnt.getY();
    tfs.transform.rotation.z = qnt.getZ();
    tfs.transform.rotation.w = qnt.getW();

    //6.3 发布坐标信息
    broadcaster.sendTransform(tfs);
}

int main(int argc, char *argv[])
{
    //2.初始化 ROS 节点
    ros::init(argc,argv,"turtle_pose_pub");
    //3.创建 ROS 句柄
    ros::NodeHandle nh;
    //4.解析传入的命名空间
    if (argc != 2)
    {
        ROS_ERROR("请传入正确的参数");
    } else {
        turtle_name = argv[1];
        ROS_INFO("小海龟 %s 坐标发送启动",turtle_name.c_str());
    }

    //5.订阅小海龟的位姿信息
    ros::Subscriber sub = nh.subscribe<turtlesim::Pose>(turtle_name + "/pose",1000,
doPose);
    ros::spin();
    return 0;
}
```

(3) 编写订阅方程序(程序名为 turtle_tf_listener.cpp)。

```
//1.包含头文件
#include "ros/ros.h"
#include "tf2_ros/buffer.h"
#include "tf2_ros/transform_listener.h"
#include "geometry_msgs/Twist.h"
```

```
#include "geometry_msgs/TransformStamped.h"
int main(int argc, char *argv[])
{
    setlocale(LC_ALL,"");
    //2.初始化 ROS 节点
    ros::init(argc,argv,"turtle_pose_sub");
    //3.创建 ROS 句柄
    ros::NodeHandle nh;
    //4.创建 TF 订阅对象
    tf2_ros::Buffer buffer;
    tf2_ros::TransformListener listener(buffer);

    //5.处理订阅到的 TF
    //需要创建发布 /turtle2/cmd_vel 的 publisher 对象
    ros::Publisher pub = nh.advertise<geometry_msgs::Twist>("/turtle2/cmd_vel",1000);
    //注意这里的发布频率必须在 10 以上
    ros::Rate rate(100);
    while (ros::ok())
    {
        try
        {
            //5.1 先获取 turtle1 相对 turtle2 的坐标信息
            geometry_msgs::TransformStamped tfs = buffer.lookupTransform("turtle2",
"turtle1",ros::Time(0));

            //5.2 根据坐标信息生成速度信息 -- geometry_msgs/Twist.h
            geometry_msgs::Twist twist;
            twist.linear.x = 0.5 * sqrt(pow(tfs.transform.translation.x,2)
                                 + pow(tfs.transform.translation.y,2));
              twist.angular.z = 4 * atan2(tfs.transform.translation.y,tfs.transform.
translation.x);

            //5.3 发布速度信息 -- 需要提前创建 publisher 对象
            pub.publish(twist);
        }
        catch(const std::exception& e)
        {
            ROS_INFO("发生异常:%s",e.what());
        }


        rate.sleep();
        ros::spinOnce();
    }
    return 0;
}
```

CMakeLists.txt 文件配置过程请参考第 3 章内容。

(4) 执行程序并查看结果。

可以使用命令行或 launch 文件的方式分别启动产生小海龟的节点、键盘控制节点、发布节点与订阅节点，该 launch 文件的内容如下所示。

```
<launch>
```

```
    <!-- Turtlesim Node -->
    <node pkg="turtlesim" type="turtlesim_node" name="sim"/>
    <node pkg="turtlesim" type="turtle_teleop_key" name="teleop" output="screen"/>

    <!-- 产生第二只小海龟 -->
    <node name="turtle2_spaw" pkg="learning_tf" type="turtlesim_follow_spawn" />

    <!-- 启动两个发布节点 -->
    <node pkg="learning_tf" type="turtle_tf_broadcaster" args="/turtle1" name="turtle1_tf_
broadcaster" />
    <node pkg="learning_tf" type="turtle_tf_broadcaster" args="/turtle2" name="turtle2_tf_
broadcaster" />

    <!-- 订阅速度信息节点 -->
    <node pkg="learning_tf" type="turtle_tf_listener" name="listener" />

  </launch>
```

如果程序无异常,可以获得如图5-5所示结果。可以使用RViz查看坐标系相对关系。

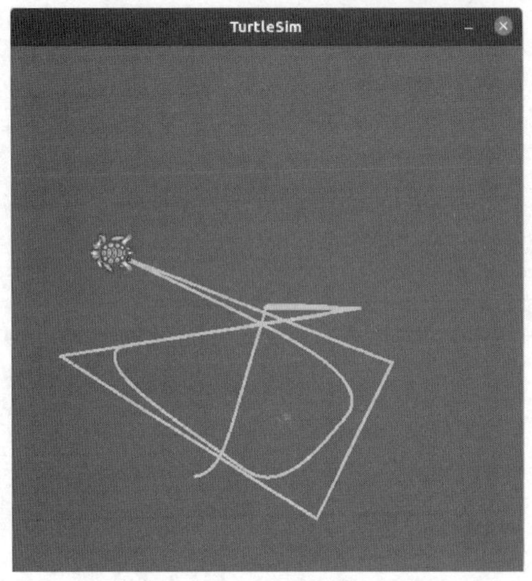

图 5-5 动作坐标演示运行结果

2) 方案二:采用Python方式实现(其实现过程与C++一致)

(1) 编写发布方程序(程序名为turtle_tf_broadcaster.py)。

```
#!/usr/bin/env python
# -*- coding: utf-8 -*-

import roslib
roslib.load_manifest('learning_tf')
import rospy

import tf
import turtlesim.msg

def handle_turtle_pose(msg, turtlename):
    br = tf.TransformBroadcaster()
```

```
    br.sendTransform((msg.x, msg.y, 0),
                     tf.transformations.quaternion_from_euler(0, 0, msg.theta),
                     rospy.Time.now(),
                     turtlename,
                     "world")

if __name__ == '__main__':
    rospy.init_node('turtle_tf_broadcaster')
    turtlename = rospy.get_param('~turtle')
    rospy.Subscriber('/%s/pose' % turtlename,
                     turtlesim.msg.Pose,
                     handle_turtle_pose,
                     turtlename)
    rospy.spin()
```

（2）编写订阅方程序（程序名为 turtle_tf_listener.py）。

```
#!/usr/bin/env python
# -*- coding: utf-8 -*-

import roslib
roslib.load_manifest('learning_tf')
import rospy
import math
import tf
import geometry_msgs.msg
import turtlesim.srv

if __name__ == '__main__':
    rospy.init_node('turtle_tf_listener')

    listener = tf.TransformListener()

    rospy.wait_for_service('spawn')
    spawner = rospy.ServiceProxy('spawn', turtlesim.srv.Spawn)
    spawner(4, 2, 0, 'turtle2')

    turtle_vel = rospy.Publisher('turtle2/cmd_vel', geometry_msgs.msg.Twist,queue_size=1)

    rate = rospy.Rate(10.0)
    while not rospy.is_shutdown():
        try:
            (trans,rot) = listener.lookupTransform('/turtle2', '/turtle1', rospy.Time(0))
        except (tf.LookupException, tf.ConnectivityException, tf.ExtrapolationException):
            continue

        angular = 4 * math.atan2(trans[1], trans[0])
        linear = 0.5 * math.sqrt(trans[0] ** 2 + trans[1] ** 2)
        cmd = geometry_msgs.msg.Twist()
        cmd.linear.x = linear
        cmd.angular.z = angular
        turtle_vel.publish(cmd)

        rate.sleep()
```

权限设置及配置文件修改请参考第 3 章内容。

(3) 执行。

可以使用命令行或 launch 文件的方式分别启动发布节点与订阅节点,如果程序无异常,则与 C++方式执行结果一致。可以使用 RViz 查看坐标系相对关系。

视频讲解

5.1.6 多坐标变换

本节还是以案例来演示多坐标变换。

1. 需求描述

现有坐标系统,父级坐标系为 world,其下有两个子级坐标系 T1 和 T2,两个子级坐标系相对于 world 的关系是已知的,求 T1 原点在 T2 中的坐标,又已知在 T1 中某点的坐标,要求求出该点在 T2 中的坐标。

2. 实现分析

(1) 分别发布 T1、T2 相对于 world 的坐标消息;

(2) 订阅坐标发布消息,获取订阅的消息,借助于 TF2 实现 T1 与 T2 的转换关系;

(3) 实现坐标点的转换。

3. 实现流程

(1) 新建功能包,添加依赖;

(2) 创建坐标相对关系发布方(需要发布两个坐标相对关系);

(3) 创建坐标相对关系订阅方;

(4) 执行程序。

4. 具体实现

1) 方案一:C++方式实现

(1) 创建功能包。

创建项目功能包依赖于 tf2、tf2_ros、tf2_geometry_msgs、roscpp、rospy、std_msgs、geometry_msgs、turtlesim。

(2) 编写发布方程序(程序名为 multi_tf_broadcaster.launch)。

为了方便,这里使用静态坐标变换发布,其内容如下:

```
<launch>
    <node pkg = "tf2_ros" type = "static_transform_publisher" name = "T1" args = "0.2 0 0.3 0 0
0 /world /T1" output = "screen" />
    <node pkg = "tf2_ros" type = "static_transform_publisher" name = "T2" args = "0.5 0 0 0 0 0
/world /T2" output = "screen" />
</launch>
```

(3) 编写订阅方程序(程序名为 multi_tf_listener.cpp)。

```
/*
需求:
现有坐标系统,父级坐标系 world 及其两个子级坐标系 T1、T2,T1 及 T2 相对于 world 的关系是已知
的,求 T1 与 T2 中的坐标关系,又已知在 T1 中某点的坐标,要求求出该点在 T2 中的坐标。
*/
//1.包含头文件
#include "ros/ros.h"
#include "tf2_ros/transform_listener.h"
```

```
#include "tf2/LinearMath/Quaternion.h"
#include "tf2_geometry_msgs/tf2_geometry_msgs.h"
#include "geometry_msgs/TransformStamped.h"
#include "geometry_msgs/PointStamped.h"

int main(int argc, char *argv[])
{      setlocale(LC_ALL,"");
    // 2.初始化 ROS 节点
    ros::init(argc,argv,"sub_frames");
    // 3.创建 ROS 句柄
    ros::NodeHandle nh;
    // 4.创建 TF 订阅对象
    tf2_ros::Buffer buffer;
    tf2_ros::TransformListener listener(buffer);
    // 5.解析订阅信息中获取 T1 坐标系原点在 T2 中的坐标
    ros::Rate r(1);
    while (ros::ok())
    {
        try
        {
            //解析 T1 中的点相对于 T2 的坐标
            geometry_msgs::TransformStamped tfs = buffer.lookupTransform("T2","T1",ros::
Time(0));
            ROS_INFO("T1 相对于 T2 的坐标关系:父坐标系 ID = %s",tfs.header.frame_id.c_str
());
            ROS_INFO("T1 相对于 T2 的坐标关系:子坐标系 ID = %s",tfs.child_frame_id.c_str
());
            ROS_INFO("T1 相对于 T2 的坐标关系:x = %.2f,y = %.2f,z = %.2f",
                    tfs.transform.translation.x,
                    tfs.transform.translation.y,
                    tfs.transform.translation.z
                    );

            // 坐标点解析
            geometry_msgs::PointStamped ps;
            ps.header.frame_id = "T1";
            ps.header.stamp = ros::Time::now();
            ps.point.x = 1.0;
            ps.point.y = 2.0;
            ps.point.z = 3.0;

            geometry_msgs::PointStamped psAtT2;
            psAtT2 = buffer.transform(ps,"T2");
            ROS_INFO("在 T2 中的坐标:x = %.2f,y = %.2f,z = %.2f",
                    psAtT2.point.x,
                    psAtT2.point.y,
                    psAtT2.point.z
                    );
        }
        catch(const std::exception& e)
        {
            // std::cerr << e.what() << '\n';
            ROS_INFO("异常信息: %s",e.what());
        }
```

```
        r.sleep();
        // 6.spin()
        ros::spinOnce();
    }
    return 0;
}
```

CMakeLists.txt 文件的配置修改部分可以参照第 3 章内容。

(4) 执行。

使用 launch 文件(其内容如下所示)的方式启动发布节点与订阅节点,如果程序无异常,将输出变换后的结果。

```
<launch>
    <!-- 启动发布方节点 -->
    <include file = "$(find learning_tf)/launch/Multi_tf_broadcaster.launch" />
    <!-- 启动订阅方节点 -->
    <node pkg = "learning_tf" type = "multi_tf_listener" name = "tf_listener" output =
"screen" />
</launch>
```

2) 方案二:Python 方式实现

(1) 创建功能包。

创建项目功能包依赖于 tf2、tf2_ros、tf2_geometry_msgs、roscpp、rospy、std_msgs、geometry_msgs、turtlesim。

(2) 编写发布方程序。

为了方便,这里使用静态坐标变换发布。

```
<launch>
    <node pkg = "tf2_ros" type = "static_transform_publisher" name = "T1" args = "0.2 0.3 0 0 0
0 /world /T1" output = "screen" />
    <node pkg = "tf2_ros" type = "static_transform_publisher" name = "T2" args = "0.5 0 0 0 0 0
/world /T2" output = "screen" />
</launch>
```

(3) 编写订阅方程序。

```
#!/usr/bin/env python
"""
需求:
现有坐标系统,父级坐标系 world 及其两个子级坐标系 T1、T2,T1 及 T2 相对于 world 的关系是已知
的,求 T1 与 T2 中的坐标关系,又已知在 T1 中某点的坐标,要求求出该点在 T2 中的坐标。
"""
# 1.导包
import rospy
import tf2_ros
from geometry_msgs.msg import TransformStamped
from tf2_geometry_msgs import PointStamped

if __name__ == "__main__":

    # 2.初始化 ROS 节点
    rospy.init_node("frames_sub_p")
    # 3.创建 TF 订阅对象
```

```
    buffer = tf2_ros.Buffer()
    listener = tf2_ros.TransformListener(buffer)

    rate = rospy.Rate(1)
    while not rospy.is_shutdown():

        try:
        # 4.调用 API 求出 T1 相对于 T2 的坐标关系
            # lookup_transform(self, target_frame, source_frame, time, timeout = rospy.
Duration(0.0)):
            tfs = buffer.lookup_transform("T2","T1",rospy.Time(0))
            rospy.loginfo("T1 与 T2 相对关系:")
            rospy.loginfo("父级坐标系:%s",tfs.header.frame_id)
            rospy.loginfo("子级坐标系:%s",tfs.child_frame_id)
            rospy.loginfo("相对坐标:x=%.2f, y=%.2f, z=%.2f",
                        tfs.transform.translation.x,
                        tfs.transform.translation.y,
                        tfs.transform.translation.z,
            )
        # 5.创建一个依赖于 T1 的坐标点,调用 API 求出该点在 T2 中的坐标
            point_source = PointStamped()
            point_source.header.frame_id = "T1"
            point_source.header.stamp = rospy.Time.now()
            point_source.point.x = 1.0
            point_source.point.y = 2.0
            point_source.point.z = 3.0

            point_target = buffer.transform(point_source,"T2",rospy.Duration(0.5))

            rospy.loginfo("point_target 所属的坐标系:%s",point_target.header.frame_id)
            rospy.loginfo("坐标点相对于 T2 的坐标:(%.2f,%.2f,%.2f)",
                        point_target.point.x,
                        point_target.point.y,
                        point_target.point.z
            )

        except Exception as e:
            rospy.logerr("错误提示:%s",e)

        rate.sleep()
    # 6.spin()
    rospy.spin()
```

权限设置及配置文件方法可以参照第 3 章内容。

(4) 执行。

使用 launch 文件的方式启动发布节点与订阅节点,如果程序无异常,将输出变换后的结果。

5.1.7 TF 相关工具命令

在机器人系统中涉及多个坐标系,为了方便查看,ROS 提供了专门的工具,可以用于生成显示坐标系关系的 PDF 文件,该文件包含树形结构的坐标系图谱。

(1) 首先调用 rospack find tf2_tools 查看是否包含该功能包,如果没有,可以使用以下命令安装:

```
sudo apt install ros-noetic-tf2-tools
```

(2) 启动坐标系广播程序之后,可以根据当前的 TF 树创建一个 PDF 图:

```
rosrun tf2_tools view_frames.py
```

执行上述命令后,出现如下所示的日志信息:

```
[INFO] [1666227726.759494]: Listening to tf data during 5 seconds...
[INFO] [1666227731.776952]: Generating graph in frames.pdf file...
```

这个工具首先订阅/tf_tools,订阅 5 秒钟,根据这段时间接收的 TF 信息绘制成一张 TF 树,然后创建成一个 PDF 图,查看当前目录会发现多了一个 frames. pdf 文件。

(3) 查看生成的 TF 树。

可以直接进入目录、打开文件,或者调用 evince frames. pdf 命令查看文件,内容如图 5-6 所示。

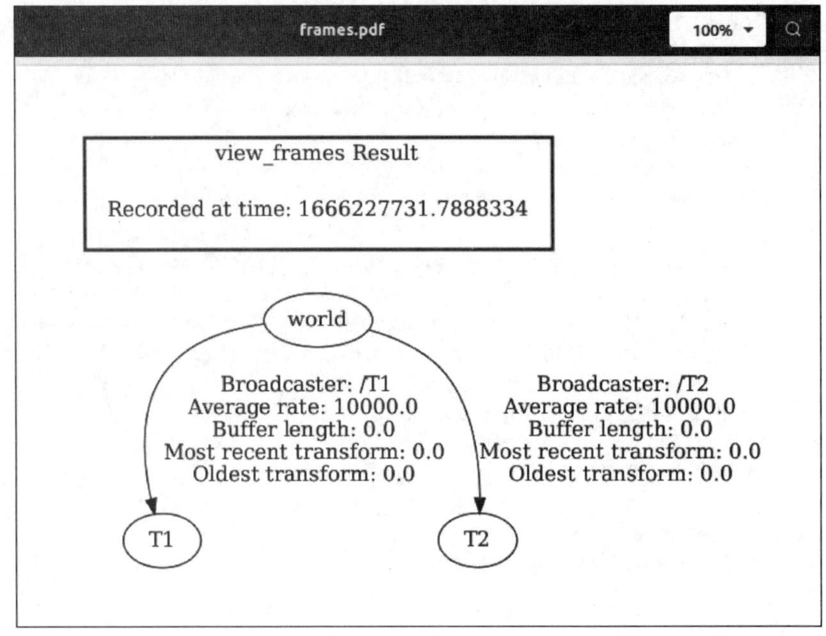

图 5-6 TF 树

(4) 查看当前的 TF 树。

```
rosrun rqt_tf_tree rqt_tf_tree
```

这个命令同样是查询 tf 树,与前一个命令的区别是这个命令是动态查询当前的 tf 树,当前的任何变化都能当即看到,例如何时断开、何时连接,捕捉到这些后通过 rqt 插件显示出来。

(5) 查看两个 frame 之间的变换关系。

```
rosrun tf tf_echo[reference_frame][target_frame]
```

5.2　Gazebo

5.2.1　Gazebo 简介

Gazebo 是一款机器人仿真工具，也是一个独立的开源机器人仿真平台，与市面上的其他仿真工具如 V—Rep、Webots 等仿真软件功能类似。Gazebo 不仅开源，也是兼容 ROS 效果最好的仿真工具。

Gazebo 的功能很强大，最大的优点是对 ROS 的支持，因为 Gazebo 和 ROS 都由 OSRF(Open Source Robotics Foundation，开源机器人组织)来维护。Gazebo 支持很多开源的物理引擎(如最典型的 ODE)。Gazebo 不仅可以进行机器人的运动学、动力学仿真，还能模拟机器人常用的传感器(如激光雷达、摄像头、IMU 等)，也可以加载自定义的环境和场景。Gazebo 仿真界面的操作方法如表 5-2 所示。

表 5-2　Gazebo 仿真界面的操作方法

功　　能	具体操作方法
平移	鼠标左键
旋转	鼠标滚轮中键
缩放	鼠标滚轮
添加模型	通过左侧控制面板的 insert，可以直接拖入模拟空间，也可以按需自制模型导入

5.2.2　仿真的意义

仿真不仅仅是做出一个很酷的 3D 场景，更重要的是给机器人一个逼近现实的虚拟物理环境，如光照条件、物理距离等。设定好具体的参数，让机器人完成设定的目标任务。有些危险场景的测试就可以让机器人在仿真的环境中去完成，例如无人车在复杂交通环境的运行效果，就可以在仿真的环境下测试各种情况下无人车的反应与效果，如车辆的性能、驾驶的策略、车流人流的行为模式等，又或者各种不可控因素如雨雪天气、突发事故、车辆故障等，从而收集结果参数指标信息等。只有更大程度的逼近现实，才能得出车辆的真实效果，直到无人车在仿真条件下做到万无一失，才能放心地投放到真实环境中去使用。这既避免了危险因素对实验者的威胁，又节约了时间和资源，这就是仿真的意义。

通常一些不依赖于具体硬件的算法和场景都可以在 Gazebo 上仿真，如图像识别、传感器数据融合处理、路径规划、SLAM 等任务，大大减轻了对硬件的依赖。

5.3　RViz

RViz(the Robot Visualization Tool)是 ROS 开发中一个常用的工具，机器人开发和调试基本都离不开这个可视化工具，其直观性极大地方便了监控和调试等操作。在终端中输入 rviz 命令可以打开这个可视化工具。读者会发现 RViz 和 Gazebo 一样，也会显示出一个

3D 环境,但二者在操作上有所不同,RViz 的具体操作如表 5-3 所示。

表 5-3 RViz 操作方法

功　能	具体操作方法
平移	鼠标滚轮中键
旋转	鼠标左键
缩放	鼠标滚轮
添加插件	左侧控制面板下方的 Add 按钮

虽然从界面上来看,RViz 和 Gazebo 非常相似,但实际上两者有着很大的差别。RViz 实现的是可视化,呈现接收到的信息,左侧的插件相当于一个个订阅者,RViz 接收信息并显示;而 Gazebo 提供了一个虚拟的世界,实现的是仿真,所以 RViz 和 Gazebo 有本质的区别。

5.4 rosbag 录制与回放数据

5.4.1 rosbag 简介

rosbag 是一个用于记录和回放 ROS 主题的工具。它可以帮助用户收集 ROS 系统运行时的消息数据,可以在离线状态下回放。rosbag 本质上也是 ROS 的节点,当录制时,rosbag 是一个订阅节点,可以订阅话题消息并将订阅到的数据写入磁盘文件;当重放时,rosbag 是一个发布节点,可以读取磁盘文件,发布文件中的话题消息。

5.4.2 rosbag 命令

rosbag 对软件包进行操作,bag 文件是用于存储 ROS 消息数据的文件格式。rosbag 命令可以记录、回放和操作功能包,命令列表如表 5-4 所示。

表 5-4 rosbag 命令

命　令	功　能
check	确定一个包是否可以在当前系统中执行,或者是否可以迁移
decompress	压缩一个或多个包文件
filter	解压一个或多个包文件
fix	在包文件中修复消息,以便在当前系统中播放
help	获取相关命令指示帮助信息
info	查看一个或多个包文件的内容
play	以一种时间同步的方式回放一个或多个包文件的内容
record	用指定主题的内容记录一个包文件
reindex	重新索引一个或多个包文件

视频讲解

5.4.3 录制数据

以 ROS 内置的小海龟为例进行 rosbag 操作。首先,分别在三个终端上执行以下命令:

```
roscore
rosrun turtlesim turtlesim_node
```

```
rosrun turtlesim turtle_teleop_key
```

启动成功后，应该可以看到可视化界面中的小海龟，此时可以在终端中通过键盘控制小海龟移动。查看当前系统中发布的所有话题，打开一个新终端并执行如下命令：

```
rostopic list - v
```

这时会看到如图 5-7 所示的话题输出。

```
scott@scott-NUC11TNKi5:~/桌面 80x23
scott@scott-NUC11TNKi5:~/桌面$ rostopic list -v

Published topics:
 * /rosout_agg [rosgraph_msgs/Log] 1 publisher
 * /rosout [rosgraph_msgs/Log] 2 publishers
 * /turtle1/pose [turtlesim/Pose] 1 publisher
 * /turtle1/color_sensor [turtlesim/Color] 1 publisher
 * /turtle1/cmd_vel [geometry_msgs/Twist] 1 publisher

Subscribed topics:
 * /rosout [rosgraph_msgs/Log] 1 subscriber
 * /turtle1/cmd_vel [geometry_msgs/Twist] 1 subscriber
```

图 5-7 ROS 系统中的话题列表

接下来使用 rosbag 录制这些话题的消息，并且将其打包成一个文件放置到指定文件夹中。在终端中执行以下命令：

```
mkdir ~/catkin_ws/bagfiles
cd ~/catkin_ws/bagfiles/
rosbag record - a
```

上述代码表示在~/bagfiles 目录下运行 rosbag record 命令，并附加-a(all)选项，意为将当前发布的所有话题数据记录到一个 bag 文件中，并保存在当前目录。读者可以在 turtle_teleop 节点所在的终端窗口控制小海龟随处移动一段时间，然后在运行 rosbag record 命令的窗口中按下 Ctrl+C，即可终止数据记录。使用 ls 命令查看当前目录下的内容，会看到一个以年份、日期和时间命名并以 bag 为扩展名的文件，这个 bag 文件就是新生成的数据记录文件。

5.4.4 检查并回放数据

前面已经使用 rosbag record 命令录制了一个 bag 文件，接下来可以使用 rosbag info 查看它的内容，使用 rosbag play 命令来将其存储的消息回放出来。首先使用 info 命令查看在 bag 文件中录制数据的详细信息，该命令可以查看 bag 文件中的内容而无须回放出来。在 bag 文件所在的目录打开终端并执行以下命令：

```
rosbag info < your bagfile >
```

这里的< your bagfile >用上一步生成的 bag 文件名代替，以刚生成的 bag 文件为例，可以看到如图 5-8 所示的信息。

从以上信息中可以看到数据记录包中包含的话题名称、消息类型和消息数量等信息。可以看到在之前使用 rostopic 命令查看的五个已发布的话题中，其中的四个在录制过程中发布了消息，这是因为带-a 参数选项运行 rosbag record 命令时会录制下所有节点发布的消息。

下一步是回放 bag 文件以再现系统运行过程。首先在运行 turtle_teleop_key 节点时所

```
scott@scott-NUC11TNKi5:~/catkin_ws/bagfiles$ rosbag info 2022-10-20-10-02-29.bag
path:        2022-10-20-10-02-29.bag
version:     2.0
duration:    29.8s
start:       Oct 20 2022 10:02:29.33 (1666231349.33)
end:         Oct 20 2022 10:02:59.10 (1666231379.10)
size:        275.3 KB
messages:    3834
compression: none [1/1 chunks]
types:       geometry_msgs/Twist [9f195f881246fdfa2798d1d3eebca84a]
             rosgraph_msgs/Log   [acffd30cd6b6de30f120938c17c593fb]
             turtlesim/Color     [353891e354491c51aabe32df673fb446]
             turtlesim/Pose      [863b248d5016ca62ea2e895ae5265cf9]
topics:      /rosout                  3 msgs    : rosgraph_msgs/Log
             /turtle1/cmd_vel       135 msgs    : geometry_msgs/Twist
             /turtle1/color_sensor 1848 msgs    : turtlesim/Color
             /turtle1/pose         1848 msgs    : turtlesim/Pose
```

图 5-8　查看数据录制文件的相关信息

在的终端窗口中，按 Ctrl+C 退出该节点。但让 turtlesim 节点继续运行，即在终端中的 bag 文件所在目录下运行以下命令：

```
rosbag play < your bagfile >
```

这里的< your bagfile >用上一步生成的 bag 文件名代替，以刚生成的 bag 文件为例，可以看到如图 5-9 所示的信息。

```
scott@scott-NUC11TNKi5: ~/catkin_ws/bagfiles
scott@scott-NUC11TNKi5: ~/catkin_ws/bagfiles 84x24
Done.
scott@scott-NUC11TNKi5:~/catkin_ws/bagfiles$ rosbag play 2022-10-20-10-02-29.bag
[ INFO] [1666231740.623023802]: Opening 2022-10-20-10-02-29.bag

Waiting 0.2 seconds after advertising topics... done.

Hit space to toggle paused, or 's' to step.
 [DELAYED]  Bag Time: 1666231349.332614   Duration: 0.000000 / 29.763101   Delay: 39
 [RUNNING]  Bag Time: 1666231349.332614   Duration: 0.000000 / 29.763101
 [RUNNING]  Bag Time: 1666231349.332614   Duration: 0.000000 / 29.763101
 [RUNNING]  Bag Time: 1666231349.333052   Duration: 0.000438 / 29.763101
 [RUNNING]  Bag Time: 1666231349.433185   Duration: 0.100571 / 29.763101
 [RUNNING]  Bag Time: 1666231349.533433   Duration: 0.200820 / 29.763101
 [RUNNING]  Bag Time: 1666231349.544546   Duration: 0.211932 / 29.763101
 [RUNNING]  Bag Time: 1666231349.559868   Duration: 0.227254 / 29.763101
 [RUNNING]  Bag Time: 1666231349.576114   Duration: 0.243500 / 29.763101
 [RUNNING]  Bag Time: 1666231349.592416   Duration: 0.259802 / 29.763101
 [RUNNING]  Bag Time: 1666231349.607796   Duration: 0.275182 / 29.763101
 [RUNNING]  Bag Time: 1666231349.624007   Duration: 0.291393 / 29.763101
```

图 5-9　bag 回放信息

默认模式下，rosbag play 命令在公告每条消息后会等待一小段时间(0.2 秒)后才开始发布 bag 文件中的内容。等待时间可以用来通知消息订阅器消息已经公告了，消息数据会马上到来。如果 rosbag play 在公告消息后立即发布，订阅器可能会接收不到先发布的几条消息。等待时间可以通过-d 选项来指定。

最终/turtle1/cmd_vel 话题将会被发布，同时在 turtlesim 虚拟画面中小海龟会像之前通过 turtle_teleop_ key 节点控制它一样开始移动，小海龟的运动轨迹与之前数据记录过程中的状态完全相同。

5.4.5　录制数据子集

当运行一个复杂的系统时，如 PR2 机器人系统，会有几百个话题被发布，有些话题会发布大量数据(比如包含摄像头图像流的话题)。在这种系统中，要想把所有话题都录制、保存到硬盘上的单个 bag 文件中是不切实际的。rosbag record 命令支持只录制某些特别指定的话题并保存到单个 bag 文件中，这样就允许用户只录制他们感兴趣的话题。

重新启动 turtlesim 节点，同时启动 turtle_teleop_key 键盘控制节点，然后在 bag 文件所在目录下执行以下命令：

```
rosbag record /turtle1/cmd_vel
```

使用 rosbag record 命令录制信息时，也可以通过-O 参数指定保存录制信息的 bag 文件名。如下面的命令就是将数据记录保存到名为 subset. bag 的文件中。

```
rosbag record - O subset /turtle1/cmd_vel
```

5.5　rqt 工具箱

rqt 是一个基于 Qt 开发的可视化工具，具有扩展性好、灵活易用、跨平台等特点。它的主要作用和 RViz 一样，都是可视化工具，但是和 RViz 相比，rqt 功能更丰富，使用更灵活。rqt 工具箱主要由 rqt、rqt_common_plugins 和 rqt_robot_plugins 三部分组成。

5.5.1　rqt 的安装、启动与使用

一般只要安装的是 desktop-full 版本就会自带工具箱，如需要安装的话，可以通过如下命令安装：

```
sudo apt - get install ros - noetic - rqt
sudo apt - get install ros - noetic - rqt - common - plugins
```

rqt 的启动有两种方式：直接在终端中输入 rqt 或者 rosrun rqt_gui rqt_gui。

启动 rqt 之后，可以通过菜单 Plugins 选项添加所需的插件，其界面如图 5-10 所示。

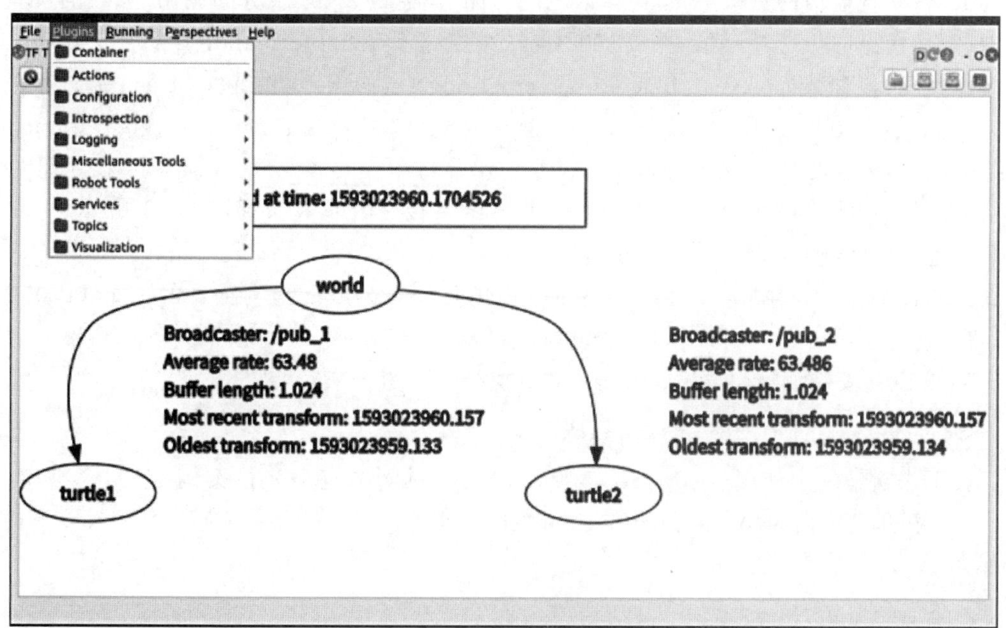

图 5-10　在 rqt 界面中添加插件

5.5.2 rqt相关的命令

rqt_graph：显示通信架构，可以在rqt界面的Plugins菜单中添加，或者使用rqt_graph启动；通信架构也就是第4章所讲的内容，如当前有哪些Node和topic在运行，消息的流向是怎样，都能通过rqt_graph显示出来。此命令由于能显示系统的全貌，所以很常用。

rqt_plot：绘制曲线，可以在rqt界面的Plugins菜单中添加，或者使用rqt_plot启动；此命令是将一些参数，尤其是动态参数以曲线的形式绘制出来。在使用ROS开发机器人时，通过查看机器人的原始数据，就能利用rqt_plot将这些原始数据用曲线绘制出来，其直观性有利于用户分析数据。

rqt_console：查看日志，可以在rqt界面的Plugins菜单中添加，或者使用rqt_console启动；此命令里存在一些过滤器，用户可以利用它方便地查到所需要的日志。

rqt_bag：录制和重放bag文件的图形化插件，可以在rqt界面的Plugins菜单中添加，或者使用rqt_bag启动。

视频讲解

5.6 rosbridge

rosbridge(rosbridge_suite)是ROS官方为开发者提供的一个用于ROS系统和其他系统进行交互通信的功能包，起到一个“桥梁”作用。rosbridge主要包含两部分，Rosbridge Protocol(协议)和Rosbridge Implementation(实现)。其中Protocol部分提供了非ROS程序和ROS系统通信的具体格式，包括话题的订阅、消息的发布、服务的调用、参数的设置和获取、图片信息的传递等，都是基于JSON格式的字符串；Implementation部分是rosbridge的具体实现，包含rosapi、rosbridge_library、rosbridge_server等功能包。rosapi通过服务调用来访问某些ROS操作，包括获取和设置参数、获取主题列表等。rosbridge_library是rosbridge的核心软件包，负责获取JSON字符串并将命令发送到ROS，同时接收处理ROS发过来的信息，将之转换为JSON字符串，并将结果转交给非ROS程序。rosbridge_server是负责通信的传输层，包括websocket、tcp、udp等格式。rosbridge_server提供了一个WebSocket连接，所有浏览器都可以与ROS“交谈”。Roslibjs是浏览器的一个JavaScript库，可以通过rosbridge_server与ROS进行通信。

ROS默认安装没有包含rosbridge，需要执行下面命令来安装它：

```
sudo apt-get install ros-noetic-rosbridge-suite
```

接下来讲解一个使用rosbridge实现通过网页控制小海龟移动的案例。

(1) 新建一个名为WebControlforTurtle.html的文件，然后在该文件中写入以下代码后保存。

```
<!DOCTYPE html>
<html>
<head>
<meta charset="utf-8" />
```

```
< script type = " text/javascript" src = " http://static. robotwebtools. org/EventEmitter2/
current/eventemitter2. min. js"> </script >
< script type = " text/javascript" src = " http://static. robotwebtools. org/roslibjs/current/
roslib. min. js"></script >
< style type = "text/css">
    # box1{
        width: 45px;
        height: 45px;
        position: absolute;
        background: lightskyblue;
    }
</style >
< script type = "text/javascript" type = "text/javascript">
  // 连接 ROS
  var ros = new ROSLIB. Ros({
    url : 'ws://localhost:9090' //ws://localhost:9090 是指连接本机的 rosbridge 默认端口 9090
                                //如果网页布局在其他电脑上,需要指定机器人的 ip 地址及端口
                                //如 url : 'ws://192.168.1.100:9090'
  });

  var isconected = false;

  //判断是否连接成功并输出相应的提示信息到 Web 控制台
  ros. on('connection', function() {
    isconected = true;
    console. log('Connected to websocket server. ');
    subscribe();
  });

  ros. on('error', function(error) {
    isconected = false;
    console. log('Error connecting to websocket server: ', error);
  });

  ros. on('close', function() {
    isconected = false;
    console. log('Connection to websocket server closed. ');
    unsubscribe();
  });

  //创建一个话题, 它的名字是'/cmd_vel', 消息类型是'geometry_msgs/Twist'
  var cmdVel = new ROSLIB. Topic({
    ros : ros,
    name : 'turtle1/cmd_vel',
    messageType : 'geometry_msgs/Twist'
  });

  //创建一个 message
  var twist = new ROSLIB. Message({
    linear : {
        x : 0.0,
        y : 0.0,
        z : 0.0
    },
```

```
  angular : {
      x : 0.0,
      y : 0.0,
      z : 0.0
  }
});

function control_move(direction){
  twist.linear.x = 0.0;
  twist.linear.y = 0;
  twist.linear.z = 0;
  twist.angular.x = 0;
  twist.angular.y = 0;
  twist.angular.z = 0.0;

  switch(direction){
    case 'up':
      twist.linear.x = 1.0;
      break;
    case 'down':
      twist.linear.x = -1.0;
    break;
    case 'left':
      twist.angular.z = 1.0;
    break;
    case 'right':
      twist.angular.z = -1.0;
    break;
  }
  cmdVel.publish(twist);      //发布 twist 消息
}

var timer = null;
function buttonmove(){
  var oUp = document.getElementById('up');
  var oDown = document.getElementById('down');
  var oLeft = document.getElementById('left');
  var oRight = document.getElementById('right');

  oUp.onmousedown = function ()
  {
      Move('up');
  }
  oDown.onmousedown = function ()
  {
      Move('down');
  }

  oLeft.onmousedown = function ()
  {
      Move('left');
  }

  oRight.onmousedown = function ()
```

```
    {
        Move('right');
    }

    oUp.onmouseup = oDown.onmouseup = oLeft.onmouseup = oRight.onmouseup = function ()
    {
        MouseUp ();
    }
}


function keymove (event) {
  event  =  event || window.event;      /* ||为或语句,当 IE 不能识别 event 时,就执行 window.
                                           event 赋值 */
  console.log(event.keyCode);
  switch (event.keyCode)     {          /* keyCode:字母和数字键的键码值 */
      /* 74,73,75,76 分别对应键盘上的 i,j,k,l 按键 */
      case 74:
          Move('left');
          break;
      case 73:
          Move('up');
          break;
      case 76:
          Move('right');
          break;
      case 75:
          Move('down');
          break;
      default:
          break;
  }
}

var MoveTime = 20;

function Move (f){
  clearInterval(timer);

  timer = setInterval(function (){
      control_move(f)
  },MoveTime);
}

function MouseUp ()
{
      clearInterval(timer);
}

function KeyUp(event){
      MouseUp();
}
window.onload = function ()
{
```

```
            buttonmove();
            document.onkeyup = KeyUp;
            document.onkeydown = keymove;
            Movebox();
    }

    //创建一个话题,它的名字是'/turtle1/pose', 消息类型是'turtlesim/Pose', 用于接收小海龟位
    //置信息
    var listener = new ROSLIB.Topic({
      ros : ros,
      name : '/turtle1/pose',
      messageType : 'turtlesim/Pose'
    });

    var turtle_x = 0.0;
    var turtle_y = 0.0;

    function subscribe()      //在连接成功后,控制 div 的位置
    {
       listener.subscribe(function(message) {
            turtle_x = message.x;
            turtle_y = message.y;
            document.getElementById("output").innerHTML = ('Received message on ' + listener.
name + '     x: ' + message.x + " ,y: " + message.y);
       });
    }

    function unsubscribe()      //在断开连接后,取消订阅
    {
       listener.unsubscribe();
    }

    function Movebox ()
    {
      var obox = document.getElementById("box1");
      var timer = null;

      clearInterval(timer);

      timer = setInterval(function (){
        if(!isconected)
        {
          obox.style.left = '0px';
          obox.style.top = '0px';
        } else {
          obox.style.left = Math.round(60 * turtle_x) - 330 + "px";
          console.log(obox.style.left)
          obox.style.top = 330 - Math.round(60 * turtle_y) + "px";
          console.log(obox.style.top)
        }
      },20);
    }

  </script>
```

```
</head>
<body>

  <h1>rosbridge 案例——通过键盘 ijkl 按键或网页上显示的按键控制小海龟移动</h1>
  <p>首先,在 ROS 系统中运行如下指令: roslaunch rosbridge_server rosbridge_websocket.launch
</p>
  <p>其次,打开新终端运行: rosrun turtlesim turtlesim_node</p>
  <p>最后,打开火狐浏览器,打开 HTML 文件,出现小海龟控制界面</p>

  <input type="button" value="前进" id="up" style="width: 200px;height: 30px;"><br>
  <input type="button" value="左转" id="left" style="width: 100px;height: 30px;">
  <input type="button" value="右转" id="right" style="width: 100px;height: 30px;"><br>
  <input type="button" value="后退" id="down" style="width: 200px;height: 30px;"><br>

  <p>@author Scott      2022-09-20</p>
  <p id = "output"></p>

</body>
</html>
```

(2) 打开一个新的终端,运行以下命令:

```
roslaunch rosbridge_server rosbridge_websocket.launch
```

(3) 启动 roscore 及 rosbridge server 后,接着打开一个新的终端,运行如下命令:

```
rosrun turtlesim turtlesim_node
```

(4) 启动小海龟界面后,利用 FireFox 浏览器打开 WebControlforTurtle.html 文件;

(5) 单击网页上的前进、后退、左转、右转按钮,或者使用键盘的 i、j、k、l 键控制小海龟移动,可以看到 ROS 端的小海龟移动,效果如图 5-11 所示。

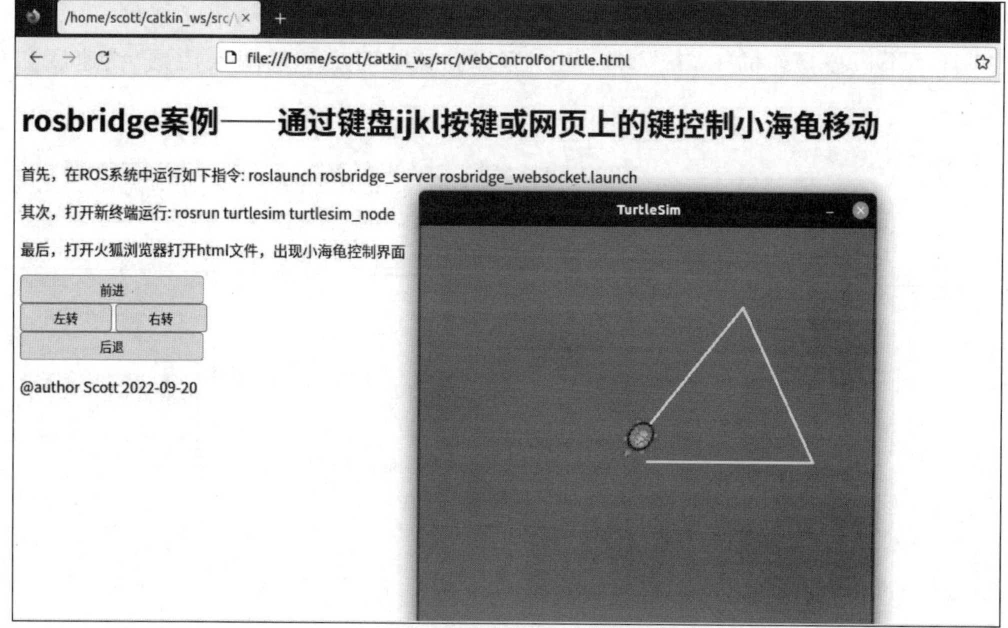

图 5-11　网页控制小海龟移动

本章小结

本章主要介绍了 ROS 中的常用组件,主要包括 TF 坐标变换、Gazebo 虚拟仿真、RViz 可视化界面、rosbag 的话题录制与回放、rqt 工具箱、rosbridge 通信交互组件,这些组件有利于提高开发者的开发和调试效率。其中 TF 坐标变换是重点,也是难点,读者需要熟练掌握坐标变换的应用场景及代码实现。通过本章的学习,读者能够掌握各常用组件的使用场合、方法,并可以了解 Gazebo 和 RViz 的异同。第 6 章开始将介绍机器人系统仿真,在仿真环境下创建机器人,控制机器人运动,搭建仿真环境,并以机器人的视角去感知环境。

习题

1. TF 常见的数据类型有哪些?
2. 简述 Gazebo 和 RViz 的作用和两者的异同。
3. rosbag 的本质是什么?
4. rqt 工具箱主要由哪几部分组成?各部分的功能是什么?
5. 举例说明 RViz 中可以显示哪些类型的数据。

实验

设计一个遥控操作的 RViz 插件,用户可以在该界面上手动输入话题、线速度和角速度。

第6章

智能机器人仿真设计

对于学习 ROS 的新手而言，并不需要实体机器人。智能机器人的价格一般都不低，为了降低机器人学习、调试成本，在 ROS 中提供了系统的机器人仿真实现方法，通过仿真就可以实现大部分功能。本章主要围绕智能机器人仿真内容展开，包括创建并显示机器人模型、搭建仿真环境和实现机器人模型与仿真环境的交互三方面内容。

6.1 仿真概述

机器人系统仿真是通过计算机对实体机器人系统进行模拟的技术。在 ROS 中，仿真实现涉及的内容主要有以下三方面：对机器人建模（URDF 格式）、感知环境及创建仿真环境等系统性实现。三方面应用中，仅仅创建机器人模型意义不大，一般需要结合 Gazebo 或 RViz 使用，在 Gazebo 或 RViz 中可以将 URDF 文件解析为图形化的机器人模型，一般的使用组合为：如果不是仿真环境，那么使用 URDF 结合 RViz 直接显示感知的真实环境信息；如果是仿真环境，那么需要使用 URDF 结合 Gazebo 搭建仿真环境，再结合 RViz 显示感知的虚拟环境信息。

6.2 URDF 概述

URDF（Unified Robot Description Format，统一的机器人描述格式）是 ROS 中一个非常重要的机器人模型描述格式。ROS 可以解析 URDF 文件中使用 XML 格式描述的机器人模型，同时也提供 URDF 文件的 C++解析器。URDF 中机器人的组成可以简化为连杆（link 标签）与关节（joint 标签）两部分。

6.2.1 URDF 语法详解之< robot >标签

URDF 中为了保证 XML 语法的完整性，使用了 robot 标签作为根标签，所有的 link 和

joint 及其他标签都必须包含在 robot 标签内，在该标签内可以通过 name 属性设置机器人模型的名称。

1. 属性

name：指定机器人模型的名称。

2. 子标签

其他标签都是子级标签。

6.2.2 URDF 语法详解之< link >标签

< link >标签用于描述机器人某个刚体部分的外观和物理属性。主要标签如下：

(1) 描述机器人 link 部分外观参数的< visual >标签，如尺寸(size)、颜色(color)和形状(shape)。

(2) 描述 link 惯性参数的< inertial >标签，如惯性矩阵(inertial matrix)。

(3) 描述 link 碰撞属性的< collision >标签，如碰撞参数(collision properties)。

link 结构图如图 6-1 所示。

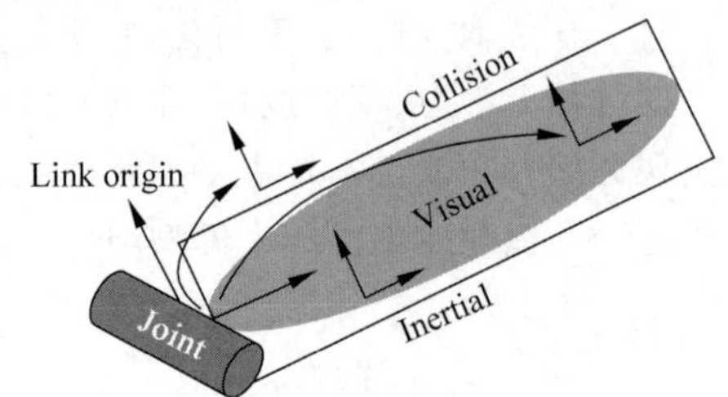

图 6-1 link 结构图

1. 属性

name：为连杆命名。

2. 子标签

< visual >：描述外观(对应的数据是可视的)。子标签有< geometry >、< origin >和< material >。

< geometry >：设置连杆的形状。

子标签 1：box(长方体)

属性：size=长(x)×宽(y)×高(z)。

子标签 2：cylinder(圆柱)

属性：radius=半径，length=高度。

子标签 3：sphere(球体)

属性：radius=半径。

子标签 4：mesh(表示模型的纹理和颜色)

属性：filename=资源路径(格式：package://< packagename >/< path >/文件)。

< origin >：设置偏移量与倾斜弧度。

属性 1：xyz=x 偏移，y 偏移，z 偏移。

属性 2：rpy=x 翻滚，y 俯仰，z 偏航(单位是弧度)。

< material >：设置材料属性(颜色)。

属性：name。

子标签：color。

属性：rgba=红绿蓝权重值与透明度(每个权重值以及透明度取值[0,1])。

< collision >：连杆的碰撞属性，包括< origin >和< geometry >标签。

< inertial >：连杆的惯性矩阵。

在此只演示< visual >标签的使用。

3. 案例

创建长方体、圆柱与球体的机器人部件。

```
<link name = "base_link">
    <visual>
        <!-- 形状 -->
        <geometry>
            <!-- 长方体的长宽高 -->
            <!-- <box size = "0.5 0.3 0.1" /> -->
            <!-- 圆柱的半径和高度 -->
            <!-- <cylinder radius = "0.5" length = "0.1" /> -->
            <!-- 球体的半径 -->
            <!-- <sphere radius = "0.3" /> -->
        </geometry>
        <!-- xyz 坐标,rpy 翻滚、俯仰与偏航角度(3.14 = 180°,1.57 = 90°) -->
        <origin xyz = "0 0 0" rpy = "0 0 0" />
        <!-- 颜色: r = red g = green b = blue a = alpha -->
        <material name = "black">
            <color rgba = "0.7 0.5 0 0.5" />
        </material>
      </visual>
</link>
```

6.2.3 URDF 语法详解之<joint>标签

<joint>标签用于描述机器人关节的运动学和动力学属性,包括关节运动的位置和速度限制。机器人的两个部件(分别称为 parent link 与 child link)以“关节”的形式相连接,不同的关节有不同的运动形式,如旋转、滑动、固定、旋转速度、旋转角度限制等。例如,安装在底座上的轮子可以 360°旋转,而摄像头则可能是完全固定在底座上。joint 结构图如图 6-2 所示。

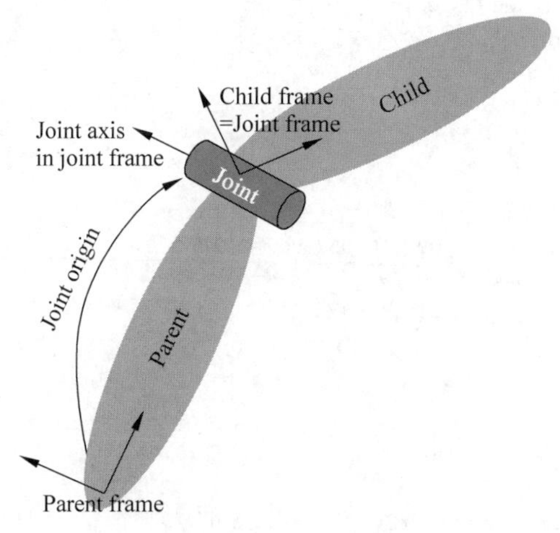

图 6-2　joint 结构图

1. 属性

name：为关节命名。

type：关节运动形式,有以下几种取值。

- continuous(旋转关节),可以绕单轴无限旋转;
- revolute(旋转关节),类似于 continuous,但是有旋转角度限制;
- prismatic(滑动关节),沿某一轴线移动的关节,有位置极限;
- planer(平面关节),允许在平面正交方向上平移或旋转;
- floating(浮动关节),允许进行平移、旋转运动;
- fixed(固定关节),不允许运动的特殊关节。

2. 子标签

parent(必需的):parent link 的名字是一个强制的属性,link 是父级连杆的名字,是这个 link 在机器人结构树中的名字。

child(必需的):child link 的名字是一个强制的属性,link 是子级连杆的名字,是这个 link 在机器人结构树中的名字。

origin 的属性:x、y、z 是各轴线上的偏移量,r、p、y 是各轴线上的偏移弧度。

axis 的属性:x、y、z 用于设置围绕哪个关节轴运动。

3. 案例

创建小车模型,底盘为长方体,在长方体的下面有两个驱动轮和一个万向轮。新建一个名为 mycar_base. urdf 的文本文件,在该文件内写入以下 URDF 代码。

```
<?xml version = "1.0" ?>
< robot name = "mycar">

    < link name = "base_link">
        < visual >
            < origin xyz = " 0 0 0" rpy = "0 0 0" />
            < geometry >
                < box size = "0.3 0.2 0.1" />
            </geometry >
            < material name = "yellow">
                < color rgba = "1 0.4 0 1"/>
            </material >
        </visual >
    </link >

    < joint name = "left_wheel_joint" type = "continuous">
        < origin xyz = " - 0.1 0.09  - 0.05" rpy = "0 0 0"/>
        < parent link = "base_link"/>
        < child link = "left_wheel_link"/>
        < axis xyz = "0 1 0"/>
    </joint >

    < link name = "left_wheel_link">
        < visual >
            < origin xyz = "0 0 0" rpy = "1.5707 0 0" />
            < geometry >
                < cylinder radius = "0.06" length  =  "0.025"/>
            </geometry >
            < material name = "white">
                < color rgba = "1 1 1 0.9"/>
            </material >
```

```
        </visual>
    </link>

    <joint name="right_wheel_joint" type="continuous">
        <origin xyz=" - 0.1  - 0.09  - 0.05" rpy="0 0 0"/>
        <parent link="base_link"/>
        <child link="right_wheel_link"/>
        <axis xyz="0 1 0"/>
    </joint>

    <link name="right_wheel_link">
        <visual>
            <origin xyz="0 0 0" rpy="1.5707 0 0" />
            <geometry>
                <cylinder radius="0.06" length = "0.025"/>
            </geometry>
            <material name="white">
                <color rgba="1 1 1 0.9"/>
            </material>
        </visual>
    </link>

    <joint name="front_caster_joint" type="continuous">
        <origin xyz="0.12 0  - 0.08" rpy="0 0 0"/>
        <parent link="base_link"/>
        <child link="front_caster_link"/>
        <axis xyz="0 1 0"/>
    </joint>

    <link name="front_caster_link">
        <visual>
            <origin xyz="0 0 0" rpy="0 0 0"/>
            <geometry>
                <sphere radius="0.03" />
            </geometry>
            <material name="black">
                <color rgba="0 0 0 0.95"/>
            </material>
        </visual>
    </link>
</robot>
```

4. base_footprint 优化

前面实现的机器人模型是半沉到地下的，因为默认情况下底盘的中心点位于地图原点，所以会导致这种情况。将初始 link 设置为一个极小尺寸的 link(如半径为 0.001m 的球体或边长为 0.001m 的立方体)，然后再在初始 link 上添加底盘等刚体，这样能避免机器人模型半沉的现象。这个初始 link 一般称为 base_footprint。

```
<!--
    使用 base_footprint 优化
-->
<robot name="mycar">
    <!-- 设置一个原点(机器人中心点的投影) -->
```

```
    <link name="base_footprint">
        <visual>
            <geometry>
                <sphere radius="0.001" />
            </geometry>
        </visual>
    </link>

    <!-- 添加底盘 -->
    <link name="base_link">
        <visual>
            <geometry>
                <box size="0.5 0.2 0.1" />
            </geometry>
            <origin xyz="0 0 0" rpy="0 0 0" />
            <material name="blue">
                <color rgba="0 0 1.0 0.5" />
            </material>
        </visual>
    </link>

    <!-- 底盘与原点连接的关节 -->
    <joint name="base_link2base_footprint" type="fixed">
        <parent link="base_footprint" />
        <child link="base_link" />
        <origin xyz="0 0 0.05" />
    </joint>

    <!-- 添加摄像头 -->
    <link name="camera">
        <visual>
            <geometry>
                <box size="0.02 0.05 0.05" />
            </geometry>
            <origin xyz="0 0 0" rpy="0 0 0" />
            <material name="red">
                <color rgba="1 0 0 0.5" />
            </material>
        </visual>
    </link>
    <!-- 关节 -->
    <joint name="camera2baselink" type="continuous">
        <parent link="base_link"/>
        <child link="camera" />
        <origin xyz="0.2 0 0.075" rpy="0 0 0" />
        <axis xyz="0 0 1" />
    </joint>

</robot>
```

视频讲解

6.2.4 URDF 机器人模型案例

采用 URDF 创建一个三轮矩形形状机器人模型，机器人参数如下：底盘为长方体，长

270mm，宽 130mm，高 5mm，由两个驱动轮（包含电机和车轮）和一个万向支撑轮组成，电机半径为 16mm，长度为 50mm，两个驱动轮半径为 32.5mm，轮胎宽度为 15mm，万向轮半径为 30mm，宽度为 25mm，底盘与地面间距为 48.5mm。

创建上述机器人模型可以分为以下步骤。

(1) 新建 URDF 文件，并与 launch 文件集成；

(2) 搭建底盘；

(3) 在底盘上添加两个驱动轮；

(4) 在底盘上添加一个万向轮。

首先通过以下命令创建一个机器人建模的功能包：

catkin_create_pkg mybot_description urdf xacro

产生的功能包中包含以下文件夹，用于存放不同类型的文件。

- urdf，存放机器人的 URDF 和 XARCO 文件；
- meshes，放置 URDF 中引用的模型渲染文件；
- launch，存放相关启动文件；
- config，保存 RViz 的配置文件。

在 urdf 和 launch 文件夹下分别建立 URDF 文件和 launch 文件（文件名为 display_mybot_base.launch）。

URDF 文件的内容如下：

```
<robot name = "mycar">
    <!-- 设置 base_footprint    -->
    <link name = "base_footprint">
        <visual>
            <geometry>
                <sphere radius = "0.001" />
            </geometry>
        </visual>
    </link>

    <!-- 添加车体(底盘) -->
    <!-- 添加电机 -->

    <!-- 添加驱动轮 -->

    <!-- 添加万向轮(支撑轮) -->

</robot>
```

launch 文件内容如下：

```
<launch>
    <!-- 将 URDF 文件内容设置进参数服务器 -->
    <param name = "robot_description" textfile = "$(find demo01_urdf_helloworld)/urdf/urdf/
test.urdf" />

    <!-- 启动 RViz -->
    <node pkg = "rviz" type = "rviz" name = "rviz_test" args = "-d $(find demo01_urdf_
```

```
helloworld)/config/ helloworld.rviz" />

    <!-- 启动机器人状态和关节状态发布节点 -->
    <node pkg = "robot_state_publisher" type = "robot_state_publisher" name = "robot_state_
publisher" />
    <node pkg = "joint_state_publisher" type = "joint_state_publisher" name = "joint_state_
publisher" />

    <!-- 启动图形化的控制关节运动节点 -->
    <node pkg = "joint_state_publisher_gui" type = "joint_state_publisher_gui" name = "joint_
state_publisher_gui" />

</launch>
```

搭建车体模型：

```
<!-- 添加底盘 -->
    <!--
        参数
            形状:长方体
            长 * 宽 * 高:270mm * 130mm * 5mm
           与地面间距:15mm
     -->
    <link name = "base_link">
        <visual>
            <geometry>
                <box size = "0.27 0.13 0.005" />
            </geometry>
            <origin xyz = "0 0 0" rpy = "0 0 0" />
            <material name = "yellow">
                <color rgba = "1 0.4 0 1"/>
            </material>
        </visual>
    </link>

    <joint name = "base_link2base_footprint" type = "fixed">
        <parent link = "base_footprint" />
        <child link = "base_link"/>
        <origin xyz = "0 0 0.055" />
    </joint>
```

添加两个电机模型：

```
<!-- 添加左电机 -->
    <!--
        电机是侧翻的圆柱
        参数:
            半径:16 mm
            高度:50 mm
            颜色:灰色
        关节设置:
            x = - 底盘的长度/2 + 车轮半径 = - 270/2 + 32.5 = - 102.5mm
            y = - 底盘的宽度/2 + 电机长度/2 = - 130/2 + 50/2 = - 40mm
            z = 底盘高度/2 + 电机半径 = 5/2 + 16 = 18.5 mm
            axis = 0 1 0
     -->
```

```
<joint name="left_motor2base_link" type="fixed">
    <parent link="base_link" />
    <child link="left_motor" />
    <origin xyz="-0.1025 0.04 -0.0185" />
    <axis xyz="0 1 0" />
</joint>

<link name="left_motor">
    <visual>
        <geometry>
            <cylinder radius="0.016" length="0.05" />
        </geometry>
        <origin xyz="0 0 0" rpy="1.5705 0 0" />
        <material name="gray">
            <color rgba="0.75 0.75 0.75 1.0" />
        </material>
    </visual>

</link>

<!-- 添加右电机 -->
<joint name="right_motor2base_link" type="fixed">
    <parent link="base_link" />
    <child link="right_motor" />
    <origin xyz="-0.1025 -0.04 -0.0185" />
    <axis xyz="0 1 0" />
</joint>

<link name="right_motor">
    <visual>
        <geometry>
            <cylinder radius="0.016" length="0.05" />
        </geometry>
        <origin xyz="0 0 0" rpy="1.5705 0 0" />
        <material name="gray">
            <color rgba="0.75 0.75 0.75 1.0" />
        </material>
    </visual>

</link>
```

添加两个驱动轮模型：

```
<!-- 添加驱动轮 -->
    <!--
        驱动轮是侧翻的圆柱
        参数:
            半径:32.5 mm
            高度:25 mm
            颜色:黑色
        关节设置:
            x = 0 (与左电机同位置)
            y = 电机长度/2 + 轮胎宽度/2 = 50/2 + 25/2 = 37.5mm
            z = 0(与电机位置一致)
            axis = 0 1 0
```

```
        -->
        <link name="left_wheel">
            <visual>
                <geometry>
                    <cylinder radius="0.0325" length="0.025" />
                </geometry>
                <origin xyz="0 0 0" rpy="1.5705 0 0" />
                <material name="black">
                    <color rgba="0.0 0.0 0.0 1.0" />
                </material>
            </visual>

        </link>

        <joint name="left_wheel2left_motor" type="continuous">
            <parent link="left_motor" />
            <child link="left_wheel" />
            <origin xyz="0 0.0375 0" />
            <axis xyz="0 1 0" />
        </joint>

    <link name="right_wheel">
            <visual>
                <geometry>
                    <cylinder radius="0.0325" length="0.025" />
                </geometry>
                <origin xyz="0 0 0" rpy="1.5705 0 0" />
                <material name="black">
                    <color rgba="0.0 0.0 0.0 1.0" />
                </material>
            </visual>

        </link>

        <joint name="right_wheel2right_motor" type="continuous">
            <parent link="right_motor" />
            <child link="right_wheel" />
            <origin xyz="0 -0.0375 0" />
            <axis xyz="0 1 0" />
        </joint>
```

添加万向轮：

```
<!-- 添加万向轮(支撑轮) -->
  <!--
        参数:
            形状:圆柱
            半径:24mm
            高度:25mm
            颜色:黑色

        关节设置:
            x = 自定义(底盘长度/2 - 万向轮半径) = 270/2 - 30 = 105 mm
            y = 0
            z = 底盘高度/2 + 底盘与地面间距 - 万向轮半径 = 5/2 + 48.5 - 24 = 27 mm
```

```
            axis = 1 1 1

    -->
    <link name = "front_wheel">
        <visual>
            <geometry>
                <cylinder radius = "0.024" length = "0.025" />
            </geometry>
            <origin xyz = "0 0 0" rpy = "1.5705 0 0" />
            <material name = "black">
                <color rgba = "0.0 0.0 0.0 1.0" />
            </material>
        </visual>
    </link>

    <joint name = "front_wheel2base_link" type = "continuous">
        <parent link = "base_link" />
        <child link = "front_wheel" />
        <origin xyz = "0.105 0 -0.027" />
        <axis xyz = "1 1 1" />
    </joint>
```

打开终端运行 launch 文件如下，如果没有异常，可以在 RViz 中看到如图 6-3 所示的机器人底盘模型。

```
roslaunch mybot_description display_mybot_base.launch
```

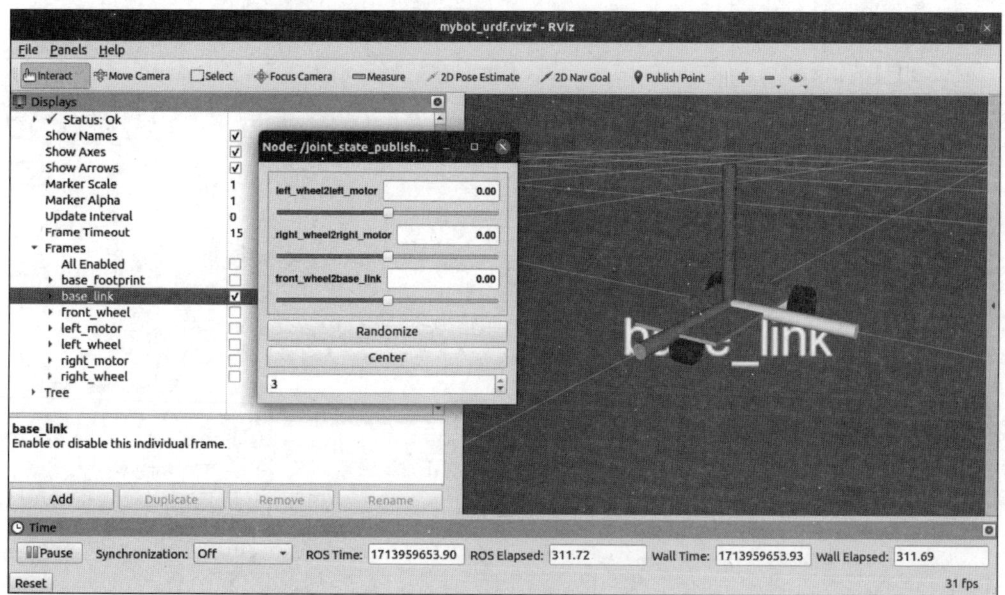

图 6-3　在 RViz 中显示机器人底盘模型

启动 launch 文件成功后，不仅启动了 RViz，而且出现了一个名为 joint_state_publisher 的 UI 界面。这是因为在 launch 文件中启动了 joint_state_publisher 节点，该节点可以发布每个 joint(除 fixed 类型外)的状态，而且可以通过 UI 界面对 joint 进行控制。

除了 joint_state_publisher 节点，还启动了 robot_state_publisher 节点，这两个节点名

称类似,但有各自的功能。robot_state_publisher 节点的功能是将机器人各 link、joint 之间的关系,通过 TF 的形式整理成三维姿态信息发布出去。可以在 RViz 中添加 TF 组件来显示机器人各部件的坐标系。

视频讲解

6.2.5 URDF 工具

在 ROS 中提供了一些便于编写 URDF 文件的工具,如检查复杂的 URDF 文件是否存在语法问题的 check_urdf 命令和查看 URDF 模型结构、显示不同 link 的层级关系的 urdf_to_graphiz 命令。当然,使用工具之前首先需要安装,安装命令如下:

```
sudo apt install liburdfdom - tools
```

1. check_urdf 语法检查

进入 URDF 文件所属目录,执行"check_urdf urdf 文件名",如果不抛出异常,说明文件合法,否则非法。运行该检查指令后,出现如图 6-4 所示的结果。

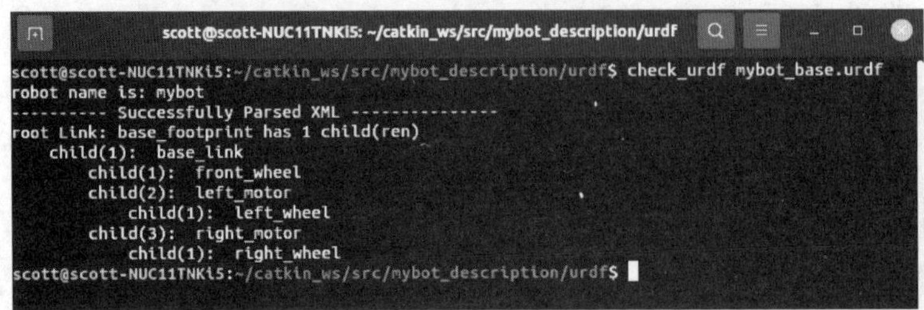

```
scott@scott-NUC11TNKi5:~/catkin_ws/src/mybot_description/urdf$ check_urdf mybot_base.urdf
robot name is: mybot
---------- Successfully Parsed XML ---------------
root Link: base_footprint has 1 child(ren)
    child(1):  base_link
        child(1):  front_wheel
        child(2):  left_motor
            child(1):  left_wheel
        child(3):  right_motor
            child(1):  right_wheel
scott@scott-NUC11TNKi5:~/catkin_ws/src/mybot_description/urdf$
```

图 6-4 URDF 语法检查

2. urdf_to_graphiz 查看结构

进入 URDF 文件所属目录,执行"urdf_to_graphiz urdf 文件名",当前目录下会生成 PDF 文件,其文件内容如图 6-5 所示。

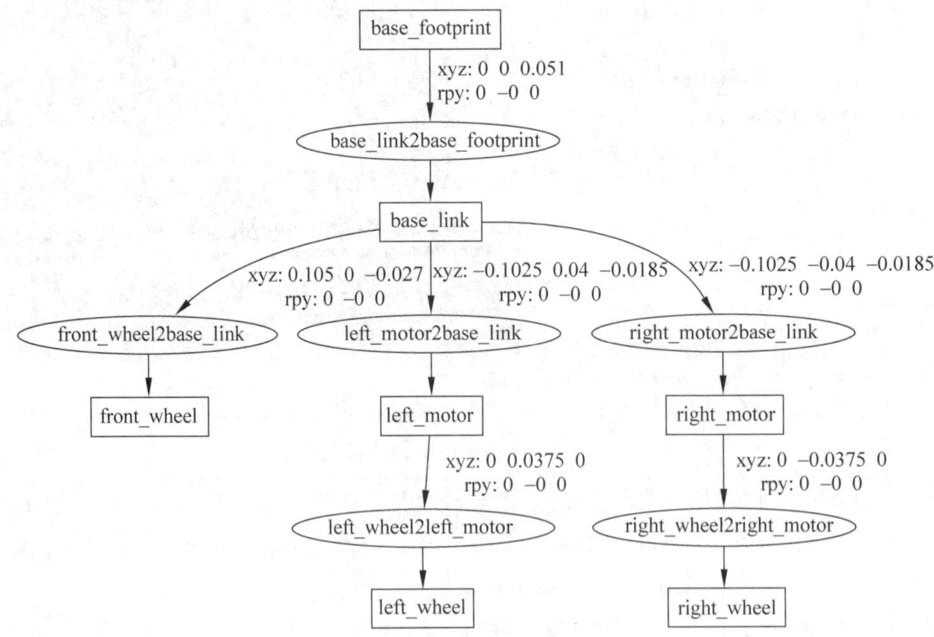

图 6-5 查看 URDF 文件模型结构

6.3 改进 URDF 模型

6.2 节创建的机器人底盘模型还比较简单，仅可以在 RViz 中可视化显示，如果需要在仿真环境中仿真，还需要进行改进。

6.3.1 添加物理属性和碰撞属性

在 6.2 节的模型中只创建了模型外观的可视化属性，为了实现仿真，还需要增加物理属性和碰撞属性。下面以机器人底盘 base_link 为例，介绍添加这些属性的方法。在 base_link 中加入< inertial >和< collision >标签，描述机器人的物理惯性属性和碰撞属性。

```
<link name = "base_link">
        <visual>
            <geometry>
                <box size = "0.27 0.13 0.005" />
            </geometry>
            <origin xyz = "0 0 0" rpy = "0 0 0" />
            <material name = "yellow">
                <color rgba = "1 0.4 0 1"/>
            </material>
        </visual>

            <inertial>
                <mass value = "1" />
                <origin xyz = "0 0 0.0" />
                <inertia ixx = "0.01" ixy = "0.0" ixz = "0.0"
                         iyy = "0.01" iyz = "0.0" izz = "0.25" />
            </inertial>

            <collision>
                <origin xyz = "0 0 0" rpy = "0 0 0" />
                <geometry>
                    <box size =  "0.27 0.13 0.005"/>
                </geometry>
            </collision>
</link>
```

其中，惯性参数主要包含质量和惯性矩阵。如果是规则物体，可以通过尺寸、质量等公式计算得到惯性矩阵，这里使用的是虚拟的数据。< collision >标签中的内容和< visual >标签中的内容几乎一致，这是因为使用的模型是较简单的规则模型，如果使用真实机器人的设计模型，< visual >标签内可以显示复杂的机器人外观，但是为了减少碰撞检测的计算量，< collision >往往使用简化后的模型。

6.3.2 URDF 优化——Xacro

前面在使用 URDF 文件构建机器人模型的过程中存在以下问题。

(1) 在设计关节的位置时，需要按照一定的公式计算，公式是固定的，但是在 URDF 中依赖于人工进行计算，存在不便，容易计算失误，且当某些参数发生改变时，还需要重新计算。

(2) URDF 中的部分内容是高度重复的，如驱动轮与支撑轮的设计实现，不同轮子只是部分参数不同，形状、颜色、翻转量都是一致的。在实际应用中，构建复杂的机器人模型时，更是易于出现高度重复的设计，按照一般的编程方法涉及重复代码时应考虑封装。

在 ROS 中，针对 URDF 模型设计了另一种精简化、可复用、模块化的描述形式——Xacro，它可以通过变量结合函数直接解决上述问题。

Xacro 是 XML Macros 的缩写，是一种 XML 宏语言，也是可编程的 XML。Xacro 可以声明变量，可以通过数学运算求解，使用流程控制执行顺序，还可以通过类似函数的实现封装固定的逻辑，将逻辑中需要的可变数据以参数的方式显示出来，从而提高代码复用率及程序的安全性。较之于纯粹的 URDF 实现，可以编写更安全、精简、可读性更强的机器人模型文件，且可以提高编写效率。

视频讲解

6.3.3 Xacro 语法解释

Xacro 提供了可编程接口，类似于计算机语言，包括变量声明调用、函数声明与调用等语法实现。Xacro 是 URDF 的升级版，模型文件的扩展名由 urdf 变为 xacro。在使用 Xacro 生成 URDF 时，根标签 robot 中必须包含 Xacro 命名空间声明：xmlns:xacro="http://wiki.ros.org/xacro"。

1. 属性与算术运算

用于封装 URDF 中的一些字段，如 PI 的值、机器人的尺寸、轮子半径等参数。

1）属性定义

```
<xacro:property name="xxxx" value="yyyy" />
```

如：

```
<xacro:property name="My_PI" value="3.14159" />
```

2）属性调用

```
${属性名称}
```

如：

```
<origin xyz="0 0 0" rpy="${My_PI} 0 0" />
```

3）算术运算

在 ${} 语句中，不仅可以使用常量，也可以使用一些常用的算术运算，包括加、减、乘、除、括号等。

```
${数学表达式}
```

如：

```
<origin xyz="0 ${(motor_length+wheel_length)/2} 0" rpy="0 0 0" />
```

2. 宏

Xacro 文件可以使用宏定义来声明重复使用的代码模块，而且可以包含输入参数，类似于编程中的函数实现，用于提高代码复用率，优化代码结构，提高安全性。

1）宏定义

```
<xacro:macro name="宏名称" params="参数列表(多参数之间使用空格分隔)">
    .....
    参数调用格式: ${参数名}
</xacro:macro>
```

2）宏调用

```
<xacro:宏名称 参数1=xxx 参数2=xxx/>
```

3. Xacro 文件引用

机器人由多个部件组成，不同部件可以封装为单独的 Xacro 文件，最后再将不同的文件集成，组合为完整机器人。可以使用如下命令所示的文件包含实现：

```
<robot name="xxx" xmlns:xacro="http://wiki.ros.org/xacro">
        <xacro:include filename="my_base.xacro" />
        <xacro:include filename="my_camera.xacro" />
        <xacro:include filename="my_laser.xacro" />
        ....
</robot>
```

6.3.4 Xacro 示例

视频讲解

使用 Xacro 优化 URDF 版的机器人底盘模型，并在原有基础模型上增加一层支撑板，支撑板之间的连接由四根支撑柱固定在一起，其模型是一样的，只是位置不同。

1. 编写 Xacro 文件

```
<!--
    使用 Xacro 优化 URDF 版的小车底盘:

    实现思路:
    1. 将一些常量、变量封装为 xacro:property，如 PI 值、机器人底盘的长宽高、离地间距、电机的
半径、长度、车轮半径、宽度等参数。
    2. 使用宏封装驱动轮、电机、支撑杆，调用相关宏生成驱动轮、电机、支撑杆。
-->
<!-- 根标签，必须声明 xmlns:xacro -->
<robot name="mybot_body" xmlns:xacro="http://www.ros.org/wiki/xacro">
    <!-- 封装变量、常量 -->
    <xacro:property name="My_PI" value="3.14159"/>
    <xacro:property name="base_link_length" value="0.27"/>
    <xacro:property name="base_link_width" value="0.13"/>
    <xacro:property name="base_link_height" value="0.005"/>
    <!-- 电机属性 -->
    <xacro:property name="motor_radius" value="0.016"/><!-- 半径 -->
    <xacro:property name="motor_length" value="0.05"/><!-- 高度 -->

    <!-- 驱动轮属性 -->
    <xacro:property name="wheel_radius" value="0.0325" /><!-- 半径 -->
    <xacro:property name="wheel_length" value="0.025" /><!-- 高度 -->
    <!-- 万向轮(支撑轮)属性 -->
    <xacro:property name="support_wheel_radius" value="0.024" />
    <xacro:property name="support_wheel_length" value="0.025" />
```

```
    <!-- 支撑杆属性 -->
    <xacro:property name="support_rod_radius" value="0.003"/>
    <xacro:property name="support_rod_length" value="0.055"/>
    <xacro:property name="earth_space" value="0.0485" /> <!-- 底板离地间距 -->
    <xacro:property name="plate_height" value="0.005"/>

    <!-- 宏:颜色设置 -->
    <material name="yellow">
            <color rgba="1 0.4 0 1"/>
        </material>
        <material name="black">
            <color rgba="0 0 0 0.95"/>
        </material>
        <material name="gray">
            <color rgba="0.75 0.75 0.75 1"/>
        </material>

    <!-- 底盘 -->
    <link name="base_link">
            <inertial>
                <mass value="0.2" />
                <origin xyz="0 0 0.0" />
                <inertia ixx="0.002" ixy="0.0" ixz="0.0"
                        iyy="0.002" iyz="0.0" izz="0.002" />
            </inertial>

            <visual>
                <origin xyz=" 0 0 0" rpy="0 0 0" />
                <geometry>
                    <box size=" ${base_link_length} ${base_link_width} ${base_link_
height}" />
                </geometry>
                <material name="yellow" />
            </visual>

            <collision>
                <origin xyz="0 0 0" rpy="0 0 0" />
                <geometry>
                    <box size=" ${base_link_length} ${base_link_width} ${base_link_
height}" />
                </geometry>
            </collision>
        </link>

        <joint name="base_link2base_footprint" type="fixed">
        <parent link="base_footprint" />
        <child link="base_link"/>
        <origin xyz="0 0 ${earth_space + base_link_height/2 }" />
        </joint>

<!-- 电机 -->
    <!-- 电机宏实现 -->
    <xacro:macro name="add_motors" params="name flag">
      <link name=" ${name}_motor">
```

```
        <visual>
            <geometry>
              <cylinder radius = "${motor_radius}" length = "${motor_length}" />
            </geometry>
            <origin xyz = "0 0 0" rpy = "${My_PI/2} 0 0" />
              <material name = "gray">
                <color rgba = "0.75 0.75 0.75 1.0" />
            </material>
        </visual>

        <inertial>
             <origin xyz = "0.0 0 0"/>
             <mass value = "0.1" />
             <inertia ixx = "0.001" ixy = "0.0" ixz = "0.0"
                        iyy = "0.001" iyz = "0.0" izz = "0.001" />
        </inertial>

        <collision>
             <origin xyz = "0 0 0" rpy = "${My_PI/2} 0 0" />
             <geometry>
                 <cylinder radius = "${motor_radius}" length = "${motor_length}"/>
             </geometry>
        </collision>

      </link>

      <joint name = "${name}_motor2base_link" type = "fixed">
        <parent link = "base_link" />
        <child link = "${name}_motor" />
        <origin xyz = "${-base_link_length/2 + 0.05} ${flag * (-base_link_width/2 +
motor_length/2)} ${-(base_link_height/2 + motor_radius)}" />
        <axis xyz = "0 1 0" />
      </joint>
    </xacro:macro>
    <xacro:add_motors name = "left" flag = "1" />
    <xacro:add_motors name = "right" flag = "-1" />

    <!-- 驱动轮 -->
    <!-- 驱动轮属性 -->
    <xacro:macro name = "add_wheels" params = "name flag">
      <link name = "${name}_wheel">
        <visual>
          <geometry>
            <cylinder radius = "${wheel_radius}" length = "${wheel_length}" />
          </geometry>
          <origin xyz = "0.0 0.0 0.0" rpy = "${My_PI/2} 0.0 0.0" />
          <material name = "black" />
        </visual>

        <inertial>
            <origin xyz = "0 0 0"/>
            <mass value = "0.01" />
            <inertia ixx = "0.001" ixy = "0.0" ixz = "0.0"
                       iyy = "0.001" iyz = "0.0" izz = "0.001" />
```

```
        </inertial>

        <collision>
            <origin xyz="0 0 0" rpy="${My_PI/2} 0 0" />
            <geometry>
                <cylinder radius="${wheel_radius}" length = "${wheel_length}"/>
            </geometry>
        </collision>

      </link>

      <joint name="${name}_wheel2${name}_motor" type="continuous">
        <parent link="${name}_motor" />
        <child link="${name}_wheel" />
        <origin xyz="0 ${flag * (motor_length/2 + wheel_length/2)} 0" />
        <axis xyz="0 1 0" />
      </joint>
    </xacro:macro>
    <xacro:add_wheels name="left" flag="-1" />
    <xacro:add_wheels name="right" flag="1" />

    <!-- 支撑轮 -->
    <!-- 支撑轮属性 -->
  <link name="front_wheel">
            <inertial>
                <origin xyz="0 0 0"/>
                <mass value="0.01" />
                <inertia ixx="0.001" ixy="0.0" ixz="0.0"
                         iyy="0.001" iyz="0.0" izz="0.001" />
            </inertial>

            <visual>
                <origin xyz="0 0 0" rpy="${My_PI/2} 0 0"/>
                <geometry>
                    <cylinder radius = "${support_wheel_radius}" length = "${support_
wheel_length}" />
                </geometry>
                <material name="black" />
            </visual>

            <collision>
                <origin xyz="0 0 0" rpy="${My_PI/2} 0 0" />
                <geometry>
                    <cylinder radius = "${support_wheel_radius}" length = "${support_
wheel_length}" />
                </geometry>
            </collision>
        </link>

        <joint name="front_wheel2base_link" type="continuous">
            <origin xyz="${base_link_length/2 - support_wheel_radius - 0.03} 0 - ${base_
link_height/2 + earth_space - support_wheel_radius}"/>
            <axis xyz="1 1 1"/>
            <parent link="base_link"/>
```

```
            <child link = "front_wheel"/>
        </joint>

<!-- 定义 Mybot 支撑杆的宏 -->
    <xacro:macro name = "mybot_standoff_2in" params = "parent number x_loc y_loc z_loc">
        <joint name = "standoff_2in_${number}_joint" type = "fixed">
            <origin xyz = "${x_loc} ${y_loc} ${z_loc}" rpy = "0 0 0" />
            <parent link = "${parent}"/>
            <child link = "standoff_2in_${number}_link" />
        </joint>

        <link name = "standoff_2in_${number}_link">
            <inertial>
                <mass value = "0.001" />
                <origin xyz = "0 0 0" />
                <inertia ixx = "0.0001" ixy = "0.0" ixz = "0.0"
                         iyy = "0.0001" iyz = "0.0"
                         izz = "0.0001" />
            </inertial>

            <visual>
                <origin xyz = " 0 0 0 " rpy = "0 0 0" />
                <geometry>
                    <cylinder radius = "${support_rod_radius}" length = "${support_rod_
length}" />
                </geometry>
                <material name = "black">
                    <color rgba = "0.16 0.17 0.15 0.9"/>
                </material>
            </visual>

            <collision>
                <origin xyz = "0.0 0.0 0.0" rpy = "0 0 0" />
                <geometry>
                    <cylinder radius = "${support_rod_radius}" length = "${support_rod_
length}" />
                </geometry>
            </collision>
        </link>
    </xacro:macro>


        <xacro:mybot_standoff_2in parent = "base_link" number = "1" x_loc = "${-base_link_
length/2 + 0.01}" y_loc = "-${base_link_width/2 - 0.01}" z_loc = "${support_rod_length/
2}"/>
        <xacro:mybot_standoff_2in parent = "base_link" number = "2" x_loc = "${-base_link_
length/2 + 0.01}" y_loc = "${base_link_width/2 - 0.01}" z_loc = "${support_rod_length/
2}"/>
        <xacro:mybot_standoff_2in parent = "base_link" number = "3" x_loc = "${base_link_
length/2 - 0.01}" y_loc = "-${base_link_width/2 - 0.01}" z_loc = "${support_rod_length/
2}"/>
        <xacro:mybot_standoff_2in parent = "base_link" number = "4" x_loc = "${base_link_
length/2 - 0.01}" y_loc = "${base_link_width/2 - 0.01}" z_loc = "${support_rod_length/
2}"/>
```

```
        <!-- 定义 Mybot 支撑板 -->
        <joint name="plate_1_joint" type="fixed">
            <origin xyz="0 0 ${support_rod_length}" rpy="0 0 0" />
            <parent link="base_link"/>
            <child link="plate_1_link" />
        </joint>

        <link name="plate_1_link">
            <inertial>
                <mass value="0.1" />
                <origin xyz="0 0 0" />
                <inertia ixx="0.01" ixy="0.0" ixz="0.0"
                         iyy="0.01" iyz="0.0" izz="0.01" />
            </inertial>

            <visual>
                <origin xyz=" 0 0 0 " rpy="0 0 0" />
                <geometry>
                    <box size=" ${base_link_length} ${base_link_width} ${base_link_
height}" />
                </geometry>
                <material name="yellow"/>
            </visual>

            <collision>
                <origin xyz="0.0 0.0 0.0" rpy="0 0 0" />
                <geometry>
                    <box size=" ${base_link_length} ${base_link_width} ${base_link_
height}" />
                </geometry>
            </collision>
        </link>

</robot>
```

以上支撑杆的宏定义中包含了五个输入参数：joint 的 parent link，支撑杆的序号，支撑杆在 x、y、z 三个方向上的偏移量。使用该宏模块时，设置输入参数即可调用，具体使用方式参阅上述代码。左右驱动轮和电机也都采用了宏定义方式实现，降低了代码的重复度。

2. 集成 launch 文件

1）方式 1：先将 Xacro 文件转换成 URDF 文件后集成

先将 Xacro 文件解析成 URDF 文件，执行 rosrun xacro xacro.py xxx.xacro > xxx.urdf 命令进行转换，然后再按照之前的集成方式直接整合 launch 文件，内容如下所示：

```
<launch>
    <param name="robot_description" textfile=" $(find mybot_description)/urdf/mybot_
body.urdf" />

    <!-- 启动 RViz -->
    <node pkg="rviz" type="rviz" name="rviz_test" args=" -d $(find mybot_description)/
config/mybot_urdf.rviz" />

    <!-- 启动机器人状态和关节状态发布节点 -->
```

```
    <node pkg="robot_state_publisher" type="robot_state_publisher" name="robot_state_publisher" />
    <node pkg="joint_state_publisher" type="joint_state_publisher" name="joint_state_publisher" />

    <!-- 启动图形化的控制关节运动节点 -->
    <node pkg="joint_state_publisher_gui" type="joint_state_publisher_gui" name="joint_state_publisher_gui" />
</launch>
```

2）方式 2：在 launch 文件中直接加载 Xacro(建议使用本方式)

launch 文件的内容如下所示：

```
<launch>
<arg name="model" default="$(find xacro)/xacro --inorder '$(find mybot_description)/urdf/mybot_ body.urdf.xacro'" />
<arg name="gui" default="true" />

<param name="robot_description" command="$(arg model)" />

<!-- 设置 GUI 参数,显示关节控制插件 -->
<param name="use_gui" value="$(arg gui)"/>

<!-- 运行 joint_state_publisher 节点,发布机器人的关节状态  -->
<node name="joint_state_publisher" pkg="joint_state_publisher" type="joint_state_publisher" />

<!-- 运行 robot_state_publisher 节点,发布 tf  -->
<node name="robot_state_publisher" pkg="robot_state_publisher" type="robot_state_publisher" />

<!-- 运行 RViz 可视化界面 -->
<node pkg="rviz" type="rviz" name="rviz_test" args="-d $(find mybot_description)/config/mybot_urdf.rviz" />
</launch>
```

加载 robot_description 时使用 command 属性，属性值就是调用 Xacro 功能包的 Xacro 程序直接解析 Xacro 文件。打开一个终端，运行 launch 文件(display_mybot_xacro.launch)，可以启动 RViz 并看到如图 6-6 所示的优化后的机器人模型。

彩图

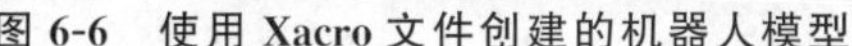

图 6-6　使用 Xacro 文件创建的机器人模型

视频讲解

6.4 添加传感器模型

相比之前创建的URDF模型，6.3节中创建的机器人模型在底盘上安装了四根支撑柱，增加了支撑板，可以在这些支撑板上放置电池、控制板、传感器等硬件设备。通常需要在机器人上安装彩色摄像头、激光雷达等传感器，才能使它成为一台智能机器人。本节在6.3节机器人底盘基础之上，添加摄像头和激光雷达传感器，其实现流程如下。

1. 编写摄像头和激光雷达Xacro文件

1）编写摄像头Xacro文件

```
<!-- 摄像头相关的 Xacro 文件 -->
<robot xmlns:xacro="http://wiki.ros.org/xacro" name="my_camera">
    <!-- 摄像头属性 -->
    <xacro:property name="camera_length" value="0.01" /> <!-- 摄像头长度(x) -->
    <xacro:property name="camera_width" value="0.025" /> <!-- 摄像头宽度(y) -->
    <xacro:property name="camera_height" value="0.025" /> <!-- 摄像头高度(z) -->
    <xacro:property name="camera_offset_x" value="0.12" /> <!-- 摄像头安装的 x 坐标 -->
    <xacro:property name="camera_offset_y" value="0.0" /> <!-- 摄像头安装的 y 坐标 -->
    <xacro:property name="camera_offset_z" value="${camera_height/2}" /> <!-- 摄像头安
装的 z 坐标:摄像头高度/2    -->

    <!-- 摄像头关节及 link -->
    <link name="camera">

        <visual>
            <geometry>
                <box size="${camera_length} ${camera_width} ${camera_height}" />
            </geometry>
            <origin xyz="0.0 0.0 0.0" rpy="0.0 0.0 0.0" />
            <material name="black" />
        </visual>

        <inertial>
                <mass value="0.05" />
                <origin xyz="0 0 0" />
                <inertia ixx="0.02" ixy="0.0" ixz="0.0"
                         iyy="0.02" iyz="0.0"
                         izz="0.02" />
            </inertial>

            <collision>
                <origin xyz="0.0 0.0 0.0" rpy="0 0 0" />
                <geometry>
                    <box size="${camera_length} ${camera_width} ${camera_height}" />
                </geometry>
            </collision>

    </link>

    <joint name="camera2plate_1_link" type="fixed">
```

```
        <parent link="plate_1_link" />
        <child link="camera" />
        <origin xyz="${camera_offset_x} ${camera_offset_y} ${camera_offset_z}" />
    </joint>
</robot>
```

2）编写激光雷达 Xacro 文件

```
<!--
    小车底盘添加雷达
-->
<robot xmlns:xacro="http://wiki.ros.org/xacro" name="my_laser">

    <!-- 雷达支架 -->
    <xacro:property name="support_length" value="0.05" /> <!-- 支架高度 -->
    <xacro:property name="support_radius" value="0.01" /> <!-- 支架半径 -->
    <xacro:property name="support_offset_x" value="0.05" /> <!-- 支架安装的 x 坐标 -->
    <xacro:property name="support_offset_y" value="0.0" /> <!-- 支架安装的 y 坐标 -->
    <xacro:property name="support_offset_z" value="${support_length/2}" /> <!-- 支架安
装的 z 坐标:支架高度/2  -->

    <link name="support_link">
        <visual>
            <geometry>
                <cylinder radius="${support_radius}" length="${support_length}" />
            </geometry>
            <origin xyz="0.0 0.0 0.0" rpy="0.0 0.0 0.0" />
            <material name="red">
                <color rgba="0.8 0.2 0.0 0.8" />
            </material>
        </visual>

        <inertial>
                <mass value="0.05" />
                <origin xyz="0 0 0" />
                <inertia ixx="0.02" ixy="0.0" ixz="0.0"
                         iyy="0.02" iyz="0.0"
                         izz="0.02" />
            </inertial>

            <collision>
                <origin xyz="0.0 0.0 0.0" rpy="0 0 0" />
                <geometry>
                    <cylinder radius="${support_radius}" length="${support_length}" />
                </geometry>
            </collision>

    </link>

    <joint name="support_link2plate_1_link" type="fixed">
        <parent link="plate_1_link" />
        <child link="support_link" />
        <origin xyz="${support_offset_x} ${support_offset_y} ${support_offset_z}" />
    </joint>
```

```
    <!-- 雷达属性 -->
    <xacro:property name="laser_length" value="0.05" /> <!-- 雷达高度 -->
    <xacro:property name="laser_radius" value="0.03" /> <!-- 雷达半径 -->
    <xacro:property name="laser_offset_x" value="0.0" /> <!-- 雷达安装的 x 坐标 -->
    <xacro:property name="laser_offset_y" value="0.0" /> <!-- 雷达安装的 y 坐标 -->
    <xacro:property name="laser_offset_z" value="${support_length/2 + laser_length/2}" />
<!-- 雷达安装的 z 坐标:支架高度/2 + 雷达高度/2 -->

    <!-- 雷达关节及 link -->
    <link name="laser">
        <visual>
            <geometry>
                <cylinder radius="${laser_radius}" length="${laser_length}" />
            </geometry>
            <origin xyz="0.0 0.0 0.0" rpy="0.0 0.0 0.0" />
            <material name="black" />
        </visual>

        <inertial>
                <mass value="0.06" />
                <origin xyz="0 0 0" />
                <inertia ixx="0.01" ixy="0.0" ixz="0.0"
                         iyy="0.01" iyz="0.0"
                         izz="0.01" />
        </inertial>

        <collision>
            <origin xyz="0.0 0.0 0.0" rpy="0 0 0" />
            <geometry>
                <cylinder radius="${laser_radius}" length="${laser_length}" />
            </geometry>
            </collision>

    </link>

    <joint name="laser2support_link" type="fixed">
        <parent link="support_link" />
        <child link="laser" />
        <origin xyz="${laser_offset_x} ${laser_offset_y} ${laser_offset_z}" />
    </joint>
</robot>
```

2. 编写组合底盘、摄像头和雷达的 Xacro 文件

```
<!-- 组合机器人底盘与摄像头和雷达 -->
<robot name="mybot_camera_laser" xmlns:xacro="http://wiki.ros.org/xacro">
    <xacro:include filename="mybot_body.urdf.xacro" />
    <xacro:include filename="my_camera.urdf.xacro" />
    <xacro:include filename="my_laser.urdf.xacro" />
</robot>
```

3. 编写 launch 文件,启动 RViz 并显示模型

```
<launch>
<param name="robot_description" command="$(find xacro)/xacro $(find mybot_description)/
urdf/ mybot_base_camera_laser.urdf.xacro" />
```

```
<!-- 运行 joint_state_publisher 节点,发布机器人的关节状态  -->
<node name = "joint_state_publisher" pkg = "joint_state_publisher" type = "joint_state_publisher" />

<!-- 运行 robot_state_publisher 节点,发布 tf  -->
<node name = "robot_state_publisher" pkg = "robot_state_publisher" type = "robot_state_publisher" />

<!-- 运行 RViz 可视化界面 -->
<node pkg = "rviz" type = "rviz" name = "rviz_test" args = " - d $ (find mybot_description)/config/mybot_urdf.rviz" />

<node pkg = "joint_state_publisher_gui" type = "joint_state_publisher_gui" name = "joint_state_publisher_gui" output = "screen" />

</launch>
```

运行编写好的 launch 文件,即可在 RViz 中查看安装有激光雷达和摄像头的机器人模型,如图 6-7 所示。

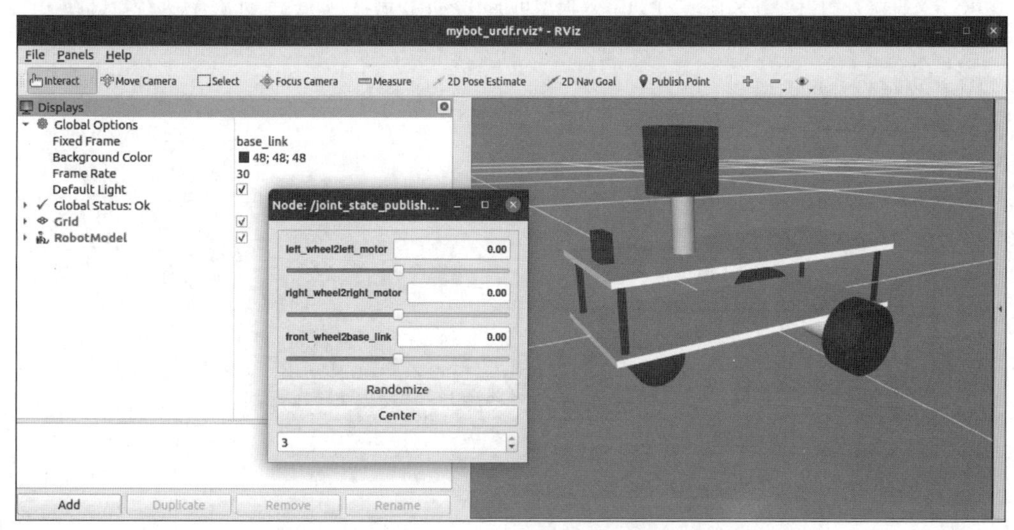

彩图

图 6-7 安装有激光雷达和摄像头的机器人模型

视频讲解

6.5 基于 Arbotix 在 RViz 中运动仿真

Arbotix 是一款控制电机、舵机的控制板,并提供相应的 ROS 功能包。这个功能包不仅可以驱动真实的 Arbotix 控制板,还提供一个差速控制器,通过接收速度控制指令并更新机器人的 joint 状态,实现机器人在 RViz 中的运动。

这个差速控制器在 arbotix_python 程序包中,完整的 Arbotix 程序包还包括多种控制器,分别对应 dynamixel 电机、多关节机械臂及不同形状的夹持器。本节将为机器人模型配置 Arbotix 差速控制器,实现机器人的仿真。

6.5.1 安装 Arbotix

方式一：执行下面的命令完成安装。

```
sudo apt - get install ros - << version name >> - arbotix
```

执行前将<< version name >>替换成当前 ROS 版本名称，如果提示功能包无法定位，则采用方式二安装。

方式二：源码安装。

Arbotix 功能包的源码在 github 上托管，先执行下面的命令将源码下载到工作空间，然后使用 catkin_make 命令进行编译。

```
git clone https://github.com/vanadiumlabs/arbotix_ros.git
```

6.5.2 配置 Arbotix 控制器

(1) 添加 Arbotix 所需配置文件，配置文件路径为 myrobot_description/config/fake_myrobot_arbotix.yaml，其内容如下：

```
# 本文件是控制器配置文件,一个机器人模型可能有多个控制器,如底盘、机械臂、夹持器(机械手)等
# 因此,根 name 是 controller
controllers: {
   # 单控制器设置
   base_controller: {
         #类型: 差速控制器
         type: diff_controller,
         #参考坐标
         base_frame_id: base_footprint,
         #两个轮子之间的间距
         base_width: 0.155,
         #控制频率
         ticks_meter: 4000,
         #PID 控制参数,使机器人车轮速度快速达到预期
         Kp: 12,
         Kd: 12,
         Ki: 0,
         Ko: 50,
         #加速限制
         accel_limit: 1.0
    }
}
```

(2) 创建 launch 文件(文件名为 arbotix_mybot_with_camera_laser.launch)，并添加启动 arbotix 节点。

```
<launch>
<param name = "robot_description" command = " $ (find xacro)/xacro $ (find mybot_description)/
urdf/ mybot_base_camera_laser.urdf.xacro" />

<node name = "arbotix" pkg = "arbotix_python" type = "arbotix_driver" output = "screen">
      <rosparam file = " $ (find mybot_description)/config/fake_mybot_arbotix.yaml" command
 = "load" />
      <param name = "sim" value = "true" />
```

```
</node>

<!-- 运行 joint_state_publisher 节点,发布机器人的关节状态 -->
<node name = "joint_state_publisher" pkg = "joint_state_publisher" type = "joint_state_
publisher" />

<!-- 运行 robot_state_publisher 节点,发布 tf -->
<node name = "robot_state_publisher" pkg = "robot_state_publisher" type = "robot_state_
publisher" />

<!-- 运行 RViz 可视化界面 -->
<node pkg = "rviz" type = "rviz" name = "rviz_test" args = " - d $ (find mybot_description)/
config/mybot_urdf.rviz" />

<node pkg = "joint_state_publisher_gui" type = "joint_state_publisher_gui" name = "joint_
state_publisher_gui" output = "screen" />

</launch>
```

这个 launch 文件和之前显示小车模型的 launch 文件几乎一致,只是添加了启动 arbotix_driver 节点的相关内容。另外,启动该节点还需要加载第(1)步中的控制器相关配置文件(fake_myrobot_arbotix.yaml),该配置文件放在功能包的 config 文件夹下。arbotix_driver 可以针对真实控制板进行控制,也可以在仿真环境中使用,只需要设置 sim 参数值为 true 即可。

6.5.3 运行仿真环境

视频讲解

完成上述配置后,可以通过下面命令行的 launch 文件启动仿真环境:

```
roslaunch mybot_description arbotix_mybot_with_camera_laser.launch
```

如执行上述命令后出现如图 6-8 所示报错信息,则只需要执行如下命令安装 pyserial:

```
pip3 install pyserial
```

```
Traceback (most recent call last):
  File "/home/scott/catkin_ws/src/arbotix_ros/arbotix_python/bin/arbotix_driver", line 36, in <module>
    from arbotix_python.arbotix import ArbotiX, ArbotiXException
  File "/home/scott/catkin_ws/src/arbotix_ros/arbotix_python/src/arbotix_python/arbotix.py", line 33, in <module>
    import serial, time, sys, threading
ModuleNotFoundError: No module named 'serial'
[arbotix-2] process has died [pid 9610, exit code 1, cmd /home/scott/catkin_ws/src/arbotix_ros/arbotix_python/bin/
arbotix_driver __name:=arbotix __log:=/home/scott/.ros/log/eea46b3a-5604-11ed-8f7b-033df346c529/arbotix-2.log].
log file: /home/scott/.ros/log/eea46b3a-5604-11ed-8f7b-033df346c529/arbotix-2*.log
[INFO] [1666881471.217581]: Centering
```

图 6-8 启动 arbotix_driver 的报错信息

如启动成功,则按图 6-9 所示配置 RViz。

调用 rostopic list 查看话题列表,其结果如图 6-10 所示。可以发现/cmd_vel 话题在列,也就是说可以通过发布 cmd_vel 话题消息控制机器人运动,可以运行键盘控制程序或另行编写节点,也可以直接通过如下命令发布控制指令,使机器人动起来(可以通过 tab 按键自动补全指令):

```
rostopic pub —r 10 /cmd_vel geometry_msgs/Twist "linear:
  x: 0.1
  y: 0.0
  z: 0.0
angular:
  x: 0.0
```

```
y: 0.0
z: 0.5"
```

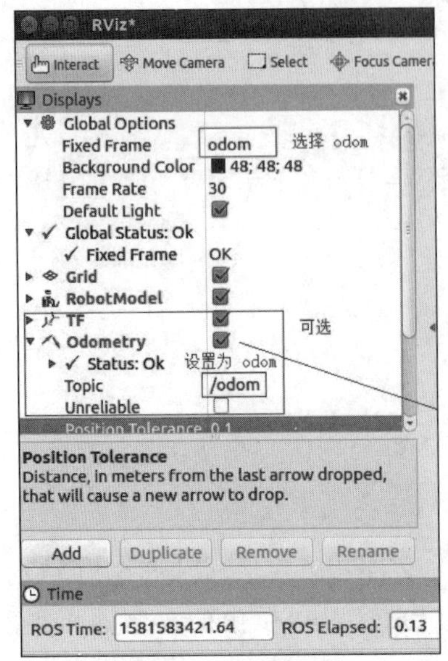

图 6-9 配置 RViz

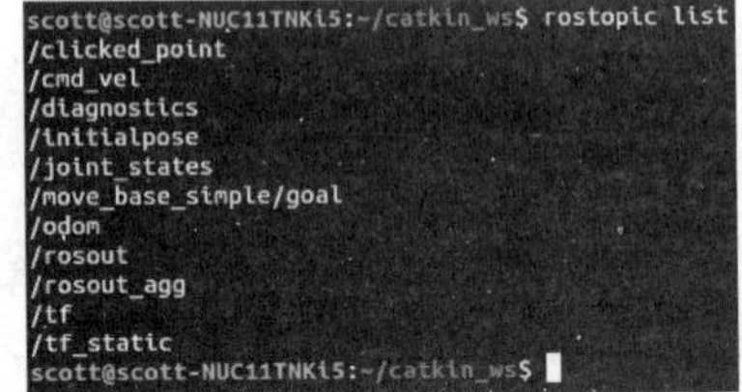

图 6-10 查看 ROS 系统中的话题列表

如图 6-11 所示，RViz 中的机器人模型已经按照速度控制指令开始运动，箭头代表机器人运动过程中的姿态。

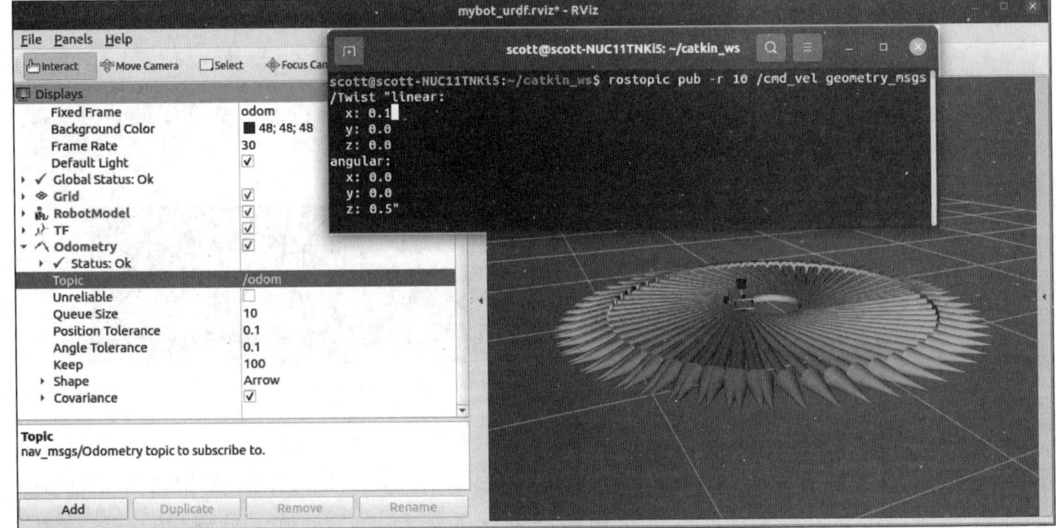

彩图

图 6-11 RViz 中的机器人模型运动轨迹

6.6 URDF 集成 Gazebo 仿真

URDF 需要集成 RViz 或 Gazebo 才能显示可视化的机器人模型，前面已经介绍了

URDF 与 RViz 的集成，本节主要介绍 URDF 与 Gazebo 的基本集成流程及 Gazebo 仿真环境搭建。

6.6.1 为机器人模型添加 Gazebo 属性

在前面使用 Xacro 设计的机器人 URDF 模型中已经添加描述机器人的外观特征和物理特性，虽然已经具备在 Gazebo 中仿真的基本条件，但是，由于没有在模型中加入 Gazebo 的相关属性，还是无法让模型在 Gazebo 仿真环境中动起来。想要让机器人模型在 Gazebo 中实现仿真，需要为每个必要的< link >、< joint >、< robot >设置< gazebo >标签，该标签是 URDF 模型中描述 Gazebo 仿真时所需要的扩展属性。

1. 为 link 添加< gazebo >标签

为机器人的每个 link 添加< gazebo >标签，包含的属性仅有 material。material 属性的作用与 link 里< visual >的 material 属性的作用相同，Gazebo 无法通过< visual >中的 material 参数设置外观颜色，所以需要单独设置，否则默认情况下 Gazebo 中显示的模型全是灰白色。以 base_link 为例，< gazebo >标签的内容如下：

```
<gazebo reference = "base_link">
    <material> Gazebo/Yellow </material>        <!-- Yellow 首字母需要大写 -->
</gazebo>
```

2. 为 joint 添加传动装置

前面章节建立的机器人模型是一个两轮差速驱动的机器人，通过调节两个轮子的速度方向和比例，完成前进、后退、转弯等运动。为了使用 ROS 控制器驱动机器人，需要在机器人模型中加入< transmission >元素，将传动装置与 joint 绑定，其程序如下：

```
<!-- 传动实现:用于连接控制器与关节 -->
<xacro:macro name = "joint_trans" params = "joint_name">
    <!-- Transmission is important to link the joints and the controller -->
    <transmission name = "${joint_name}_trans">
        <type> transmission_interface/SimpleTransmission </type>
        <joint name = "${joint_name}">
            <hardwareInterface> hardware_interface/VelocityJointInterface
</hardwareInterface>
        </joint>
        <actuator name = "${joint_name}_motor">
            <hardwareInterface> hardware_interface/VelocityJointInterface
</hardwareInterface>
            <mechanicalReduction> 1 </mechanicalReduction>
        </actuator>
    </transmission>
</xacro:macro>

<!-- 每个驱动轮都需要配置传动装置 -->
<xacro:joint_trans joint_name = "left_wheel2left_motor" />
<xacro:joint_trans joint_name = "right_wheel2right_motor" />
```

上述代码中，< type >标签声明了所使用的传动装置类型，< joint name＝"${joint_name}">标签定义了要绑定的驱动器的关节，< hardwareInterface >标签定义了硬件接口类型，这里使用的是速度控制接口。

3. 添加 Gazebo 控制器插件

Gazebo 插件赋予 URDF 模型更加强大的功能，可以帮助模型绑定 ROS 消息，从而完成传感器的仿真输出及对电机的控制，让机器人模型更加真实。Gazebo 插件可以根据插件的作用范围应用到 URDF 模型的< robot >、< link >、< joint >上，需要使用< gazebo >标签作为封装。

视频讲解

6.6.2 URDF 集成 Gazebo 的基本流程

1. 创建功能包

创建新功能包(包名为 mybot_gazebo)，添加依赖项 urdf xacro gazebo_ros gazebo_ros_control gazebo_plugins。

2. 编写 URDF 文件(文件名为 mybot_gazebo.urdf)

```
<!--
    创建一个简单的机器人模型(长方体即可),显示在 Gazebo 中
-->

<robot name = "mybot">
    <link name = "base_link">
        <visual>
            <geometry>
                <box size = "0.27 0.13 0.1" />
            </geometry>
            <origin xyz = "0.0 0.0 0.0" rpy = "0.0 0.0 0.0" />
            <material name = "yellow">
                <color rgba = "0.5 0.3 0.0 1" />
            </material>
        </visual>
        <collision>
            <geometry>
                <box size = "0.27 0.13 0.1" />
            </geometry>
            <origin xyz = "0.0 0.0 0.0" rpy = "0.0 0.0 0.0" />
        </collision>
        <inertial>
            <origin xyz = "0 0 0" />
            <mass value = "1" />
            <inertia ixx = "0.1" ixy = "0" ixz = "0" iyy = "0.1" iyz = "0" izz = "0.1" />
        </inertial>
    </link>
    <gazebo reference = "base_link">
        <material> Gazebo/Yellow </material>        <!-- Yellow 首字母需要大写 -->
    </gazebo>

</robot>
```

URDF 与 Gazebo 集成时，和 RViz 有明显区别，需要注意以下几方面。

(1) 必须使用 collision 标签，因为既然是仿真环境，那么必然涉及碰撞检测，collision 提供碰撞检测的依据；

(2) 必须使用 inertial 标签，此标签标注了当前机器人某个刚体部分的惯性矩阵，用于一些力学相关的仿真计算；

(3) 颜色设置也需要重新使用 gazebo 标签标注，因为之前的颜色设置为了方便调试包含透明度，仿真环境下没有此选项。

3. 使用 launch 文件启动 Gazebo 并显示模型

```
<launch>

    <!-- 将 URDF 文件的内容加载到参数服务器 -->
    <param name="robot_description" textfile="$(find mybot_gazebo)/urdf/mybot_gazebo.
urdf" />

    <!-- 启动 Gazebo -->
    <!-- 启动 Gazebo 的仿真环境，当前环境为空环境 -->
    <include file="$(find gazebo_ros)/launch/empty_world.launch" />

    <!-- 在 Gazebo 中显示机器人模型 -->
    <!--
    在 Gazebo 中加载机器人模型，该功能由 gazebo_ros 下的 spawn_model 提供：
    - urdf 加载的是 URDF 文件
    - model mybot 模型名称是 mybot
    - param robot_description 从参数 robot_description 中载入模型
    -->
    <node name="urdf_spawner" pkg="gazebo_ros" type="spawn_model" respawn="false"
output="screen"
    args="-urdf -model mybot -param robot_description" />
</launch>
```

启动上述 launch 文件后，可以在 Gazebo 环境中看到已启动的简易机器人模型，如图 6-12 所示。

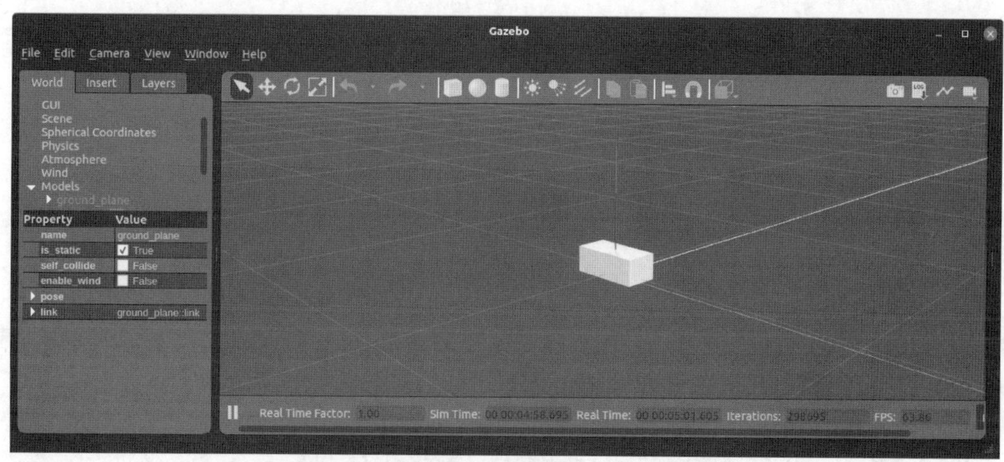

彩图

图 6-12 Gazebo 中的简易机器人仿真模型

6.6.3 URDF 集成 Gazebo 的相关设置

相对于 RViz，Gazebo 在集成 URDF 时需要做些许修改，例如必须添加 collision(碰撞属性)相关参数、必须添加 inertial(惯性矩阵)相关参数。另外，如果直接移植 RViz 中机器人的颜色设置是无法显示的，颜色设置也必须进行相应的变更。

1. collision

如果机器人 link 是标准的几何体形状,那么和 link 的 visual 属性设置一致即可。

2. inertial

惯性矩阵的设置需要结合 link 的质量与外形参数动态生成,标准的球体、圆柱与长方体的惯性矩阵公式如下(已经封装为 Xacro 实现)。

1) 球体惯性矩阵

```
<!-- Macro for inertial matrix -->
    <xacro:macro name="sphere_inertial_matrix" params="m r">
        <inertial>
            <mass value="${m}" />
            <inertial ixx="${2*m*r*r/5}" ixy="0" ixz="0"
                iyy="${2*m*r*r/5}" iyz="0"
                izz="${2*m*r*r/5}" />
        </inertial>
    </xacro:macro>
```

2) 圆柱惯性矩阵

```
<xacro:macro name="cylinder_inertial_matrix" params="m r h">
        <inertial>
            <mass value="${m}" />
            <inertial ixx="${m*(3*r*r+h*h)/12}" ixy = "0" ixz = "0"
                iyy="${m*(3*r*r+h*h)/12}" iyz = "0"
                izz="${m*r*r/2}" />
        </inertial>
    </xacro:macro>
```

3) 长方体惯性矩阵

```
<xacro:macro name="box_inertial_matrix" params="m l w h">
        <inertial>
                <mass value="${m}" />
                <inertial ixx="${m*(h*h + l*l)/12}" ixy = "0" ixz = "0"
                    iyy="${m*(w*w + l*l)/12}" iyz= "0"
                    izz="${m*(w*w + h*h)/12}" />
        </inertial>
    </xacro:macro>
```

需要注意的是,原则上除了 base_footprint 外,机器人的每个刚体部分都需要设置惯性矩阵,且惯性矩阵必须经计算得出。如果随意定义刚体部分的惯性矩阵,那么可能会导致机器人在 Gazebo 中出现抖动、移动等现象。

3. *颜色设置*

在 Gazebo 中显示 link 的颜色,必须要使用指定的颜色标签:

```
<gazebo reference="link 节点名称">
    <material>Gazebo/Blue</material>
</gazebo>
```

注意:*颜色标签首字母需要大写,可以为 Blue、Red、Yellow 等颜色。*

视频讲解

6.6.4 URDF 集成 Gazebo 案例实操

将前面章节的机器人模型(Xacro 版)显示在 Gazebo 中,其实现流程如下。

(1) 为机器人模型中的每个 link 添加 collision 和 inertial 标签，并且重置颜色属性；

(2) 在 launch 文件中启动 Gazebo 并添加机器人模型。

1. 编写封装惯性矩阵算法的 Xacro 文件(文件名为 inertial_matrix.urdf.xacro)

```
<robot name = "base" xmlns:xacro = "http://wiki.ros.org/xacro">
    <!-- Macro for inertial matrix -->
    <xacro:macro name = "cylinder_inertial_matrix" params = "m r h">
        <inertial>
            <mass value = "${m}" />
            <inertial ixx = "${m*(3*r*r+h*h)/12}" ixy = "0" ixz = "0"
                iyy = "${m*(3*r*r+h*h)/12}" iyz = "0"
                izz = "${m*r*r/2}" />
        </inertial>
    </xacro:macro>

    <xacro:macro name = "box_inertial_matrix" params = "m l w h">
         <inertial>
                <mass value = "${m}" />
                <inertial ixx = "${m*(h*h + l*l)/12}" ixy = "0" ixz = "0"
                    iyy = "${m*(w*w + l*l)/12}" iyz = "0"
                    izz = "${m*(w*w + h*h)/12}" />
         </inertial>
   </xacro:macro>

    <xacro:macro name = "sphere_inertial_matrix" params = "m r">
        <inertial>
            <mass value = "${m}" />
            <inertial ixx = "${2*m*r*r/5}" ixy = "0" ixz = "0"
                iyy = "${2*m*r*r/5}" iyz = "0"
                izz = "${2*m*r*r/5}" />
        </inertial>
    </xacro:macro>
</robot>
```

2. 复制前面章节中机器人模型相关的 Xacro 文件，并修改 collision、inertial、color 等参数

1) 底盘 Xacro 文件

```
<?xml version = "1.0"?>
<!--
    使用 Xacro 优化 URDF 版的机器人底盘实现
-->
<robot name = "mybot_body" xmlns:xacro = "http://www.ros.org/wiki/xacro">

    <xacro:property name = "My_PI" value = "3.14159"/>
    <xacro:property name = "base_footprint_radius" value = "0.001" /> <!-- base_footprint 半
径 -->
    <xacro:property name = "base_link_length" value = "0.27"/>
    <xacro:property name = "base_link_width" value = "0.13"/>
    <xacro:property name = "base_link_height" value = "0.005"/>
    <xacro:property name = "base_link_m" value = "0.2" /> <!-- 质量 -->
    <!-- 电机属性 -->
    <xacro:property name = "motor_radius" value = "0.016"/><!-- 半径 -->
    <xacro:property name = "motor_length" value = "0.05"/><!-- 宽度 -->
    <xacro:property name = "motor_m" value = "0.1" /> <!-- 质量 -->
```

```
<!-- 驱动轮属性 -->
<xacro:property name="wheel_radius" value="0.0325" /><!-- 半径 -->
<xacro:property name="wheel_length" value="0.025" /><!-- 宽度 -->
<xacro:property name="wheel_m" value="0.01" /> <!-- 质量  -->

<!-- 万向轮(支撑轮)属性 -->
<xacro:property name="support_wheel_radius" value="0.024" />
<xacro:property name="support_wheel_length" value="0.025" />
<xacro:property name="support_wheel_m" value="0.01" /> <!-- 质量     -->

<!-- 支撑杆属性 -->
<xacro:property name="support_rod_radius" value="0.003"/>
<xacro:property name="support_rod_length" value="0.055"/>
<xacro:property name="support_rod_m" value="0.001" /> <!-- 质量     -->
<xacro:property name="earth_space" value="0.0485" /> <!-- 底板离地间距 -->
<xacro:property name="plate_height" value="0.005"/>

    <material name="yellow">
        <color rgba="1 0.4 0 1"/>
    </material>
    <material name="black">
        <color rgba="0 0 0 0.95"/>
    </material>
    <material name="gray">
        <color rgba="0.75 0.75 0.75 1"/>
    </material>

    <link name="base_footprint">
        <visual>
            <origin xyz="0 0 0" rpy="0 0 0" />
            <geometry>
                <sphere radius="${base_footprint_radius}"/>
            </geometry>
        </visual>
    </link>

    <!-- 底盘 -->
    <link name="base_link">
        <xacro:Box_inertial_matrix m="${base_link_m}" l="${base_link_length}"
w="${base_link_width}" h="${base_link_height}" />

        <visual>
            <origin xyz=" 0 0 0" rpy="0 0 0" />
            <geometry>
                <box size="${base_link_length} ${base_link_width} ${base_link_
height}" />
            </geometry>
            <material name="yellow" />
        </visual>

        <collision>
            <origin xyz="0 0 0" rpy="0 0 0" />
```

```
            <geometry>
                <box size="${base_link_length} ${base_link_width} ${base_link_
height}" />
            </geometry>
        </collision>
    </link>

    <joint name="base_link2base_footprint" type="fixed">
    <parent link="base_footprint" />
    <child link="base_link"/>
    <origin xyz="0 0 ${earth_space + base_link_height/2 }" />
    </joint>

    <gazebo reference="base_link">
    <material>Gazebo/Yellow</material>
    </gazebo>


  <!-- 电机 -->
  <!-- 电机宏实现 -->
  <xacro:macro name="add_motors" params="name flag">
    <link name="${name}_motor">
      <visual>
        <geometry>
          <cylinder radius="${motor_radius}" length="${motor_length}" />
        </geometry>
        <origin xyz="0 0 0" rpy="${My_PI/2} 0 0" />
          <material name="gray">
              <color rgba="0.75 0.75 0.75 1.0" />
          </material>
      </visual>


       <xacro:cylinder_inertial_matrix m="${motor_m}" r="${motor_radius}" h="
${motor_length}" />

      <collision>
           <origin xyz="0 0 0" rpy="${My_PI/2} 0 0" />
           <geometry>
               <cylinder radius="${motor_radius}" length = "${motor_length}"/>
           </geometry>
      </collision>

    </link>

    <joint name="${name}_motor2base_link" type="fixed">
      <parent link="base_link" />
      <child link="${name}_motor" />
      <origin xyz="${-base_link_length/2 + 0.05} ${flag * (-base_link_width/2 +
motor_length/2)} ${-(base_link_height/2 + motor_radius)}" />
      <axis xyz="0 1 0" />
    </joint>

    <gazebo reference="${name}_motor">
```

```
        <material>Gazebo/Gray</material>
      </gazebo>

    </xacro:macro>
    <xacro:add_motors name="left" flag="1" />
    <xacro:add_motors name="right" flag="-1" />

    <!-- 驱动轮 -->
    <!-- 驱动轮宏实现 -->
    <xacro:macro name="add_wheels" params="name flag">
      <link name="${name}_wheel">
        <visual>
          <geometry>
            <cylinder radius="${wheel_radius}" length="${wheel_length}" />
          </geometry>
          <origin xyz="0.0 0.0 0.0" rpy="${My_PI/2} 0.0 0.0" />
          <material name="black" />
        </visual>

        <xacro:cylinder_inertial_matrix m="${wheel_m}" r="${wheel_radius}" h=
"${wheel_length}" />

        <collision>
            <origin xyz="0 0 0" rpy="${My_PI/2} 0 0" />
            <geometry>
                <cylinder radius="${wheel_radius}" length = "${wheel_length}"/>
            </geometry>
        </collision>

      </link>

      <joint name="${name}_wheel2${name}_motor" type="continuous">
        <parent link="${name}_motor" />
        <child link="${name}_wheel" />
        <origin xyz="0 ${flag * (motor_length/2 + wheel_length/2)} 0" />
        <axis xyz="0 1 0" />
      </joint>
      <gazebo reference="${name}_wheel">
        <material>Gazebo/Black</material>
      </gazebo>

    </xacro:macro>
    <xacro:add_wheels name="left" flag="-1" />
    <xacro:add_wheels name="right" flag="1" />

    <!-- 支撑轮 -->
    <link name="front_wheel">
            <xacro:cylinder_inertial_matrix m="${support_wheel_m}" r="${support_wheel_
radius}" h="${support_wheel_length}" />

            <visual>
                <origin xyz="0 0 0" rpy="${My_PI/2} 0 0"/>
                <geometry>
                    <cylinder radius = "${support_wheel_radius}" length = "${support_
```

```
wheel_length}" />
                </geometry>
                <material name="black" />
            </visual>

            <collision>
                <origin xyz="0 0 0" rpy=" ${My_PI/2} 0 0" />
                <geometry>
                    <cylinder radius=" ${support_wheel_radius}" length=" ${support_
wheel_length}" />
                </geometry>
            </collision>
        </link>

        <joint name="front_wheel2base_link" type="continuous">
            <origin xyz=" ${base_link_length/2 - support_wheel_radius - 0.03} 0 - ${base_
link_height/2 + earth_space - support_wheel_radius}"/>
            <axis xyz="1 1 1"/>
            <parent link="base_link"/>
            <child link="front_wheel"/>
        </joint>
        <gazebo reference="front_wheel">
            <material>Gazebo/Black</material>
        </gazebo>

    <!-- 定义 Mybot 支撑杆的宏 -->
    <xacro:macro name="mybot_standoff_2in" params="parent number x_loc y_loc z_loc">
        <joint name="standoff_2in_ ${number}_joint" type="fixed">
            <origin xyz=" ${x_loc} ${y_loc} ${z_loc}" rpy="0 0 0" />
            <parent link=" ${parent}"/>
            <child link="standoff_2in_ ${number}_link" />
        </joint>


        <link name="standoff_2in_ ${number}_link">

            <xacro:cylinder_inertial_matrix m=" ${support_rod_m}" r=" ${support_rod_
radius}" h=" ${support_rod_length}" />

            <visual>
                <origin xyz=" 0 0 0 " rpy="0 0 0" />
                <geometry>
                    <cylinder radius=" ${support_rod_radius}" length=" ${support_rod_
length}" />
                </geometry>
                <material name="black">
                    <color rgba="0.16 0.17 0.15 0.9"/>
                </material>
            </visual>

            <collision>
                <origin xyz="0.0 0.0 0.0" rpy="0 0 0" />
                <geometry>
                    <cylinder radius=" ${support_rod_radius}" length=" ${support_rod_
```

```
length}" />
            </geometry>
        </collision>
    </link>

    <gazebo reference = "standoff_2in_ ${number}_link">
        <material> Gazebo/Gray </material>
    </gazebo>
  </xacro:macro>

    <xacro:mybot_standoff_2in parent = "base_link" number = "1" x_loc = " ${ - base_link_
length/2 + 0.01}" y_loc = " - ${base_link_width/2 - 0.01}" z_loc = " ${support_rod_length/
2}"/>
    <xacro:mybot_standoff_2in parent = "base_link" number = "2" x_loc = " ${ - base_link_
length/2 + 0.01}" y_loc = " ${base_link_width/2 - 0.01}" z_loc = " ${support_rod_length/
2}"/>
    <xacro:mybot_standoff_2in parent = "base_link" number = "3" x_loc = " ${base_link_
length/2 - 0.01}" y_loc = " - ${base_link_width/2 - 0.01}" z_loc = " ${support_rod_length/
2}"/>
    <xacro:mybot_standoff_2in parent = "base_link" number = "4" x_loc = " ${base_link_
length/2 - 0.01}" y_loc = " ${base_link_width/2 - 0.01}" z_loc = " ${support_rod_length/
2}"/>

    <!-- 定义 Mybot 支撑板 -->
    <joint name = "plate_1_joint" type = "fixed">
        <origin xyz = "0 0 ${support_rod_length}" rpy = "0 0 0" />
        <parent link = "base_link"/>
        <child link = "plate_1_link" />
    </joint>

    <link name = "plate_1_link">

        <xacro:box_inertial_matrix m = " ${base_link_m}" l = " ${base_link_length}" w =
" ${base_link_width}" h = " ${base_link_height}" />

        <visual>
            <origin xyz = " 0 0 0 " rpy = "0 0 0" />
            <geometry>
                <box size = " ${base_link_length} ${base_link_width} ${base_link_
height}" />
            </geometry>
            <material name = "yellow"/>
        </visual>

        <collision>
            <origin xyz = "0.0 0.0 0.0" rpy = "0 0 0" />
            <geometry>
                <box size = " ${base_link_length} ${base_link_width} ${base_link_
height}" />
            </geometry>
        </collision>
    </link>

    <gazebo reference = "plate_1_link">
```

```
            <material>Gazebo/Yellow</material>
        </gazebo>

</robot>
```

注意：如果机器人模型在Gazebo中产生了抖动、滑动、缓慢移位等情况，则查看惯性矩阵是否已设置，且设置是否正确合理。车轮翻转需要依赖PI值，如果PI值精度偏低，也可能导致上述情况产生。

2）摄像头Xacro文件

```
<!-- 摄像头相关的 Xacro 文件 -->
<robot xmlns:xacro="http://wiki.ros.org/xacro" name="my_camera">
    <!-- 摄像头属性 -->
    <xacro:property name="camera_length" value="0.01" /> <!-- 摄像头长度(x) -->
    <xacro:property name="camera_width" value="0.025" /> <!-- 摄像头宽度(y) -->
    <xacro:property name="camera_height" value="0.025" /> <!-- 摄像头高度(z) -->
    <xacro:property name="camera_offset_x" value="0.12" /> <!-- 摄像头安装的 x 坐标 -->
    <xacro:property name="camera_offset_y" value="0.0" /> <!-- 摄像头安装的 y 坐标 -->
    <xacro:property name="camera_offset_z" value="${camera_height/2}" /> <!-- 摄像头安
装的 z 坐标:摄像头高度/2  -->
    <xacro:property name="camera_m" value="0.05" /> <!-- 摄像头质量 -->

    <!-- 摄像头关节及 link -->
    <link name="camera">

        <visual>
            <geometry>
                <box size="${camera_length} ${camera_width} ${camera_height}" />
            </geometry>
            <origin xyz="0.0 0.0 0.0" rpy="0.0 0.0 0.0" />
            <material name="black" />
        </visual>

        <xacro:box_inertial_matrix m="${camera_m}" l="${camera_length}" w="${camera_
width}" h="${camera_height}" />

            <collision>
                <origin xyz="0.0 0.0 0.0" rpy="0 0 0" />
                <geometry>
                    <box size="${camera_length} ${camera_width} ${camera_height}" />
                </geometry>
            </collision>

    </link>

    <joint name="camera2plate_1_link" type="fixed">
        <parent link="plate_1_link" />
        <child link="camera" />
        <origin xyz="${camera_offset_x} ${camera_offset_y} ${camera_offset_z}" />
    </joint>

    <gazebo reference="camera">
        <material>Gazebo/Black</material>
    </gazebo>
```

```
</robot>
```

3）激光雷达 Xacro 文件

```
<!--
    为机器人底盘添加雷达
-->
<robot xmlns:xacro="http://wiki.ros.org/xacro" name="my_laser">

    <!-- 雷达支架 -->
    <xacro:property name="support_length" value="0.05" /> <!-- 支架高度 -->
    <xacro:property name="support_radius" value="0.01" /> <!-- 支架半径 -->
    <xacro:property name="support_offset_x" value="0.05" /> <!-- 支架安装的 x 坐标 -->
    <xacro:property name="support_offset_y" value="0.0" /> <!-- 支架安装的 y 坐标 -->
    <xacro:property name="support_offset_z" value="${support_length/2}" /> <!-- 支架安
装的 z 坐标:支架高度/2  -->
    <xacro:property name="support_m" value="0.05" /> <!-- 支架质量 -->


    <link name="support_link">
        <visual>
            <geometry>
                <cylinder radius="${support_radius}" length="${support_length}" />
            </geometry>
            <origin xyz="0.0 0.0 0.0" rpy="0.0 0.0 0.0" />
            <material name="red">
                <color rgba="0.8 0.2 0.0 0.8" />
            </material>
        </visual>

        <xacro:cylinder_inertial_matrix m="${support_m}" r="${support_radius}" h=
"${support_length}" />

            <collision>
                <origin xyz="0.0 0.0 0.0" rpy="0 0 0" />
                <geometry>
                    <cylinder radius="${support_radius}" length="${support_length}" />
                </geometry>
            </collision>

    </link>

    <joint name="support_link2plate_1_link" type="fixed">
        <parent link="plate_1_link" />
        <child link="support_link" />
        <origin xyz="${support_offset_x} ${support_offset_y} ${support_offset_z}" />
    </joint>

    <gazebo reference="support_link">
        <material>Gazebo/Red</material>
    </gazebo>


    <!-- 雷达属性 -->
    <xacro:property name="laser_length" value="0.05" /> <!-- 雷达高度 -->
```

```
    <xacro:property name="laser_radius" value="0.03" /> <!-- 雷达半径 -->
    <xacro:property name="laser_offset_x" value="0.0" /> <!-- 雷达安装的x坐标 -->
    <xacro:property name="laser_offset_y" value="0.0" /> <!-- 雷达安装的y坐标 -->
    <xacro:property name="laser_offset_z" value="${support_length/2 + laser_length/2}" />
<!--雷达安装的z坐标:支架高度/2 + 雷达高度/2 -->
    <xacro:property name="laser_m" value="0.06" /> <!-- 雷达质量 -->

    <!-- 雷达关节及link -->
    <link name="laser">
        <visual>
            <geometry>
                <cylinder radius="${laser_radius}" length="${laser_length}" />
            </geometry>
            <origin xyz="0.0 0.0 0.0" rpy="0.0 0.0 0.0" />
            <material name="black" />
        </visual>

          <xacro:cylinder_inertial_matrix m="${laser_m}" r="${laser_radius}" h=
"${laser_length}" />

        <collision>
            <origin xyz="0.0 0.0 0.0" rpy="0 0 0" />
            <geometry>
                <cylinder radius="${laser_radius}" length="${laser_length}" />
            </geometry>
        </collision>

    </link>

    <joint name="laser2support_link" type="fixed">
        <parent link="support_link" />
        <child link="laser" />
        <origin xyz="${laser_offset_x} ${laser_offset_y} ${laser_offset_z}" />
    </joint>

    <gazebo reference="laser">
        <material>Gazebo/Black</material>
    </gazebo>
</robot>
```

4）组合底盘、摄像头与雷达的 Xacro 文件

```
<!-- 组合机器人底盘、摄像头与雷达 -->
<robot name="mybot_camera_laser" xmlns:xacro="http://wiki.ros.org/xacro">
    <xacro:include filename="inertia_matrix.urdf.xacro" />
    <xacro:include filename="mybot_body.urdf.xacro" />
    <xacro:include filename="my_camera.urdf.xacro" />
    <xacro:include filename="my_laser.urdf.xacro" />
</robot>
```

3. 通过编写以下内容的 launch 文件在 Gazebo 中显示模型

```
<launch>

    <!-- 将URDF文件的内容加载到参数服务器 -->
    <param name="robot_description" command="$(find xacro)/xacro $(find mybot_gazebo)/
```

```
urdf/ mybot_base_camera_laser.urdf.xacro" />

    <!-- 启动 Gazebo -->
    <!-- 启动 Gazebo 的仿真环境,当前环境为空环境 -->
    < include file = " $ (find gazebo_ros)/launch/empty_world.launch" />

    <!-- 在 Gazebo 中显示机器人模型 -->
    <!--
    在 Gazebo 中加载机器人模型,该功能由 gazebo_ros 下的 spawn_model 提供:
     - urdf 加载的是 URDF 文件
     - model mybot 模型名称是 mybot
     - param robot_description 从参数 robot_description 中载入模型
     -->
    < node name = "urdf_spawner" pkg = "gazebo_ros" type = "spawn_model" respawn = "false"
output = "screen"
    args = " - urdf  - model mybot  - param robot_description"     />
</launch>
```

视频讲解 1

视频讲解 2

6.6.5 搭建 Gazebo 仿真环境

6.6.4 节已经将机器人模型在 Gazebo 中显示,但在默认情况下,Gazebo 中的机器人模型位于 empty world 中,并没有类似于房间、桌子、道路、人等仿真物,那么如何在 Gazebo 中创建仿真环境呢?在 Gazebo 中创建仿真环境主要有两种方式:直接添加内置组件创建仿真环境,通过 Building Editor 手动绘制仿真环境。另外,也可以直接下载和使用官方或第三方提供的仿真环境插件。

1. 添加内置组件,创建仿真环境

启动 Gazebo 环境后,通过如图 6-13 所示的工具栏添加所需组件。

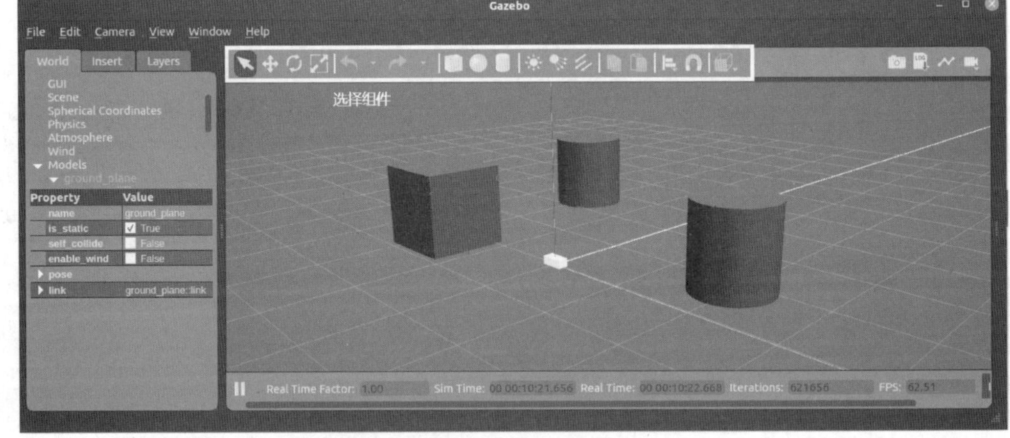

彩图

图 6-13 添加内置组件,创建仿真环境

添加组件完毕后,选择菜单 File→Save World as,在弹出的对话框中选择保存路径为功能包下的 worlds 目录,并自定义文件名。扩展名设置为 world。

使用以下内容的 launch 文件启动环境。

```
< launch >
```

```
    <!-- 将 URDF 文件的内容加载到参数服务器 -->
    <param name="robot_description" command="$(find xacro)/xacro $(find mybot_gazebo)/
urdf/mybot_base_ camera_laser.urdf.xacro" />

    <!-- 启动 Gazebo -->
    <!-- 启动 Gazebo 的仿真环境,当前环境为空环境 -->
    <include file="$(find gazebo_ros)/launch/empty_world.launch">
        <arg name="world_name" value="$(find mybot_gazebo)/worlds/demo.world" />
    </include>

    <!-- 在 Gazebo 中显示机器人模型 -->
    <node name="urdf_spawner" pkg="gazebo_ros" type="spawn_model" respawn="false"
output="screen"
    args="-urdf -model mybot -param robot_description"    />
</launch>
```

上述代码与前面代码的主要区别为启动 empty_world 后,再根据 arg 加载自定义的仿真环境。

2. 自定义仿真环境

启动 Gazebo,打开构建面板,其界面如图 6-14 所示,绘制仿真环境。

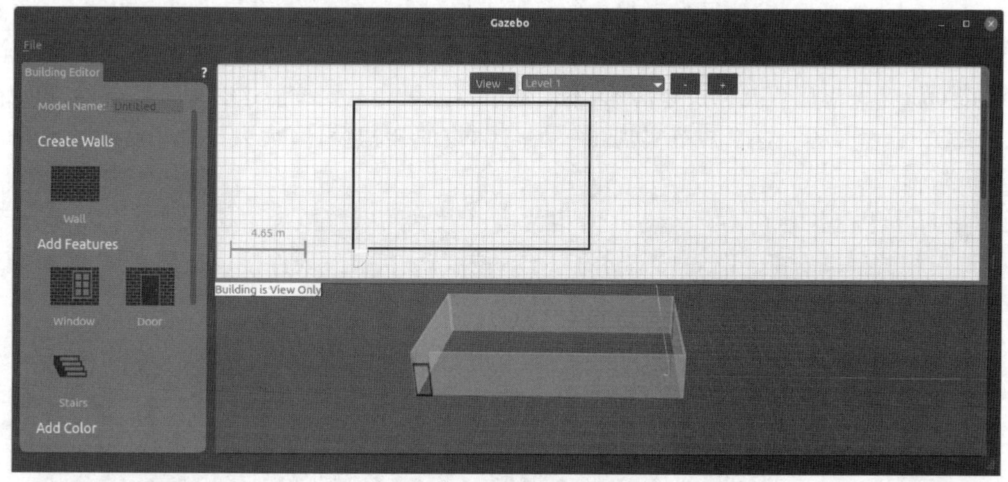

图 6-14 自定义仿真环境界面

选择左上角菜单 File→Save,将构建的仿真环境保存到功能包下的 models 目录,然后选择 File→Exit Building Editor。也可以像"1. 添加内置组件,创建仿真环境"中一样再添加一些插件,然后保存为.world 文件(保存路径为功能包下的 worlds 目录)。

3. 使用官方提供的插件

当前 Gazebo 提供的仿真道具非常有限,读者可以到 Gazebo 官方网站下载更为丰富的仿真环境,具体操作方法如下。

(1) 执行如下命令,下载官方模型库:

```
git clone https://github.com/osrf/gazebo_models
```

(2) 将模型库复制到 gazebo 模块:将得到的 gazebo_models 目录内容复制到 /usr/share/gazebo-*/models 目录。

(3) 重启 Gazebo,选择左侧菜单栏的 insert,选择并插入相关道具。

6.7 URDF、RViz 和 Gazebo 综合应用

对 URDF(Xacro)、RViz 与 Gazebo 三者的关系,前面已有阐述。URDF 用于创建机器人模型,RViz 可以显示机器人感知到的环境信息,Gazebo 用于仿真以模拟外界环境及机器人的一些传感器。本节将重点介绍三者结合的仿真实现:通过 Gazebo 模拟机器人的传感器,然后在 RViz 中显示这些传感器感知到的数据。主要内容包括运动控制及里程计信息显示、激光雷达信息仿真及显示、摄像头信息仿真及显示、Kinect 传感器信息仿真及显示。

视频讲解

6.7.1 机器人运动控制及里程计信息显示

Gazebo 中已经可以正常显示机器人模型,那么如何像在 RViz 中一样控制机器人运动呢?这里需要涉及 ROS 中的 ros_control 组件。

1. ros_control 简介

ros_control 是 ROS 为开发者提供的机器人控制中间件,是一组软件包,包含了一系列控制器接口、传动装置接口、传输和硬件接口、控制器管理器等。ros_control 是一套规范,可以帮助机器人应用功能包快速落地,不同的机器人平台只要按照这套规范实现,就可以保证与 ROS 程序兼容。这套规范实现了一种可插拔的架构设计,大大提高了程序设计的效率和灵活性。

Gazebo 已经实现了 ros_control 的相关接口,如果需要在 Gazebo 中控制机器人运动,直接调用相关接口即可。图 6-15 显示了 ROS 控制器、机器人硬件接口与仿真器/真实硬件的互连。

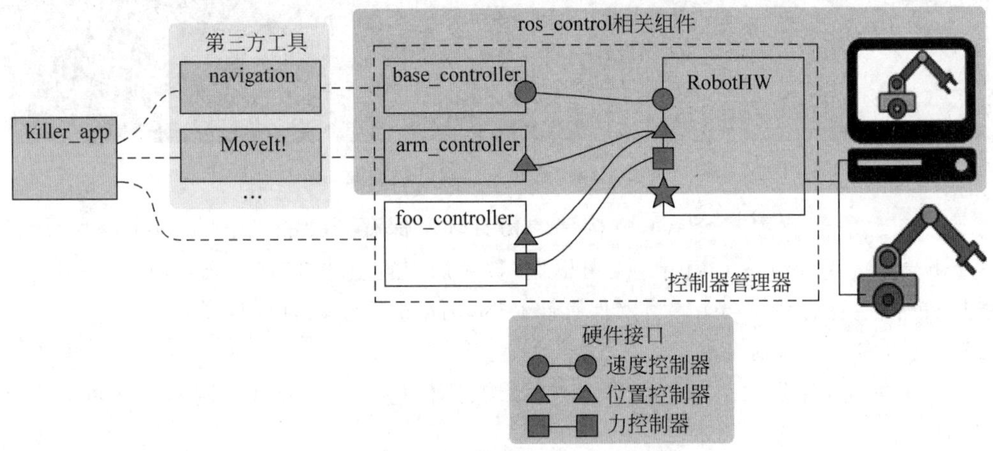

图 6-15 ros_control 与 Gazebo 的接口

在图 6-15 中可以看到第三方工具 navigation 和 MoveIt! 软件包。这些软件包可以为移动机器人控制器和机械臂控制器提供目标位置。控制器可以将位置、速度和驱动力发送到机器人的硬件接口上。硬件接口再将每个资源分配给控制器,并将值发送给每个资源。机器人控制器与机器人硬件接口之间的通信如图 6-16 所示。

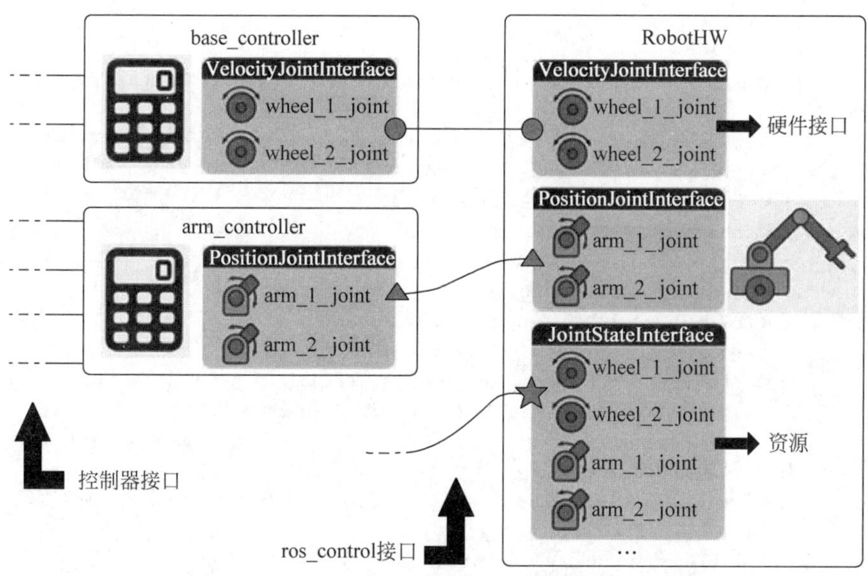

图 6-16　ros_control 与硬件接口

硬件接口与实际硬件和仿真分离。来自硬件接口的值可以反馈到 Gazebo 进行仿真或反馈到实际硬件本身。硬件接口是机器人及抽象硬件的软件表示。硬件接口的资源是执行机构、关节和传感器。有些资源是只读的，如关节状态、IMU、力-力矩传感器等；有些资源是可读可写的，如位置、速度和关节驱动力。

2. 运动控制实现流程

编写一个单独的 Xacro 文件(文件名为 moving.urdf.xacro)，为已经创建好的机器人模型添加传动装置及控制器，其内容如下。

```
<robot name="mybot_move" xmlns:xacro="http://wiki.ros.org/xacro">

    <!-- 传动实现:用于连接控制器与关节 -->
    <xacro:macro name="joint_trans" params="joint_name">
        <!-- Transmission is important to link the joints and the controller -->
        <transmission name="${joint_name}_trans">
            <type>transmission_interface/SimpleTransmission</type>
            <joint name="${joint_name}">
                    <hardwareInterface>hardware_interface/VelocityJointInterface
</hardwareInterface>
            </joint>
            <actuator name="${joint_name}_motor">
                    <hardwareInterface>hardware_interface/VelocityJointInterface
</hardwareInterface>
                <mechanicalReduction>1</mechanicalReduction>
            </actuator>
        </transmission>
    </xacro:macro>

    <!-- 每个驱动轮都需要配置传动装置 -->
    <xacro:joint_trans joint_name="left_wheel2left_motor" />
    <xacro:joint_trans joint_name="right_wheel2right_motor" />
```

```
    <!-- 控制器 -->
    <gazebo>
        <plugin name="differential_drive_controller" filename="libgazebo_ros_diff_drive.
so">
            <rosDebugLevel>Debug</rosDebugLevel>
            <publishWheelTF>true</publishWheelTF>
            <robotNamespace>/</robotNamespace>
            <publishTf>1</publishTf>
            <publishWheelJointState>true</publishWheelJointState>
            <alwaysOn>true</alwaysOn>
            <updateRate>100.0</updateRate>
            <legacyMode>true</legacyMode>
            <leftJoint>left_wheel2left_motor</leftJoint> <!-- 左轮 -->
            <rightJoint>right_wheel2right_motor</rightJoint> <!-- 右轮 -->
            <wheelSeparation>${base_link_width + wheel_radius * 2}</wheelSeparation>
<!-- 车轮间距 -->
            <wheelDiameter>${wheel_radius * 2}</wheelDiameter> <!-- 车轮直径 -->
            <broadcastTF>1</broadcastTF>
            <wheelTorque>30</wheelTorque>
            <wheelAcceleration>1.8</wheelAcceleration>
            <commandTopic>cmd_vel</commandTopic> <!-- 运动控制话题 -->
            <odometryFrame>odom</odometryFrame>
            <odometryTopic>odom</odometryTopic> <!-- 里程计话题 -->
            <robotBaseFrame>base_footprint</robotBaseFrame> <!-- 根坐标系 -->
        </plugin>
    </gazebo>

</robot>
```

将上述 Xacro 文件集成到总的机器人模型(文件名为 mybot_base_camera_laser_controller.urdf.xacro),代码如下:

```
<!-- 组合机器人底盘、摄像头与雷达 -->
<robot name="mybot_camera_laser" xmlns:xacro="http://wiki.ros.org/xacro">
    <xacro:include filename="inertia_matrix.urdf.xacro" />
    <xacro:include filename="mybot_body.urdf.xacro" />
    <xacro:include filename="my_camera.urdf.xacro" />
    <xacro:include filename="my_laser.urdf.xacro" />
    <xacro:include filename="moving.urdf.xacro" />
</robot>
```

编写 launch 文件(文件名为 view_mybot_gazebo.launch),启动 Gazebo 和 RViz 并发布/cmd_vel 消息以控制机器人运动。文件内容如下:

```
<launch>

    <!-- 将 URDF 文件的内容加载到参数服务器 -->
    <param name="robot_description" command="$(find xacro)/xacro $(find demo02_urdf_
gazebo)/urdf/xacro/my_base_camera_laser.urdf.xacro" />
    <!-- 启动 Gazebo -->
    <include file="$(find gazebo_ros)/launch/empty_world.launch">
        <arg name="world_name" value="$(find demo02_urdf_gazebo)/worlds/hello.world" />
    </include>

    <!-- 在 Gazebo 中显示机器人模型 -->
```

```
<node pkg = "gazebo_ros" type = "spawn_model" name = "model" args = " - urdf  - model mycar
- param robot_description"    />
</launch>
```

启动 launch 文件后，使用 rostopic list 查看系统当前的话题列表，如图 6-17 所示。可以发现列表中有/cmd_vel，接下来只需要发布 cmd_vel 消息控制即可，采用命令控制或者编写单独的节点控制都可以实现。这里采用命令控制方式实现，其命令如下(可以通过 Tab 键补全指令)：

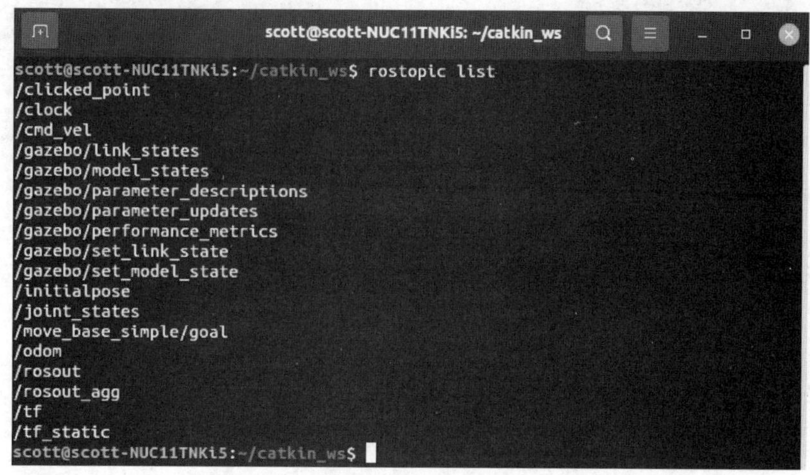

图 6-17 查看 ROS 系统中的话题列表

```
rostopic pub - r 10 /cmd_vel geometry_msgs/Twist "linear:
  x: 0.3
  y: 0.0
  z: 0.0
angular:
  x: 0.0
  y: 0.0
  z: 0.5"
```

执行上述命令后，会发现机器人在 Gazebo 中开始运动。

3. 通过 RViz 查看里程计信息

在 Gazebo 的仿真环境中，机器人的里程计信息及运动朝向等信息是无法获取的，可以通过 RViz 显示机器人的里程计信息及运动朝向。

里程计：机器人相对出发点坐标系的位姿状态(X 坐标、Y 坐标、Z 坐标以及朝向)。

在 RViz 中添加如图 6-18 所示的组件。

6.7.2 激光雷达仿真

视频讲解

在 SLAM 和自主导航等机器人高级应用中，为了获取准确的环境信息，往往会使用激光雷达作为主要传感器。Gazebo 的强大之处在于提供了一系列传感器插件，可以帮助用户仿真传感器数据，获取 Gazebo 虚拟环境中的信息。通过 Gazebo 模拟激光雷达传感器，并在 RViz 中显示激光雷达数据信息。

1. 为 rplidar 雷达模型添加 Gazebo 插件

新建 rplidar_gazebo. xacro 文件(mybot_gazebo/urdf/sensors/rplidar_gazebo. xacro)，

彩图

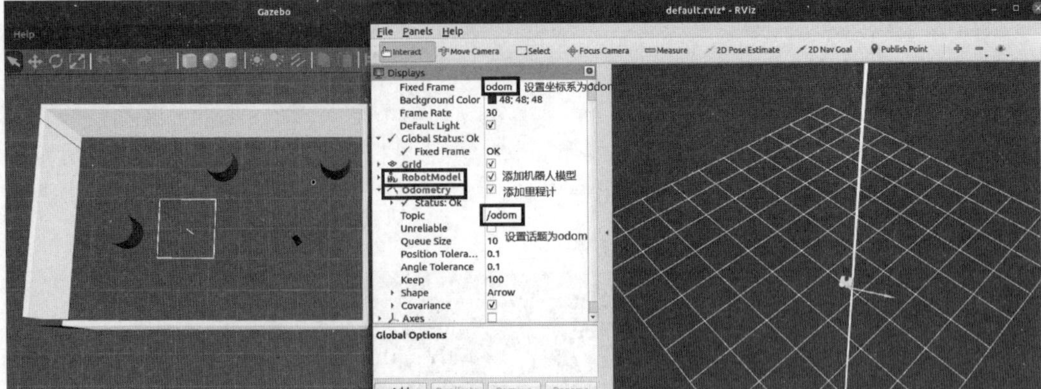

图 6-18　在 RViz 中添加里程计信息

配置激光雷达传感器信息。

```
<robot name="my_sensors" xmlns:xacro="http://wiki.ros.org/xacro">

  <!-- 雷达 -->
  <gazebo reference="laser">
    <sensor type="ray" name="rplidar">
      <pose>0 0 0 0 0 0</pose>
      <visualize>true</visualize>
      <update_rate>5.5</update_rate>
      <ray>
        <scan>
          <horizontal>
            <samples>360</samples>
            <resolution>1</resolution>
            <min_angle>-3</min_angle>
            <max_angle>3</max_angle>
          </horizontal>
        </scan>
        <range>
          <min>0.10</min>
          <max>6.0</max>
          <resolution>0.01</resolution>
        </range>
        <noise>
          <type>gaussian</type>
          <mean>0.0</mean>
          <stddev>0.01</stddev>
        </noise>
      </ray>
      <plugin name="gazebo_rplidar" filename="libgazebo_ros_laser.so">
        <topicName>/scan</topicName>
        <frameName>laser</frameName>
      </plugin>
    </sensor>
  </gazebo>

</robot>
```

激光雷达的传感器类型为 ray，相关参数可以在产品手册中找到。为了获取尽量真实的仿真效果，需要根据实际参数配置< ray >中的雷达参数：360°检测范围、单圈 360 个采样点、5.5Hz 采样频率、最远 6m 检测范围等。最后使用< plugin >标签加载激光雷达的插件 libgazebo_ros_laser.so，所发布的激光雷达话题是“/scan”。

2. 将步骤 1 中的 rplidar_gazebo.xacro 文件集成到机器人模型文件，代码如下：

```
<!-- 组合机器人底盘、摄像头与雷达 -->
<robot name="mybot_camera_laser" xmlns:xacro="http://wiki.ros.org/xacro">
    <xacro:include filename="inertia_matrix.urdf.xacro" />
    <xacro:include filename="mybot_body.urdf.xacro" />
    <xacro:include filename="my_camera.urdf.xacro" />
    <xacro:include filename="my_laser.urdf.xacro" />
    <xacro:include filename="moving.urdf.xacro" />

    <!-- 雷达仿真的 xacro 文件 -->
    <xacro:include filename="$(find mybot_gazebo)/urdf/sensors/rplidar_gazebo.xacro" />
</robot>
```

3. 启动仿真环境

编写 launch 文件，启动 Gazebo 仿真环境并加载装配有激光雷达的机器人，如图 6-19 所示。

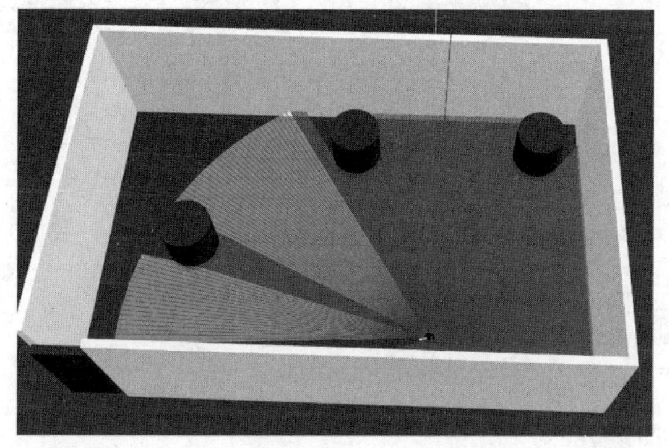

彩图

图 6-19　Gazebo 中装配有激光雷达的机器人模型

4. 通过 RViz 显示激光雷达数据信息

启动 RViz，在 RViz 中设置 Fix Frame 为 base_footprint，然后添加一个 LaserScan 类型的插件，修改插件订阅的话题为“/scan”，就可以看到如图 6-20 所示的激光雷达数据。

6.7.3　摄像头仿真

视频讲解

本节为机器人模型添加一个摄像头插件，让机器人看到 Gazebo 中的虚拟世界，并在 RViz 中显示摄像头数据。

1. 为摄像头传感器模型添加 Gazebo 插件

新建 Xacro 文件(mybot_gazebo/urdf/sensors/camera_gazebo.xacro)，在文件中添加< gazebo >的相关标签，配置摄像头传感器信息。

```
<robot name="my_sensors" xmlns:xacro="http://wiki.ros.org/xacro">
```

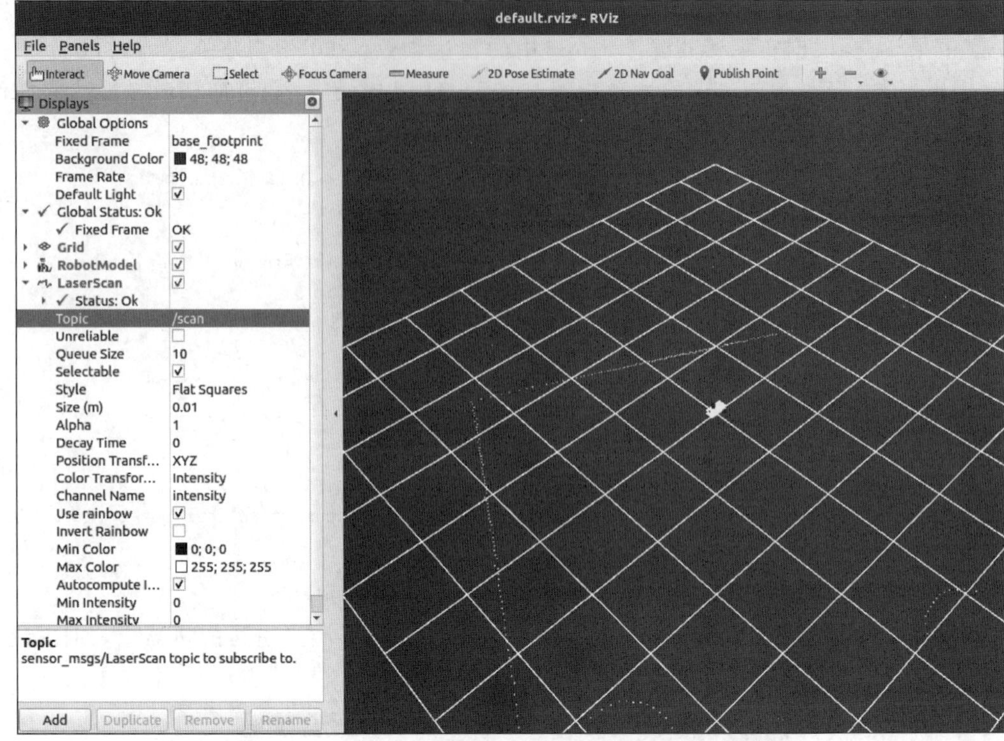

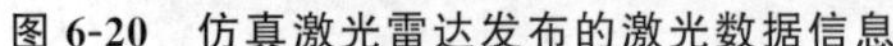
图 6-20　仿真激光雷达发布的激光数据信息

```
<!-- 被引用的 link -->
<gazebo reference="camera">
  <!-- 类型设置为 camara -->
  <sensor type="camera" name="camera_node">
    <update_rate>30.0</update_rate> <!-- 更新频率 -->
    <!-- 摄像头基本信息设置 -->
    <camera name="head">
      <horizontal_fov>1.3962634</horizontal_fov>
      <image>
          <width>1280</width>
          <height>720</height>
          <format>R8G8B8</format>
      </image>
      <clip>
          <near>0.02</near>
          <far>300</far>
      </clip>
      <noise>
          <type>gaussian</type>
          <mean>0.0</mean>
          <stddev>0.007</stddev>
      </noise>
    </camera>
    <!-- 核心插件 -->
    <plugin name="gazebo_camera" filename="libgazebo_ros_camera.so">
      <alwaysOn>true</alwaysOn>
      <updateRate>0.0</updateRate>
```

```
            <cameraName>/camera</cameraName>
            <imageTopicName>image_raw</imageTopicName>
            <cameraInfoTopicName>camera_info</cameraInfoTopicName>
            <frameName>camera</frameName>
            <hackBaseline>0.07</hackBaseline>
            <distortionK1>0.0</distortionK1>
            <distortionK2>0.0</distortionK2>
            <distortionK3>0.0</distortionK3>
            <distortionT1>0.0</distortionT1>
            <distortionT2>0.0</distortionT2>
          </plugin>
        </sensor>
      </gazebo>
    </robot>
```

在加载传感器插件时，需要使用<sensor>标签类包含传感器的各种属性。例如本例中的摄像头传感器，需要设置其 type 为 camera，传感器的命名(name)可以自由设置；然后使用<camera>标签具体描述摄像头的参数，包括分辨率、编码格式、图像范围、噪音参数等；最后需要使用<plugin>标签加载摄像头的插件 libgazebo_ros_camera.so，同时设置插件的参数，包括命名空间、发布图像的话题、参考坐标系等。

2. 将步骤 1 的 Xacro 文件集成到机器人模型文件，代码如下：

```
<!-- 组合机器人底盘、摄像头与雷达 -->
<robot name="mybot_camera" xmlns:xacro="http://wiki.ros.org/xacro">
    <xacro:include filename="inertia_matrix.urdf.xacro" />
    <xacro:include filename="mybot_body.urdf.xacro" />
    <xacro:include filename="my_camera.urdf.xacro" />
    <xacro:include filename="my_laser.urdf.xacro" />
    <xacro:include filename="moving.urdf.xacro" />

     <!-- 摄像头仿真的 Xacro 文件 -->
    <xacro:include filename="$(find mybot_gazebo)/urdf/sensors/camera_gazebo.xacro" />
</robot>
```

3. 启动仿真环境

编写 launch 文件，启动 Gazebo 仿真环境和装配了摄像头的机器人模型。

4. RViz 显示摄像头数据

选择仿真摄像头发布的图像话题/camera/image_raw，即可看到如图 6-21 中左下角所示的图像信息。

6.7.4 Kinect 传感器仿真

视频讲解

本节为机器人模型添加一个 Kinect 摄像头插件，让机器人看到 Gazebo 中的虚拟世界，并在 RViz 中显示 Kinect 摄像头数据。

1. 为 Kinect 摄像头传感器模型添加 Gazebo 插件

新建 Xacro 文件(mybot_gazebo/urdf/sensors/kinect_gazebo.xacro)，在文件中添加<gazebo>的相关标签，配置 Kinect 摄像头传感器信息。

```
<?xml version="1.0"?>
<robot xmlns:xacro="http://www.ros.org/wiki/xacro" name="kinect_camera">
```

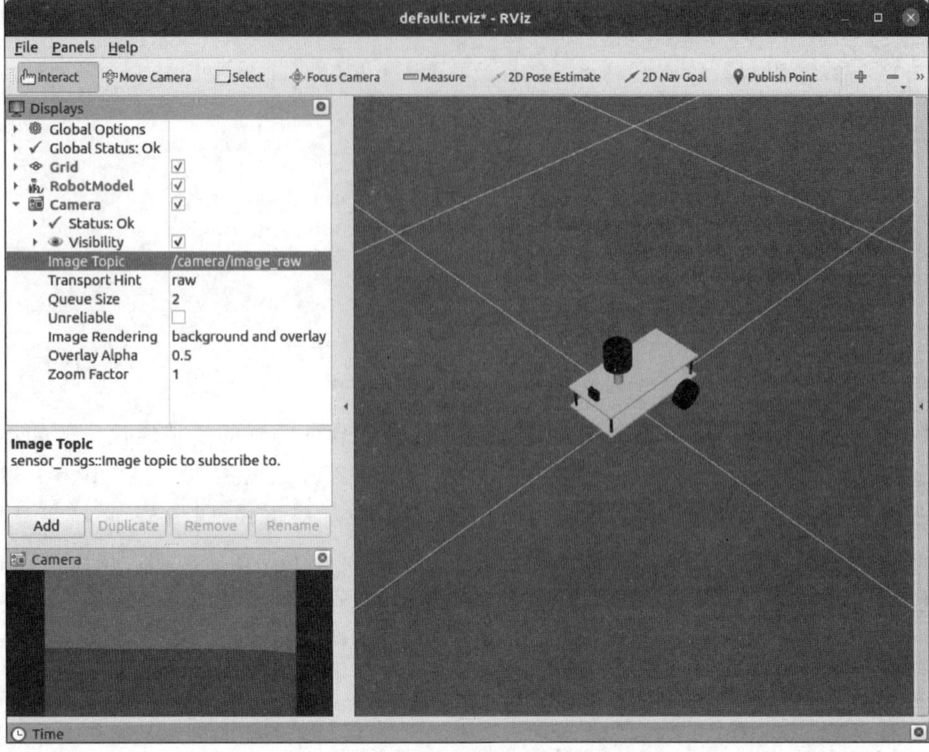

彩图

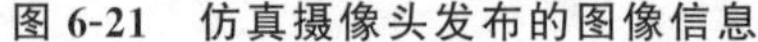
图 6-21 仿真摄像头发布的图像信息

```
<xacro:property name="My_PI" value="3.14159"/>

    <xacro:macro name="kinect_camera" params="prefix:=camera">
        <!-- Create kinect reference frame -->
        <!-- Add mesh for kinect -->
        <link name="${prefix}_link">
            <origin xyz="0 0 0" rpy="0 0 0"/>
            <visual>
                <origin xyz="0 0 0" rpy="0 0 ${My_PI/2}"/>
                <geometry>
                    <mesh filename="package://mybot_gazebo/meshes/kinect.dae" />
                </geometry>
            </visual>
            <collision>
                <geometry>
                    <box size="0.07 0.3 0.09"/>
                </geometry>
            </collision>
        </link>

        <joint name="${prefix}_optical_joint" type="fixed">
            <origin xyz="0 0 0" rpy="-1.5708 0 -1.5708"/>
            <parent link="${prefix}_link"/>
            <child link="${prefix}_frame_optical"/>
        </joint>
```

```
        <link name = "${prefix}_frame_optical"/>

        <gazebo reference = "${prefix}_link">
            <sensor type = "depth" name = "${prefix}">
                <always_on> true </always_on>
                <update_rate> 20.0 </update_rate>
                <camera>
                    <horizontal_fov> ${60.0 * My_PI/180.0}</horizontal_fov>
                    <image>
                        <format> R8G8B8 </format>
                        <width> 640 </width>
                        <height> 480 </height>
                    </image>
                    <clip>
                        <near> 0.05 </near>
                        <far> 8.0 </far>
                    </clip>
                </camera>
                 <plugin name = "kinect_${prefix}_controller" filename = "libgazebo_ros_
openni_kinect.so">
                    <cameraName> ${prefix}</cameraName>
                    <alwaysOn> true </alwaysOn>
                    <updateRate> 10 </updateRate>
                    <imageTopicName> rgb/image_raw </imageTopicName>
                    <depthImageTopicName> depth/image_raw </depthImageTopicName>
                    <pointCloudTopicName> depth/points </pointCloudTopicName>
                    <cameraInfoTopicName> rgb/camera_info </cameraInfoTopicName>
<depthImageCameraInfoTopicName> depth/camera_info </depthImageCameraInfoTopicName>
                    <frameName> ${prefix}_frame_optical </frameName>
                    <baseline> 0.1 </baseline>
                    <distortion_k1> 0.0 </distortion_k1>
                    <distortion_k2> 0.0 </distortion_k2>
                    <distortion_k3> 0.0 </distortion_k3>
                    <distortion_t1> 0.0 </distortion_t1>
                    <distortion_t2> 0.0 </distortion_t2>
                    <pointCloudCutoff> 0.4 </pointCloudCutoff>
                </plugin>
            </sensor>
        </gazebo>

    </xacro:macro>
</robot>
```

Kinect 传感器类型是 depth，<camera>中的参数与摄像头的类似，分辨率和检测距离都可以在 kinect 相机的说明书中找到，<plugin>标签中加载的 Kinect 插件是 libgazebo_ros_openni_kinect.so，同时需要设置发布的各种数据话题及参考坐标系等参数。

2. 将步骤 1 的 Xacro 文件集成到机器人模型文件，代码如下：

```
<!-- 组合机器人底盘、Kinect 摄像头及雷达 -->
<robot name = "mybot_camera" xmlns:xacro = "http://wiki.ros.org/xacro">
```

```
    <xacro:include filename="inertia_matrix.urdf.xacro" />
    <xacro:include filename="mybot_body.urdf.xacro" />

    <xacro:include filename="my_laser.urdf.xacro" />
    <xacro:include filename="moving.urdf.xacro" />

     <!-- Kinect 仿真的 Xacro 文件 -->
    <xacro:include filename="$(find mybot_gazebo)/urdf/sensors/kinect_gazebo.xacro" />


    <xacro:property name="kinect_offset_px" value="0.12" />
    <xacro:property name="kinect_offset_py" value="0" />
    <xacro:property name="kinect_offset_pz" value="0.045" />

    <!-- kinect -->
    <joint name="kinect_joint" type="fixed">
        <origin rpy="0 0 0" xyz="${kinect_offset_px} ${kinect_offset_py} ${kinect_
offset_pz}" />
        <parent link="plate_1_link"/>
        <child link="kinect_link"/>
    </joint>

    <xacro:kinect_camera prefix="kinect"/>

</robot>
```

3. *启动仿真环境*

编写 launch 文件,启动 Gazebo 仿真环境和装配有 Kinect 摄像头的机器人模型。查看系统的话题列表,确保 Kinect 插件已经成功启动,其话题列表如图 6-22 所示。

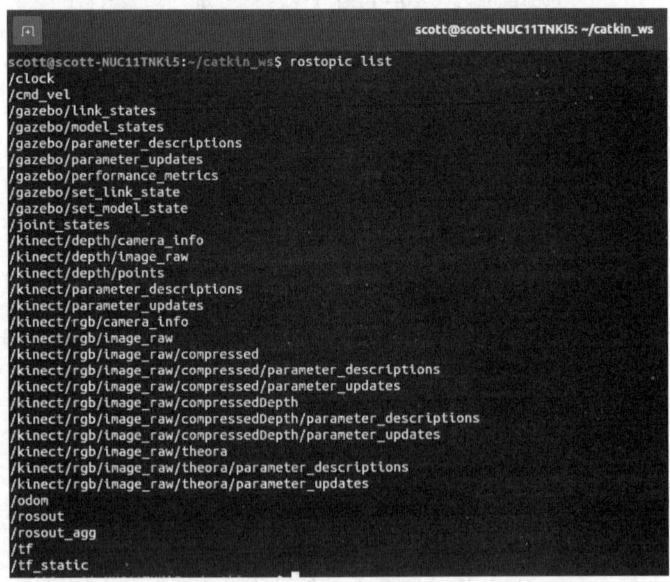

图 6-22 查看机器人装配 Kinect 摄像头后的话题列表

4. RViz 显示摄像头数据

选择仿真摄像头发布的图像话题/kinect/rgb/image_raw 及/kinect/depth/points 点云信息，即可看到如图 6-23 所示的图像信息和点云信息。

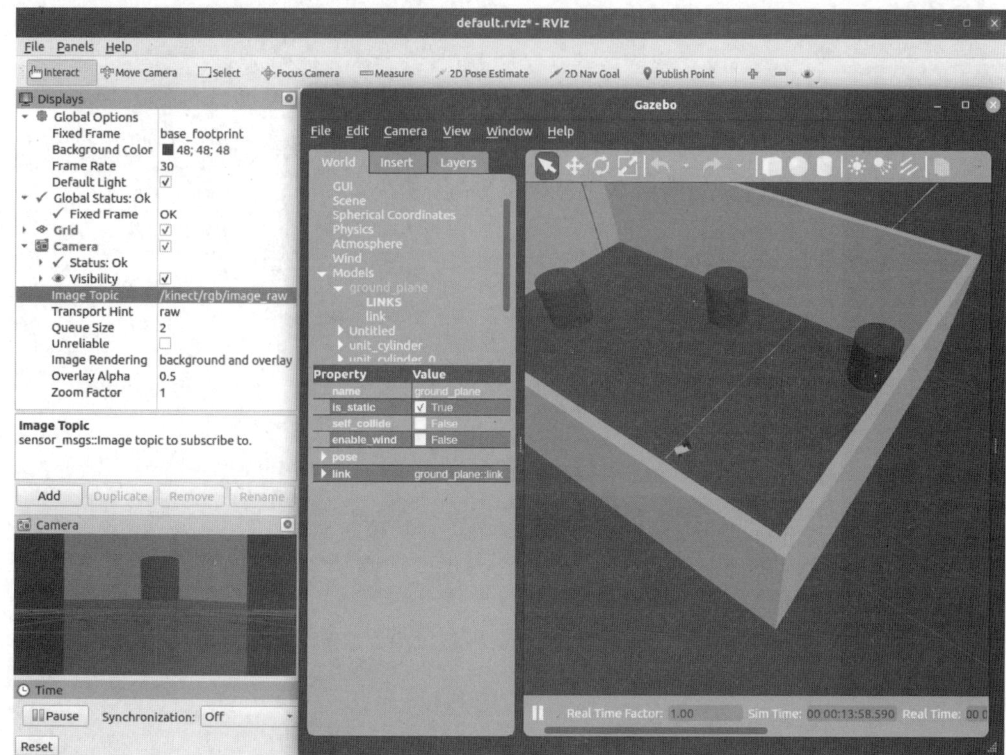

图 6-23　仿真 Kinect 发布的图像信息及点云信息

彩图

本章小结

本章主要讨论了机器人建模的重要性及如何在 ROS 中对机器人进行建模，然后介绍了如何将 Arbotix 和 ros_control 功能包用于实现智能机器人的 RViz 及 Gazebo 运动仿真。讨论了 URDF、Xacro 创建机器人的主要标签，并讲述了两者之间的差异。另外，本章也通过示例演示了如何使用 URDF、Xacro 创建机器人模型及常见的传感器模型。

习题

1. URDF 的全称是什么？有什么作用？
2. 用于机器人建模的 URDF 重要标签是什么？
3. 简述 ros_control 的作用。
4. <plugin>标签加载的摄像头、Kinect 和激光雷达的插件分别是什么？

5. 为什么使用 Xacro 而不是 URDF?

实验

使用 URDF 或 Xacro 文件创建一个简易的两轮差速机器人模型。机器人底盘半径为 100mm,高度为 150mm;两个驱动轮的直径为 65mm,高度为 25mm;万向轮的直径为 30mm。通过 launch 文件加载机器人模型至 RViz 中显示。

第7章

智能机器人系统设计

前几章介绍了 ROS 的基础知识，讨论了 ROS 的几种插件框架。本章将讨论利用传感器、电机驱动器、控制板搭建智能机器人系统，并通过 ROS 来驱动机器人运动。本章去繁就简，从 0 到 1 地设计一款入门级、低成本、简单但又具备一定扩展性的两轮差速智能机器人。学习本章内容之后，读者可以构建属于自己的智能机器人平台。

本章主要内容如下：

(1) 智能机器人的组成；

(2) Arduino 基本使用；

(3) Arduino 与电机驱动；

(4) 底盘控制实现；

(5) 基于树莓派的 ROS 环境搭建；

(6) 激光雷达与相机的基本使用和集成。

7.1 智能机器人的组成

机器人是一种机电一体化的设备，根据角度不同，对机器人组成的认识也会存在明显的差异。按照机器人组成部分的功能划分，机器人可分为机械、传感、控制三大部分，这三大部分可进一步细分为机械结构系统、驱动系统、感知系统、机器人-环境交互系统、人机交互系统、控制系统六个子系统，如图 7-1 所示。

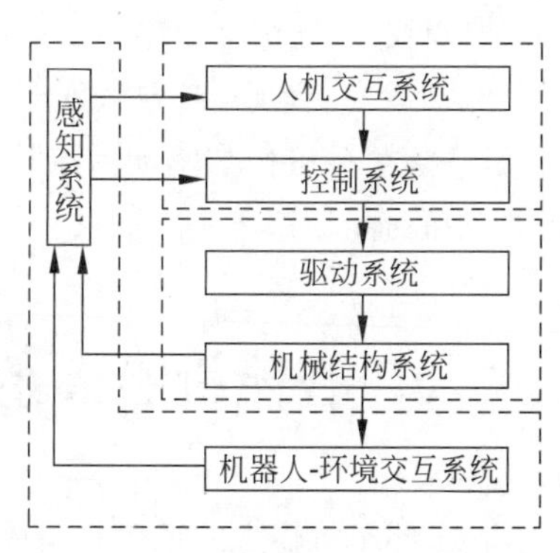

图 7-1 机器人的组成

1. 机械结构系统

机械部分主要指机器人的底盘驱动，相当于人的脚，通常使用双轮差速或多轮万向驱动结构。

2. 驱动系统

驱动系统主要负责驱动执行机构，将控制系统下达的命令转换成执行机构所需要的信号，相当于人的肌肉与筋络。采用的动力源不同，驱动系统的传动方式也不同。常用的驱动方式主要有液压式、气压式、电气式。电气驱动是目前使用最广的一种驱动方式，其特点是电源安装方便，响应快，驱动力强，信号检测、传递和处理方便，并且可以采用多种灵活的控制方式。驱动电机一般采用直流电机、步进电机或伺服电机。

3. 感知系统

感知系统主要完成信号的输入和反馈，获取内部和外部环境中有用的信息，相当于人的感官与神经。内部传感系统包括电机的编码器、陀螺仪等，可以通过自身信号反馈位姿状态；外部传感系统包括摄像头、红外、激光雷达等，用于感知外部环境。

4. 机器人-环境交互系统

机器人-环境交互系统主要通过感知系统实现机器人对其周边环境的地图构建、物体识别等功能。

5. 人机交互系统

人机交互系统主要是为了方便给机器人发送相应指令及实时查看机器人状态、周边环境而开发的人机交互界面。

6. 控制系统

控制系统的任务是根据机器人的作业指令以及从传感器反馈回来的信号，输出控制命令信号，类似于人的大脑。控制系统需要基于处理器实现，常用的处理器为 ARM、DSP、x86 架构的处理器。在处理器之上，控制系统需要完成算法处理、关节控制、人机交互等复杂功能。

在本章制作的智能机器人系统中，各组成部分对应硬件清单如下。

底盘机械结构：主体使用亚克力板拼装，由两个直流电机带动主动轮及保持平衡的一个万向轮实现机器人行走。由于执行机构比较简单，不再单独进行介绍。

驱动系统：电池、Arduino Mega2560 及电机驱动模块。

控制系统：树莓派 4B。

传感系统：编码器、单线激光雷达、相机。

其中，执行机构与驱动系统构成了智能机器人底盘，激光雷达和相机用于实现机器人-环境交互功能。

7.2 智能机器人系统搭建

在了解了机器人的定义和组成之后，读者对机器人系统有了一个整体的认知。接下来需要根据机器人的组成，尝试动手搭建自己的机器人平台。本章以一款低成本、入门级的智能机器人平台为例，介绍智能机器人系统的搭建过程，侧重于机器人底盘实现及与 ROS 直接相关的控制系统部分。本章搭建的智能机器人平台是一款两轮差速智能机器人，如图 7-2 所示，成本较低，灵活性强，适合作为 ROS 学习过程中的实验平台。

本机器人已经实现了执行机构、驱动系统和内部传感器系统，开发者可以根据需求配置激光雷达、摄像头等外部传感器。控制系统采用树莓派 4B 实现。

图 7-2　两轮差速智能机器人

7.2.1　控制原理

先通过 ros_control 梳理总体思路。由图 6-15 可以看到，左侧的 navigation/MoveIt! 与右侧的实体机器人是通过中间的 base_controller/arm_controller ＋ RobotHW 来连通的，从而实现了导航算法与底盘/机械臂等不同类型控制器的运动控制通路。本章主要关注实现 base_controller＋RobotHW 的差速机器人移动部分。

本章的智能机器人采用树莓派 4B 为上位机、Arduino Mega2560 单片机为底层控制器的硬件架构方式(如采用其他硬件，原理相同)，如图 7-3 所示，并以此来简单说明底盘的导航控制流程。

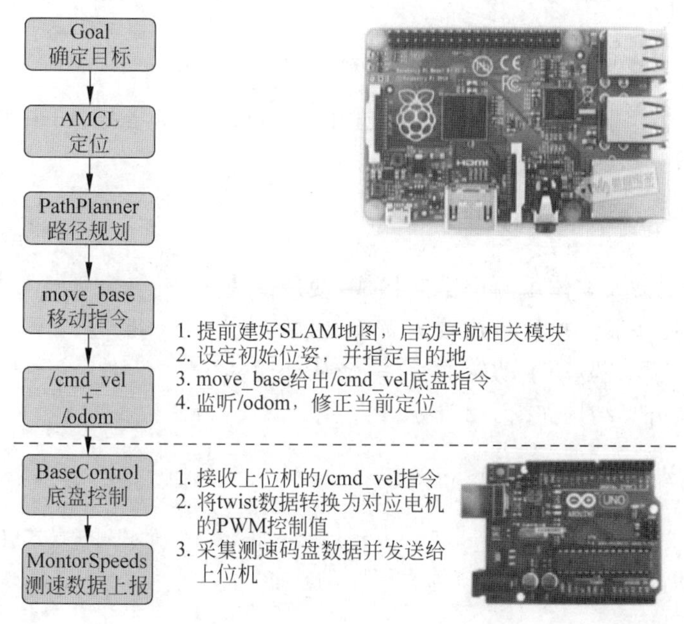

图 7-3　智能小车硬件架构图

从图 7-3 可以看到,上位机与底盘单片机 Arduino 之间的衔接部分主要涉及两个 topic：/cmd_vel 和/odom。

/cmd_vel 是 move_base 发布的底盘移动命令,包含速度和角度等。在上位机或底盘单片机中监听均可,最终转换为电机指令后由底盘执行。/odom 是 move_base 监听的底盘里程计信息,包含相对地图原点的 pose 坐标、twist 运动线速度/角速度及对应的 TF 变换等,可通过轮速计、IMU、电机编码器等方式获取或计算得出。在上位机或底盘单片机中均可发送。

7.2.2 上位机和单片机通信方案

上位机订阅/cmd_vel 消息,计算电机速度后通过串口发给底盘单片机执行；同时单片机通过串口发布自己的编码器信号数据给上位机,上位机通过 base_controller 进行位置计算和坐标转换后发布/odom 和/tf,其通信方案如图 7-4 所示。

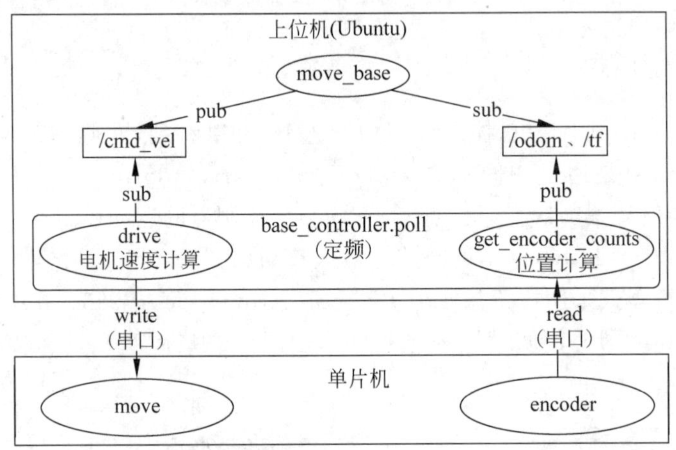

图 7-4 上位机和单片机通信方案

此方案通过 ros_arduino_bridge 实现,包含上位机的 base_controller 和单片机的 PID、编码器信号处理部分,开发成本相对较低。

7.2.3 执行机构的实现

本章的智能机器人本体由两层空间构成,使用亚克力板通过铜柱连接拼装。执行机构较为简单,由两个直流电机(如图 7-5 所示)驱动主动轮,配合一个从动轮实现小车的移动,其外形结构如图 7-2 所示。

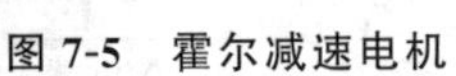

图 7-5 霍尔减速电机

7.2.4 驱动系统的实现

智能机器人采用 Arduino Mega2560＋扩展板(如图 7-6 所示)的方式作为主控板,集成了电源驱动、电机驱动及传感器接口等底层驱动功能。

1. 电源子系统

智能机器人的动力来源于电能,一般使用电池作为动力,为机器人的执行机构、传感器系统、控制系统提供电能。但是机器人搭载的这些系统的电源电压要求不同,有些需要 12V

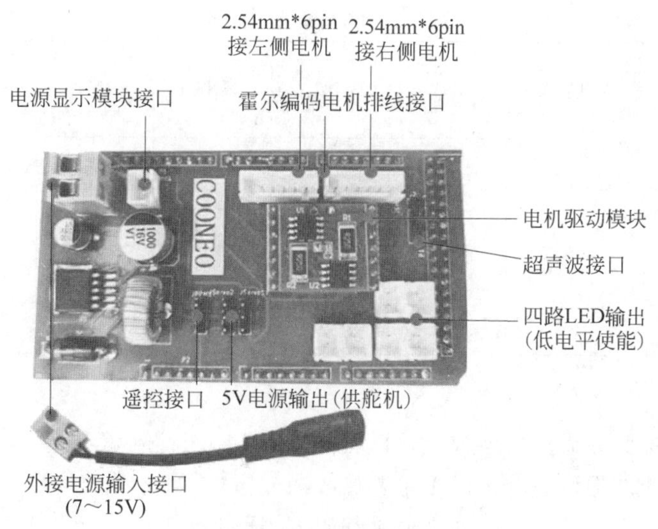

图 7-6 Arduino Mega2560＋扩展板

电源,有些需要5V电源。为保证机器人系统的稳定性,还要针对电源做保护、滤波等处理。电源子系统就是为整个机器人提供稳定的电源需求,常用的电源管理芯片主要为LM2596系列。

2. 电机驱动子系统

直流电机的控制可以分为两部分,一部分是与电机直接相连的电机驱动模块,可以将上层下达的控制信号转换成电机需要的电源信号;另一部分是电机控制模块,接收控制系统的运动指令,实现对电机的闭环驱动控制。机器人常采用的直流电机驱动模块主要有L298N、TB6612、A4950T等,本章的智能机器人驱动模块采用A4950T芯片,并已集成在扩展板中。

这里介绍驱动直流电机最常用的L298N模块的使用方法,其外观和接口说明如图7-7所示。其他驱动芯片的使用方法与L298N类似,读者可参考使用。

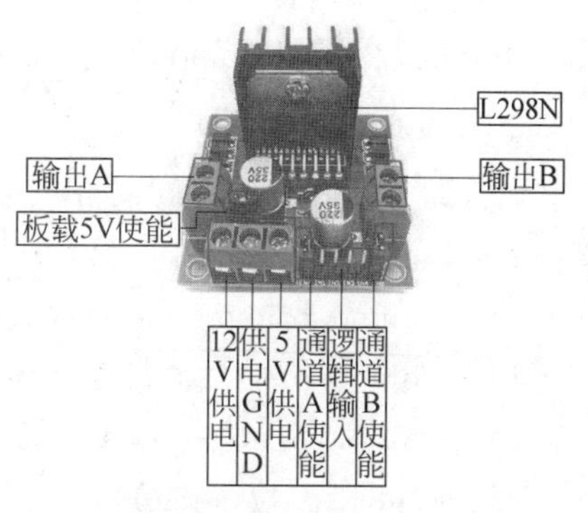

图 7-7 L298N 接口说明

图7-7中的"12V供电"口即为7～12V的输入,如果所使用的直流电机供电电压是12V,那么外部电源从这里输入;"供电GND"即为12V的负极;如果所用直流电机为5V供电,则5V电源接对应的"5V供电"口。图中"输出A"和"输出B"用于连接两个直流电机的电源线。"通道A使能"即在图上插着跳线帽的,它是输出A的使能端,这里如果不拔下跳线帽电机将会全速转动,如果要控制电机的转速就拔下来,作为PWM的输入端口,连接到Arduino的PWM输出口即可。IN1和IN2通过高低电平的接入可以控制电机的正反转,IN3、IN4和"通道B使能"控制输出B。IN1、IN2、IN3、IN4分别连接Arduino的数字输出信号,通过改变其高低电平控制电机的旋转方向,其控制方式如表7-1所示。

表 7-1 L298N 输入信号

直流电机	旋转方式	IN1	IN2	IN3	IN4	调速 PWM 信号	
						ENA	ENB
M1	正转	高	低	—	—	高	—
	反转	低	高	—	—	高	—
	停止	低	低	—	—	高	—
M2	正转	—	—	高	低	—	高
	反转	—	—	低	高	—	高
	停止	—	—	低	低	—	高

3. 传感器接口

传感器接口主要集成在扩展板上,可以接收超声波、里程计等传感器的信号,也可以通过串口连接更多的外围设备。树莓派主要接收激光雷达、摄像头的信号。

智能机器人使用的内部传感器主要是编码器,通过检测机器人两个主动轮单位时间转动的圈数,测量机器人的速度、角度、里程等信息,可以作为智能机器人的里程计。编码器采用霍尔传感器,直接安装在直流电机上,信号连接到扩展板的编码器接口。

7.2.5 智能机器人底盘实现

在 ROS 中提供了一个已经封装的模块 ros_arduino_bridge,该模块由下位机驱动和上位机控制两部分组成,通过该模块可以更快捷、方便地实现自己的机器人平台。

1. ros_arduino 库

该库包含 Arduino 端和用来控制 Arduino 的 ROS 驱动包,具备在 ROS 下控制 Arduino 机器人的完整解决方案。它集成了兼容不同电驱机器人的基本控制器(base controller),可以接收 ROS Twist 类型的消息,可以发布里程数据到 ROS 端。

下载安装 ros_arduino 库,进入 ROS 工作空间的 src 目录,输入如下命令:

```
git clone https://github.com/yanjingang/robot_base_control.git
```

2. ros_arduino_bridge 架构

ros_arduino 模块介绍如下。

ros_arduino_bridge: metapackage (元功能包),使用 catkin_make 安装即可;

ros_arduino_msgs: 消息定义包;

ros_arduino_firmware: 固件包,烧录到 Arduino 端(执行运动指令,发送电机编码器数据,通过 serial 与上位机通信);

ros_arduino_python: ROS 相关的 Python 包,用于上位机、树莓派等开发板或电脑等(监听/cmd_vel 并转换为移动指令下发给电机; 将电机编码器数据转换为里程计数据发给/odom)。

文件结构说明如下:

```
├── ros_arduino_bridge                    # metapackage (元功能包)
│    ├── CMakeLists.txt
│    └── package.xml
├── ros_arduino_firmware                  #固件包,更新到 Arduino
```

```
|       ├─── CMakeLists.txt
|       ├─── package.xml
|       └─── src
|           └─── libraries                        #库目录
|               ├─── MegaRobogaiaPololu           #针对 Pololu 电机控制器、MegaRobogaia
                                                  #编码器的头文件定义
|               |       ├─── commands.h           #定义命令头文件
|               |       ├─── diff_controller.h    #差分轮 PID 控制头文件
|               |       ├─── MegaRobogaiaPololu.ino #PID 实现文件
|               |       ├─── sensors.h            #传感器相关实现,超声波测距,ping 函数
|               |       └─── servos.h             #伺服器头文件
|               └─── ROSArduinoBridge             #Arduino 相关库定义
|                   ├─── commands.h               #定义命令
|                   ├─── diff_controller.h        #差分轮 PID 控制头文件
|                   ├─── encoder_driver.h         #编码器驱动头文件
|                   ├─── encoder_driver.ino       #编码器驱动实现, 读取编码器数据、重
                                                  #置编码器等
|                   ├─── motor_driver.h           #电机驱动头文件
|                   ├─── motor_driver.ino         #电机驱动实现,初始化控制器,设置速度
|                   ├─── ROSArduinoBridge.ino     #核心功能实现,程序入口
|                   ├─── sensors.h                #传感器头文件及实现
|                   ├─── servos.h                 #伺服器头文件,定义插脚、类
|                   └─── servos.ino               #伺服器实现
├─── ros_arduino_msgs                             #消息定义包
|       ├─── CMakeLists.txt
|       ├─── msg                                  #定义消息
|       |       ├─── AnalogFloat.msg              #定义模拟 IO 浮点消息
|       |       ├─── Analog.msg                   #定义模拟 IO 数字消息
|       |       ├─── ArduinoConstants.msg         #定义常量消息
|       |       ├─── Digital.msg                  #定义数字 IO 消息
|       |       └─── SensorState.msg              #定义传感器状态消息
|       ├─── package.xml
|       └─── srv                                  #定义服务
|           ├─── AnalogRead.srv                   #模拟 IO 输入
|           ├─── AnalogWrite.srv                  #模拟 IO 输出
|           ├─── DigitalRead.srv                  #数字 IO 输入
|           ├─── DigitalSetDirection.srv          #数字 IO 设置方向
|           ├─── DigitalWrite.srv                 #数字 IO 输出
|           ├─── ServoRead.srv                    #伺服电机输入
|           └─── ServoWrite.srv                   #伺服电机输出
└─── ros_arduino_python          #ROS 相关的 Python 包,用于上位机、树莓派等开发板或电脑等
├─── CMakeLists.txt
├─── config                                       #配置目录
|       └─── arduino_params.yaml                  #定义端口,rate,PID,sensors 等默认参
                                                  #数,由 arduino.launch 调用
├─── launch
|       └─── arduino.launch                       #启动文件
├─── nodes
|       └─── arduino_node.py   #python 文件,实际处理节点,由 arduino.launch 调用,即可单独调用
├─── package.xml
├─── setup.py
└─── src                                          #Python 类包目录
    └─── ros_arduino_python
        ├─── arduino_driver.py                    #Arduino 驱动类
```

```
    ├── arduino_sensors.py                     #Arduino 传感器类
    ├── base_controller.py       #基本控制类,订阅 cmd_vel 话题,发布 odom 话题
    └── __init__.py                            #类包默认空文件
```

上述目录结构虽然复杂,但是需要关注的只有以下两部分。

ros_arduino_firmware/src/libraries/ROSArduinoBridge：Arduino 端的固件包,需要修改并上传至 Arduino 电路板；

ros_arduino_python/config/arduino_params. yaml：ROS 端的配置文件,相关驱动已经封装完毕,只需要修改配置信息即可。

整体而言,借助于 ros_arduino_bridge 可以大大提高开发效率。

3. Arduino 单片机逻辑实现

如上所述,Arduino 板采用 ros_arduino_firmware 固件库,它封装了执行运动指令,发送电机编码器数据,通过串口与上位机通信。

固件库中的文件说明如下。

ROSArduinoBridge_A4950T. ino：主程序。

commands. h：串口命令的预定义。

Make4e2ndChassis. cpp：直流电机方向控制位信号定义。

Make4e2ndChassis. h：直流电机方向信号驱动定义头文件。

encoder_driver. h：编码器头文件。

encoder_driver. ino：编码器的实现代码,这里只针对 Arduino Mega2560 使用了数字接口 18、19、20、21,所以电机编码器的输出接线需要按照此规则接线。另外注意编码器要有两路输出,左侧电机的编码输出接 18、19；右侧电机的编码输出接 20、21。

motor_driver. h：电机驱动的接口定义,用不同的电机驱动板都要实现此文件定义的三个函数。

motor_driver. ino：电机驱动实现代码,根据预定义选择不同的驱动板库,在这里使用 A4950T。

sensors. h：传感器的实现文件。

servos. h：舵机的实现文件。

4. 具体实现

(1) 为了满足控制需要,需要配置 ROSArduinoBridge_A4950T. ino,设置机器人底盘参数。

```
//车轮配置
/***************    第一步修改 电机外输出轴转动一圈所输出的总脉冲数    **************
 *
 * 由于是采用中断方式捕获电机的霍尔脉冲,并且使用边沿触发方式,所以电机的编码值计算方法如下:
 *      encoder = (边沿触发)2×霍尔编码器相数量(如 2)×霍尔编码器线束 (如 13)×电机减速比 (如 30)/
 *
 ************************************************************************/
double wheeldiameter = 0.064;      //车轮直径,单位: 米(m)
//double encoderresolution = 2496.0; //编码器输出脉冲数/圈,2*2*13*48 = 2496(TT-motor encoder)
double encoderresolution = 1560.0;//编码器输出脉冲数/圈,2*2*13*30 = 1560(37-motor encoder)
```

(2) 配置电机引脚,打开 Make4e2ndChassis.cpp 文件,修改直流电机驱动(A4950T)与 Mega2560 的控制引脚(根据实际情况调整端口设置)。

```
/**************    测试控制电机转动方向的引脚是否对应 ****************
 *     打开串口监视器,输入命令 " m 10 0 ",按回车键,看电机是否正转,若不是则建议更换
 * 下方 Back_Left_D1 和 Back_Left_D1_B 的引脚顺序,然后再测试
 *     右侧电机测试同上
 *
 ******************************************************************/
 // 在测试完毕、确认电机排线引脚线序正常之后,再测试电机驱动器引脚是否正确
 // arduino_mega_2560 扩展板配置 A4950T 驱动芯片
 Back_Left_D1 = 5;     // 左电机转动方向控制位,引脚 5
 Back_Left_D1_B = 6;   // 左电机转动方向控制位,引脚 6

 Back_Right_D1 = 3;    // 右电机转动方向控制位,引脚 3
 Back_Right_D1_B = 2;  // 右电机转动方向控制位,引脚 2
```

(3) 打开 encoder_driver.ino 文件,修改电机编码器的引脚。

```
/*****   检查编码器接口是否和使用的电机对应  *******************
 *     Arduino Mega2560 扩展板上有两个 2.54 mm x 6 的接线端子,直连电机接口排线
 *     先测试左侧电机,然后手动正转电机,然后用 Arduino 的串口监视器利用命令'e'查询
 * 反馈的数值是否和自己转动的方向对应;若正负相反,建议修改下方的 leftEncoder(,)中
 * 两个参数的顺序
 *     以同样的方法测试右侧电机
 ******************************************************************/

// arduino_mega_2560 扩展板 A4950T 电机驱动器      (37 - motor)
Encoder leftEncoder(18,19);     // 左轮编码器引脚, 需要检查
Encoder rightEncoder(21,20);    // 右轮编码器引脚, 需要检查
```

调整完毕后烧录到 Arduino Mega2560 控制板并进行测试。

5. PID 调试

PID 算法是一种经典、简单、高效的动态速度调节方法,P 代表比例,I 代表积分,D 代表微分。其公式如下:

$$u(t)=K_{\mathrm{P}}e(t)+K_{\mathrm{I}}\int_0^t e(t)\mathrm{d}t+K_{\mathrm{D}}\frac{\mathrm{d}e(t)}{\mathrm{d}t}$$

$e(t)$为 PID 控制器的输入,$u(t)$为 PID 控制器的输出和被控对象的输入。

PID 的 K_{P}、K_{I}、K_{D} 参数作用说明如下。

K_{P}:比例系数,负责提高响应速度。调大后惯性过大,容易导致超过目标值后的震荡回调。通常先把其他参数置 0,将 K_{P} 参数由小向大调,以能达到最快响应又不会太超调为最佳参数。

K_{I}:积分系数,负责消除静态误差。当检测到与目标距离存在误差且一直未消除时,可以增加积分系数,完成误差消除。此系数调大会导致趋于稳定的时间变长,调小会导致超调量过大而回调震荡幅度过大。通常从大向小调整,调小的同时也要缩小 K_{P}。

K_{D}:微分系数,负责减速。当 K_{P}、K_{I} 值设置的过大时,可能会出现"超速"的情况,超速之后可能需要多次调整,产生系统震荡。解决这种问题可以使用微分,当速度越接近目标速度时,微分就会越施加反方向力,减弱 P 的控制,起到类似"阻尼"的作用。通过微分系数的使用可以减小系统的震荡。

PID 参数调整方法为修改 diff_controller. h 文件，步骤如下。

(1) 打开电机码盘注释，用于 PID 绘图。

```
Serial.println(input);
```

(2) 调试单个电机的 PID，先注释另一个电机的 doPID()。

```
doPID(&rightPID);
//doPID(&leftPID);
```

(3) 选择菜单“工具”→“串口绘图器”，弹出串口通信窗口，选择相对应的波特率，输入不同速度指令，查看 PID 曲线，如图 7-8 所示。

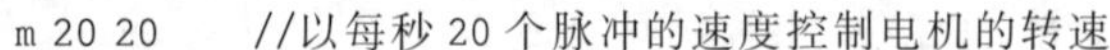

```
m 20 20      //以每秒 20 个脉冲的速度控制电机的转速
```

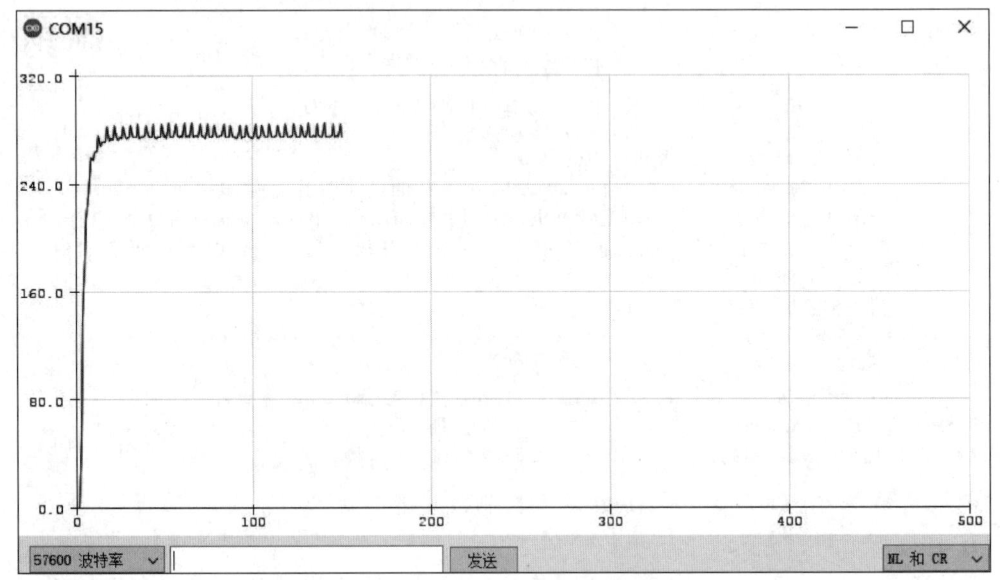

图 7-8 PID 电机调试曲线图

(4) 为了方便观察 PID 调试变化过程，可以把 move 命令的持续执行时间临时改大些。

```
#define AUTO_STOP_INTERVAL 5000
```

7.2.6 基于树莓派的控制系统实现

智能机器人使用的主控板可以通过串口与控制系统通信，所以在控制系统的选择上有较大灵活性，主要有以下两种方案。

(1) 使用单处理器。

直接使用 PC 作为控制系统平台，通过在 PC 上安装 ROS 系统实现智能机器人的控制功能，通过串口与智能机器人的底层控制板通信，实现机器人的移动。这种方案简单易用，处理器性能高，方便实现 ROS 中的功能，但体积较大，灵活性较差，不适合小型机器人的上位机控制方案。

(2) 使用多处理器。

针对第一种方案的缺陷，可以利用 ROS 的分布式特性，使用“PC＋嵌入式系统”的方案。嵌入式系统具有灵活性强、接口丰富、功耗低等优点，可以在机器人上搭载嵌入式系统作为本体的控制系统，再配合 PC 实现远程监控、图形化显示以及处理复杂功能的运算。

本章的智能机器人选择树莓派 4B 作为上位机平台，在树莓派中搭载 Ubuntu 系统，运行 ROS。树莓派主要实现与智能小车底控板 Arduino 的相互通信、外部传感器(摄像头、激光雷达等)的数据采集、其他外设连接等控制系统的基础功能。PC 端运行需要图形化显示及高性能处理的上层 ROS 功能包(图像处理、SLAM、导航等)。

1. 树莓派概述

树莓派(英文名为 Raspberry Pi，简写为 RPi)是一款基于 ARM 的微型电脑主板，其系统基于 Linux，以 SD/MicroSD 卡为存储设备，主板周围有 1/2/4 个 USB 接口和一个以太网接口(A 型没有网口)，可连接键盘、鼠标和网线，同时拥有视频模拟信号的电视输出接口和 HDMI 高清视频输出接口。以上部件全部整合在一张仅比信用卡稍大的主板上，具备 PC 的所有基本功能，只需要接通显示器和键盘，就能执行如电子表格、文字处理、玩游戏、播放高清视频等诸多功能。图 7-9 为树莓派 4B 的结构图。

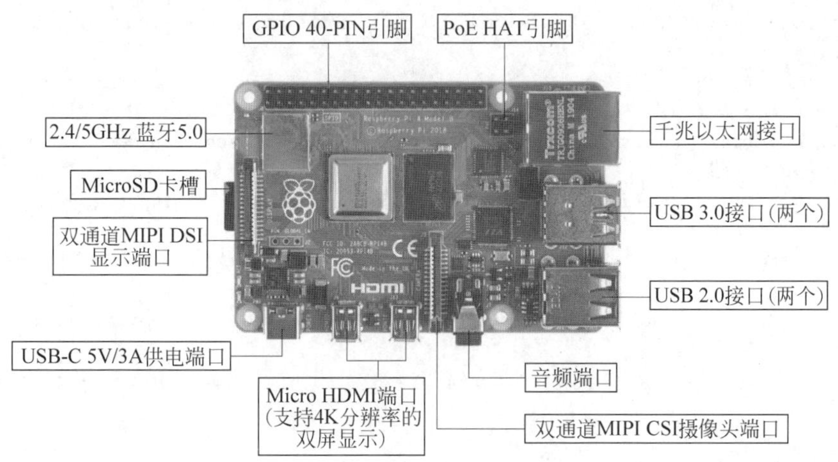

图 7-9 树莓派 4B 的结构图

2. 安装 Ubuntu 18.04 系统

树莓派可以安装多种版本的 Linux，为了运行 ROS，这里选择安装 Ubuntu 18.04 MATE 系统。Ubuntu MATE 是 Ubuntu Linux 官方的一个派生版，是由 GNOME 2 派生而来的桌面环境。

(1) 软件准备。

访问 Ubuntu MATE 的官方网站(https://ubuntu.com/download/raspberry-pi)，找到树莓派的镜像下载地址，将镜像文件下载到计算机中并解压。

下载 Win32 Disk Imager 烧录软件，下载地址为 https://sourceforge.net/projects/win32diskimager/。另外还需要准备一张 8GB 以上的 TF 卡，作为系统的存储设备。

(2) 系统烧录。

将 TF 卡插入计算机，启动 Win32 Disk Imager 软件，选择步骤(1)中下载的 Ubuntu 18.04 镜像并写入 TF 卡。

(3) 系统安装。

取下 TF 卡，将其插入树莓派，连接显示器、键盘、鼠标后启动树莓派。第一次启动后会提示安装 Ubuntu MATE 系统,安装流程与在 PC 上安装 Ubuntu 18.04 一致,需要设置用户名、密码、计算机名等信息。

(4) 设置 WiFi。

在 Ubuntu MATE 桌面上双击右上角的网络连接图标,可以看到允许连接的无线网络。为了方便与 PC 通信,也可以在网络设置里手动配置 IP,这样每次启动后的 IP 地址就不会发生变化。

(5) 更新软件源。

Ubuntu MATE 系统中默认的软件源可能存在连接不畅的问题,建议更换为国内的软件源。修改/etc/apt/sources.list 文件,将以下内容复制到文件中,替换原内容。

```
deb https://mirrors.aliyun.com/ubuntu-ports/ disco main restricted universe multiverse
deb-src https://mirrors.aliyun.com/ubuntu-ports/ disco main restricted universe multiverse
deb https://mirrors.aliyun.com/ubuntu-ports/ disco-security main restricted universe multiverse
deb-src https://mirrors.aliyun.com/ubuntu-ports/ disco-security main restricted universe multiverse
deb https://mirrors.aliyun.com/ubuntu-ports/ disco-updates main restricted universe multiverse
deb-src https://mirrors.aliyun.com/ubuntu-ports/ disco-updates main restricted universe multiverse
deb https://mirrors.aliyun.com/ubuntu-ports/ disco-backports main restricted universe multiverse
deb-src https://mirrors.aliyun.com/ubuntu-ports/ disco-backports main restricted universe multiverse
deb https://mirrors.aliyun.com/ubuntu-ports/ disco-proposed main restricted universe multiverse
deb-src https://mirrors.aliyun.com/ubuntu-ports/ disco-proposed main restricted universe multiverse
```

(6) 执行如下命令,安装桌面环境。

```
sudo apt-get install ubuntu-desktop
```

3. 安装 ROS

在树莓派上安装 ROS 与 PC 上的安装流程类似。

(1) 设置安装源。

设置来自清华大学的安装源如下:

```
sudo sh -c '. /etc/lsb-release && echo "deb http://mirrors.tuna.tsinghua.edu.cn/ros/ubuntu/ `lsb_release -cs` main" > /etc/apt/sources.list.d/ros-latest.list'
```

(2) 设置密钥。

```
sudo apt-key adv --keyserver 'hkp://keyserver.ubuntu.com:80' --recv-key C1CF6E31E6BADE8868B172B4F42ED6 FBAB17C654
```

(3) 更新软件源。

```
sudo apt-get update
```

(4) 安装 ROS。

由于树莓派性能有限,并不推荐在树莓派上安装 ROS 的 GUI 工具,所以选择安装 Desktop 或 ROS-Base 即可。

```
sudo apt install ros-melodic-desktop
```

（5）配置环境。

```
echo "source /opt/ros/melodic/setup.bash" >> ~/.bashrc
source ~/.bashrc
```

（6）安装 rosdep 工具。

```
sudo rosdep init
rosdep update
```

（7）构建软件包的依赖关系。

到目前为止，已经安装运行 ROS 核心软件包所需的软件。要创建和管理自己的 ROS 工作区，还需要如下安装其他常用依赖。

```
sudo apt install python-rosdep python-rosinstall python-rosinstall-generator python-wstool build-essential
```

如果安装顺利，下面就可以在树莓派上运行 roscore 了。

7.2.7　NoMachine 远程连接

视频讲解

为方便后续开发，需要使用远程连接方式访问树莓派。树莓派可以使用的远程连接方式有很多，如 SSH、VNC、NoMachine 等。本节介绍 NoMachine 的安装和使用。

NoMachine 通信的实现步骤如下。

1. *树莓派端下载及安装 NoMachine*

NoMachine 下载地址为 https://downloads.nomachine.com/。进入下载页面，单击树莓派版本链接，如图 7-10 所示。根据所用的树莓派型号选择要下载的安装包，这里推荐安装 DEB 格式。如果不清楚所用的树莓派的 ARM 版本，可以通过以下命令查看（这里的树莓派是 ARMv8 版本）。

图 7-10　NoMachine 的树莓派版本

```
sudo uname -a
```

下载好以后，进入 Downloads 目录，执行以下命令，安装下载好的 DEB 文件。

```
sudo dpkg -i nomachine_8.1.2_1_arm64.deb
```

2. *Windows 端下载及安装 NoMachine*

在官网上下载用于 Windows 端的 NoMachine 软件后，和普通软件一样安装即可。安装完成后，打开 NoMachine 软件，其界面如图 7-11 所示。

单击界面上的 New 按钮，在弹出的 New connection 对话框的 Host 文本框中输入树莓派的 IP 地址，如图 7-12 所示。系统会提示输入树莓派的用户名和密码，输入后即可远程连接树莓派。注意树莓派需要和电脑位于同一个网段。

7.2.8　安装 ros_arduino_bridge

视频讲解

上位机采用 ros_arduino_bridge 库，它实现了订阅 cmd_vel 话题、发布 odom 话题、通过串口与 Arduino 通信等功能。在前面已经搭建并测试通过了分布式环境，接下来将 ros_arduino_bridge 功能包下载至树莓派，并在 PC 端通过键盘控制机器人的运动，实现流程

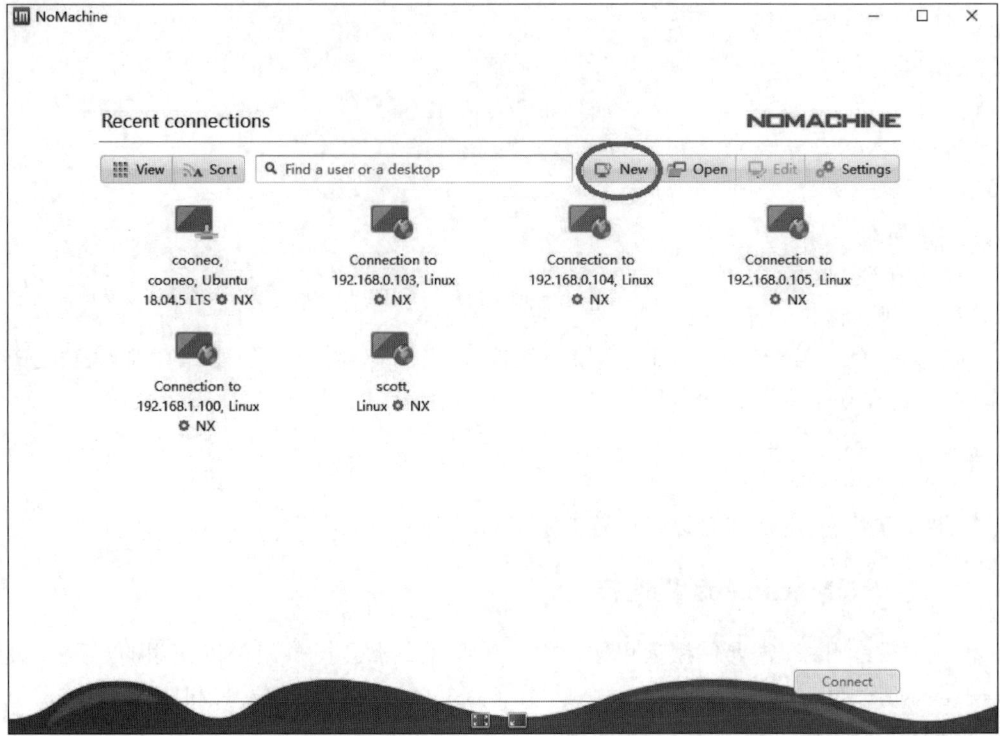

图 7-11 NoMachine 软件界面

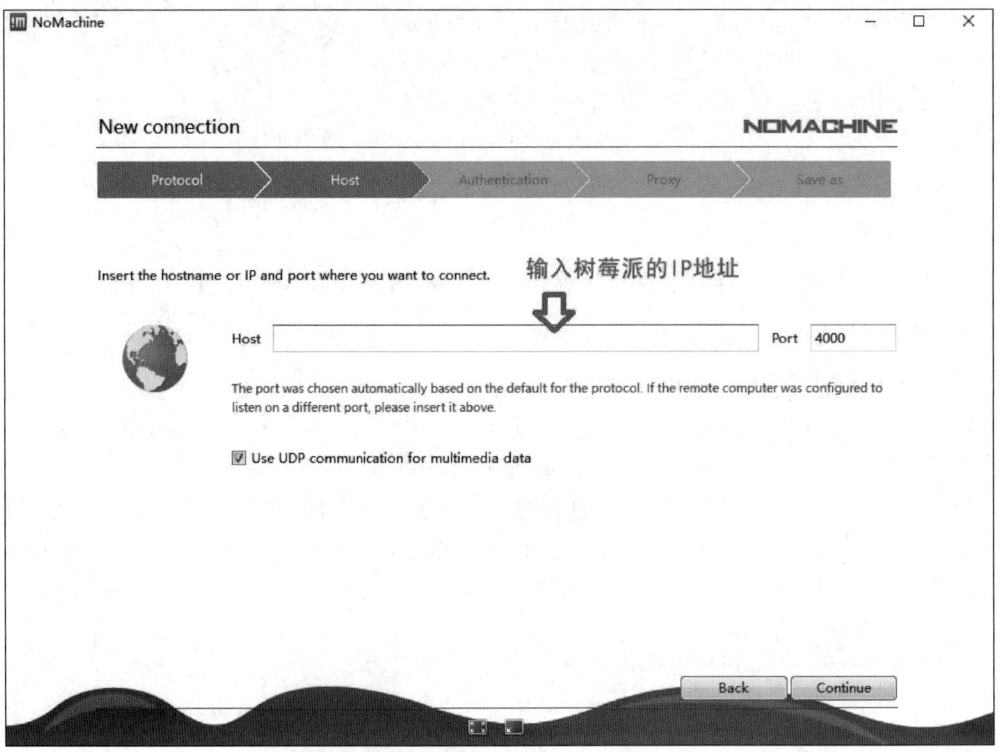

图 7-12 在 NoMachine 中输入树莓派 IP 地址

如下。

（1）ros_arduino_bridge 是依赖于 python-serial 功能包的，需要先在树莓派端安装该功能包。安装命令为：

```
sudo apt-get install python-serial
```

（2）配置机器人的尺寸、PID 参数和传感器参数。需要修改 YAML 格式的配置文件，在 config 目录下已经提供了文件模板，只需要复制文件并按需配置即可。复制文件并重命名，命令如下：

```
roscd ros_arduino_python/config
cp arduino_params.yaml my_arduino_params.yaml
```

打开 my_arduino_params.yaml 后，进行参数修改如下：

```
# For a direct USB cable connection, the port name is typically
# /dev/ttyACM# where is # is a number such as 0, 1, 2, etc
# For a wireless connection like XBee, the port is typically
# /dev/ttyUSB# where # is a number such as 0, 1, 2, etc.

port: /dev/ttyUSB0                #视情况设置,一般设置为 /dev/ttyACM0 或 /dev/ttyUSB0
baud: 115200                      #波特率
timeout: 0.1                      #超时时间

rate: 50
sensorstate_rate: 10

use_base_controller: True         #启用基座控制器
base_controller_rate: 10

# For a robot that uses base_footprint, change base_frame to base_footprint
base_frame: base_footprint        #base_frame 设置

# === Robot drivetrain parameters
wheel_diameter: 0.065             #车轮直径
wheel_track: 0.21                 #轮间距
encoder_resolution: 1560          #编码器精度(一圈的脉冲数 * 倍频 * 减速比)
#gear_reduction: 1                #减速比
#motors_reversed: False           #转向取反

# === PID 参数,需要自己调节
Kp: 5
Kd: 45
Ki: 0
Ko: 50
accel_limit: 1.0

# === Sensor definitions.  Examples only - edit for your robot.
#       Sensor type can be one of the follow (case sensitive!):
#           * Ping
#           * GP2D12
#           * Analog
#           * Digital
#           * PololuMotorCurrent
```

```
#          * PhidgetsVoltage
#          * PhidgetsCurrent (20 Amp, DC)

sensors: {
  #motor_current_left:     {pin: 0, type: PololuMotorCurrent, rate: 5},
  #motor_current_right:    {pin: 1, type: PololuMotorCurrent, rate: 5},
  #ir_front_center:        {pin: 2, type: GP2D12, rate: 10},
  #sonar_front_center:     {pin: 5, type: Ping, rate: 10},
   arduino_led:            {pin: 13, type: Digital, rate: 5, direction: output}
}
```

(3) 进行通信和控制测试。先启动树莓派端程序,再启动 PC 端程序。在树莓派端启动 ros_arduino_bridge 节点:

```
roslaunch ros_arduino_python arduino.launch
```

然后在 PC 端启动键盘控制节点:

```
rosrun teleop_twist_keyboard teleop_twist_keyboard.py
```

如无异常,就可以在 PC 端通过键盘控制机器人运动了。在 PC 端还可以使用 RViz 查看小车的里程计信息。

视频讲解

7.2.9 ROS 无线手柄

无线手柄可以连接 NVIDIA Jetson、树莓派、PC 等设备,相比键盘操作更加灵活,方便机器人控制、建图、采集数据等操作。本节介绍亚博智能公司的一款 ROS 无线手柄的使用方法,手柄样式和按键如图 7-13 所示。

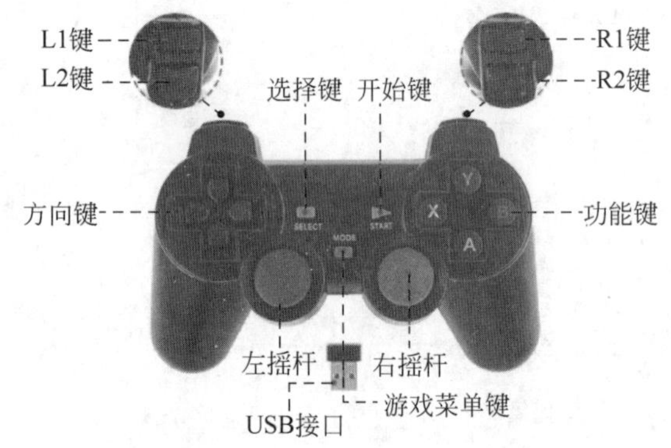

图 7-13 ROS 无线手柄实物图

(1) 安装驱动。

初次使用手柄,需要先安装手柄的 ROS 功能包,安装命令如下:

```
sudo apt install ros-melodic-joy ros-melodic-joystick-drivers
```

(2) 连接手柄并测试。

将无线手柄 USB 端连接到树莓派的 USB 口后,运行下面的命令查看设备:

```
ls /dev/input
```

运行结果如图 7-14 所示。图中可以看到 js0 端口,表示手柄已正常连接。

图 7-14 查看手柄端口

运行如下命令,对手柄进行测试。如无异常,将出现如图 7-15 所示的界面。

```
sudo jstest /dev/input/js0
```

若提示没有安装 jstest,则运行如下命令安装:

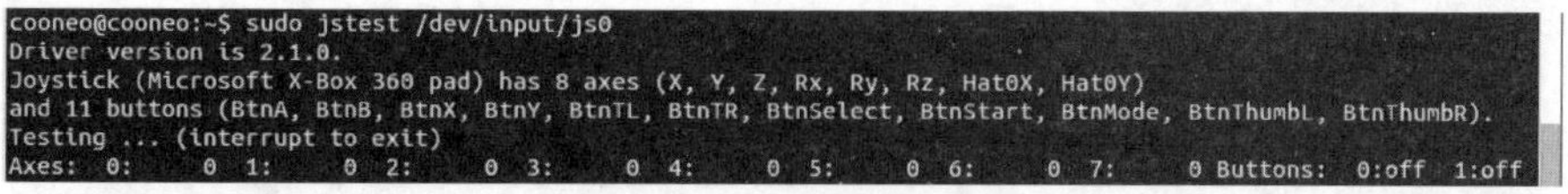

```
cooneo@cooneo:~$ sudo jstest /dev/input/js0
Driver version is 2.1.0.
Joystick (Microsoft X-Box 360 pad) has 8 axes (X, Y, Z, Rx, Ry, Rz, Hat0X, Hat0Y)
and 11 buttons (BtnA, BtnB, BtnX, BtnY, BtnTL, BtnTR, BtnSelect, BtnStart, BtnMode, BtnThumbL, BtnThumbR).
Testing ... (interrupt to exit)
Axes:  0:     0  1:     0  2:     0  3:     0  4:     0  5:     0  6:     0  7:     0 Buttons:  0:off  1:off
```

图 7-15　手柄测试结果

```
sudo apt-get install joystick
```

(3) 使用手柄控制智能机器人。

新建一个名为 joy_mybot.py 的文件，在文件中写入以下程序，编写手柄控制节点程序。

```python
#!/usr/bin/env python
# encoding: utf-8
import time
import rospy
import getpass
from sensor_msgs.msg import Joy
from geometry_msgs.msg import Twist

class JoyCtrl:
    def __init__(self):
        rospy.on_shutdown(self.cancel)
        self.user_name = getpass.getuser()
        self.linear_speed = 0
        self.angular_speed = 0
        self.Joy_state = False
        self.velocity = Twist()
        self.rate = rospy.Rate(20)
        self.Joy_time = time.time()
        self.linear_speed_limit = rospy.get_param('~linear_speed_limit', 0.22)
        self.angular_speed_limit = rospy.get_param('~angular_speed_limit', 2.0)
        self.pub_cmdVel = rospy.Publisher('/cmd_vel', Twist, queue_size=10)
        self.sub_Joy = rospy.Subscriber('/joy', Joy, self.buttonCallback)

    def buttonCallback(self, joy_data):
        if not isinstance(joy_data, Joy): return
        self.Joy_time = time.time()
        # rospy.loginfo(joy_data)
        # rospy.loginfo(joy_data.axes)
        # 获取手柄摇杆的信息
        if self.user_name == "raspi":
            self.linear_speed = joy_data.axes[1] * self.linear_speed_limit
            self.angular_speed = joy_data.axes[2] * self.angular_speed_limit
        else:
            self.linear_speed = joy_data.axes[1] * self.linear_speed_limit
            self.angular_speed = joy_data.axes[3] * self.angular_speed_limit
        twist = Twist()
        twist.linear.x = self.linear_speed
        twist.angular.z = self.angular_speed
        self.pub_cmdVel.publish(twist)

    def cancel(self):
        self.pub_cmdVel.unregister()
```

```
        self.sub_Joy.unregister()

if __name__ == '__main__':
    rospy.init_node('joy_mybot')
    joy = JoyCtrl()
    try:
        rospy.spin()
    except rospy.ROSInterruptException:
        rospy.loginfo('exception')
```

接着编写一个 launch 文件，文件名为 joy_mybot.launch，启动智能机器人的底层程序和手柄控制节点。文件内容如下所示：

```
<launch>
    <param name="use_sim_time" value="false"/>
    <include file="$(find ros_arduino_python)/launch/arduino.launch"/>
    <node name="joy_node" pkg="joy" type="joy_node" output="screen" respawn="false"/>
    <node name="joy_mybot" pkg="joy_ctrl" type="joy_mybot.py" output="screen">
        <param name="linear_speed_limit" type="double" value="0.22"/>
        <param name="angular_speed_limit" type="double" value="2.0"/>
    </node>
</launch>
```

执行这个 launch 文件，便可以通过手柄摇杆控制智能机器人的移动了。手柄与智能机器人移动的对应关系如表 7-2 所示。

表 7-2　手柄与智能机器人移动的对应关系

手　柄	智能机器人
左摇杆向上	前进
左摇杆向下	后退
右摇杆向左	左转
右摇杆向右	右转

7.3　智能机器人系统设计——传感器

当前智能机器人平台使用的传感器主要有三种：编码器、激光雷达和相机。编码器主要用于实现测速，在前文已做相关介绍，不再赘述。本节主要介绍激光雷达与相机的使用。

视频讲解

7.3.1　激光雷达传感器

激光雷达是当今机器人尤其是无人车领域最重要、最关键也是最常见的传感器之一，是机器人感知外界的一种重要手段。

激光雷达可以发射激光束，光束照射到物体上，再反射回激光雷达，然后可以通过三角法测距或 TOF 测距计算出激光雷达与物体的距离。也可以通过测量反射回来的信号中的某些特性而确定物体特征，如物体的材质。

根据线束数量的多少，激光雷达可分为单线束激光雷达与多线束(4 线、8 线、16 线、32 线、64 线)激光雷达。单线束激光雷达扫描一次只产生一条扫描线，其所获得的数据为 2D

数据,因此无法区别有关目标物体的3D信息。多线束激光雷达是将多个横向扫描结果纵向叠加,从而获得3D数据。当然,线束越多,纵向的垂直视野角度越大。

图7-16所示是思岚A1激光雷达,它是一款性价比较高的单线束激光雷达。

图7-16　思岚A1激光雷达

1. 硬件连接

将激光雷达连接到树莓派的USB口,然后确认当前的USB转串口终端并修改权限。

USB查看命令如下:

```
ll /dev/ttyUSB*
```

授权(将当前用户添加到dialout组,与Arduino类似)命令如下:

```
sudo usermod -a -G dialout your_user_name
```

运行后重启激光雷达才可以生效。

2. 软件安装

针对Rplidar A1这款激光雷达,ROS中有相应的驱动功能包——rplidar,该功能包的相关话题、参数设置接口分别如表7-3和表7-4所示。

表7-3　rplidar功能包中的话题和服务

	名　称	类　型	描　述
话题发布	scan	sensor_msgs/LaserScan	发布激光雷达数据
服务	stop_motor	std_srvs/Empty	停止旋转电机
	start_motor	std_srvs/Empty	开始旋转电机

表7-4　rplidar功能包中的参数

参　数	类　型	默 认 值	描　述
serial_port	string	"/dev/ttyUSB0"	激光雷达串口名称
serial_baudrate	int	115200	串口波特率
frame_id	string	"laser"	激光雷达坐标系
inverted	bool	false	是否倒置安装
angle_compensate	bool	true	角度补偿

进入工作空间src目录,下载相关雷达驱动包,下载命令如下:

```
git clone https://github.com/slamtec/rplidar_ros
```

返回工作空间,调用catkin_make命令编译,并执行source ./devel/setup.bash,为端口设置别名(将端口ttyUSBX映射到rplidar):

```
cd src/rplidar_ros/scripts/
./create_udev_rules.sh
```

也可以直接安装rplidar功能包,通过以下命令实现:

```
sudo apt-get install ros-melodic-rplidar-ros
```

3. 启动并测试

首先确认端口,编辑 rplidar. launch 文件,内容如下。

```
<launch>
  <node name="rplidarNode"          pkg="rplidar_ros"     type="rplidarNode" output=
"screen">
  <param name="serial_port"         type="string" value="/dev/rplidar"/>
  <param name="serial_baudrate"     type="int"     value="115200"/><!-- A1/A2 -->
  <!-- param name="serial_baudrate" type="int"     value="256000"--><!-- A3 -->
  <param name="frame_id"            type="string" value="laser"/>
  <param name="inverted"            type="bool"      value="false"/>
  <param name="angle_compensate"    type="bool"      value="true"/>
  </node>
</launch>
```

frame_id 的值也可以修改,当使用 URDF 显示机器人模型时,需要与 URDF 中的雷达 ID 一致。

在工作空间打开终端并输入命令:

```
roslaunch rplidar_ros rplidar.launch
```

如果无异常,则雷达开始旋转。

启动 RViz,添加 LaserScan 插件,则激光雷达在 RViz 中的信息显示如图 7-17 所示。

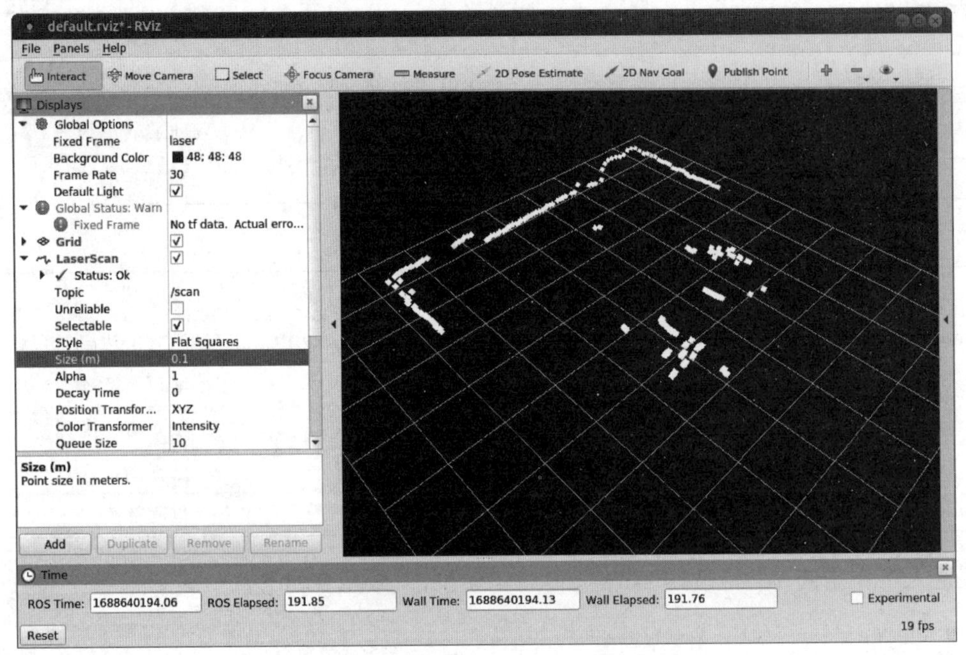

彩图

图 7-17 激光雷达在 RViz 中的信息显示

注意:Fixed Frame 设置需要参考 rplidar. launch 中设置的 frame_id,Topic 一般设置为/scan,Size 可以自由调整。

视频讲解

7.3.2 相机

相机是机器人系统中另一种比较重要的传感器。与雷达类似,相机也是机器人感知外界环境的重要手段之一，并且随着机器视觉、无人驾驶等技术的兴起，相机在物体识别、行为识别、SLAM 等方向都有着广泛的应用。

根据工作原理的差异，可以将相机大致划分成三类：单目相机、双目相机与深度相机。

单目相机是将三维世界二维化，将拍摄场景在相机的成像平面上留下一个投影，静止状态下无法通过单目相机确定深度信息。双目相机是由两个单目相机组成的，即便在静止状态下，也可以生成两张图片；两个单目相机之间存在一定的距离也称为基线，通过这个基线及两个单目相机分别生成的图片，可以估算每像素的空间位置。深度相机也称为 RGB-D 相机，顾名思义，深度相机也可以用于获取物体深度信息。深度相机一般基于结构光或 ToF(Time-of-Flight)原理实现测距。前者是通过近红外激光器将具有一定结构特征的光线投射到被拍摄物体上，再由专门的红外摄像头进行采集，光线照射到不同深度的物体上时，会采集到不同的图像相位信息，然后通过运算单元将这种结构的变化换算成深度信息；后者则类似于激光雷达，也是根据光线的往返时间来计算深度信息。

USB 摄像头最普遍，如笔记本电脑内置摄像头等，在 ROS 中使用这类设备非常轻松，可以直接使用 usb_cam 功能包驱动。usb_cam 是针对 V4L 协议 USB 摄像头的 ROS 驱动包，核心节点是 usb_cam_node，相关的话题和参数分别如表 7-5 和表 7-6 所示。

表 7-5 usb_cam 功能包中的话题

话题名称	类型	描述
~<camera_name>/image	sensor_msgs/Image	发布图像数据

表 7-6 usb_cam 功能包中的参数

参数	类型	默认值	描述
~video_device	string	"/dev/video0"	摄像头设备号
~image_width	int	640	图像横向分辨率
~image_height	int	480	图像纵向分辨率
~pixel_format	string	"mjpeg"	像素编码
~io_method	string	"mmap"	IO 通道
~camera_frame_id	string	"head_camera"	摄像头坐标系
~framerate	int	30	帧率
~brightness	int	32	亮度，取值范围为 0～255
~saturation	int	32	饱和度，取值范围为 0～255
~contrast	int	32	对比度，取值范围为 0～255
~sharpness	int	22	清晰度，取值范围为 0～255
~autofocus	bool	false	是否自动对焦
~focus	int	51	焦点
~camera_info_url	string	-	摄像头校准文件路径
~camera_name	string	"head_camera"	摄像头名称

安装 USB 摄像头的软件功能包 usb_cam，命令如下：

```
sudo apt - get install ros - melodic - usb - cam
```

usb_cam 安装成功后，可以使用以下命令启动摄像头，进而测试：

```
roslaunch usb_cam usb_cam - test.launch
```

软件包中的内置 usb_cam-test. launch 文件内容如下：

```
<launch>
  <node name = "usb_cam" pkg = "usb_cam" type = "usb_cam_node" output = "screen" >
    <param name = "video_device" value = "/dev/video0" />
    <param name = "image_width" value = "640" />
    <param name = "image_height" value = "480" />
    <param name = "pixel_format" value = "yuyv" />
    <param name = "camera_frame_id" value = "usb_cam" />
    <param name = "io_method" value = "mmap"/>
  </node>
  <node name = "image_view" pkg = "image_view" type = "image_view" respawn = "false" output =
"screen">
    <remap from = "image" to = "/usb_cam/image_raw"/>
    <param name = "autosize" value = "true" />
  </node>
</launch>
```

usb_cam 节点用于启动相机，image_view 节点以图形化窗口的方式显示图像数据，需要查看相机的端口并修改 usb_cam 中的 video_device 参数，并且如果将摄像头连接到了树莓派，且通过 Nomachine 远程访问树莓派，就需要注释 image_view 节点，因为在终端中无法显示图形化界面。

除此之外，也可以通过 RViz 工具箱显示获取的图像信息。启动 RViz 后，单击 RViz 界面左下角的 Add 按钮，添加 Image 选项，然后在 Image Topic 添加/usb_cam/image_raw 话题，查看到的图像信息如图 7-18 所示。

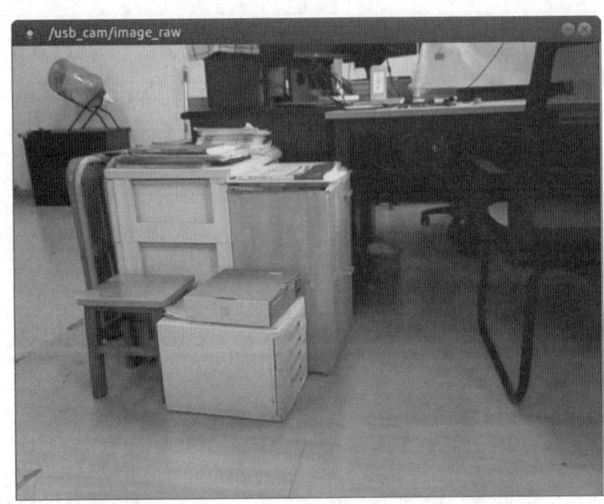

图 7-18　在 RViz 中显示图像信息

视频讲解

7.4　传感器集成

本节介绍如何把传感器(激光雷达与相机)集成到智能机器人底盘。所谓集成主要是指优化底盘、雷达、相机相关节点的启动并通过坐标变换实现机器人底盘与里程计、雷达和相机的关联。

1. 编写 launch 文件

新建 ROS 功能包：

```
catkin_create_pkg mrobot_bringup roscpp rospy sensor_msgs geometry_msgs tf
```

在功能包下创建 launch 目录，launch 目录下新建 start_sensor.launch 文件，文件内容如下：

```
<!-- 机器人启动文件：
        1.启动底盘
        2.启动激光雷达
        3.启动摄像头
  -->
<launch>
        <include file="$(find ros_arduino_python)/launch/arduino.launch" />
        <include file="$(find mrobot_bringup)/launch/usb_cam.launch" />
        <include file="$(find mrobot_bringup)/launch/rplidar.launch" />
</launch>
```

2. 坐标变换

如果启动时加载了机器人模型，且模型中设置的坐标系名称与机器人实体中设置的坐标系一致，那么可以不再添加坐标变换，因为机器人模型可以发布坐标变换信息。如果没有启动机器人模型，就需要自定义坐标变换的实现，继续新建 bringup.launch 文件，内容如下：

```
<!-- 机器人启动文件：
        当不包含机器人模型时，需要发布坐标变换
  -->

<launch>
    <include file="$(find mrobot_bringup)/launch/start_sensor.launch" />
    <node name="camera2basefootprint" pkg="tf2_ros" type="static_transform_publisher"
args="0.2 0 0.01 0 0 0 /base_footprint /camera_link"/>
    <node name="rplidar2basefootprint" pkg="tf2_ros" type="static_transform_publisher"
args="0.1 0 0.15 0 0 0 /base_footprint /laser"/>
</launch>
```

3. 测试

分别启动 PC 端与树莓派端的相关节点并运行查看结果。

(1) 树莓派端执行步骤 2 中创建的机器人启动 launch 文件。

```
roslaunch mrobot_bringup bringup.launch
```

(2) PC 端启动手柄控制节点。

```
roslaunch joy_ctrl joy_realbot_ctrl.launch
```

接着启动 RViz，在 RViz 中添加 laserscan、image 等插件，并通过键盘控制机器人运动，查看 RViz 中的显示结果，如图 7-19 所示。

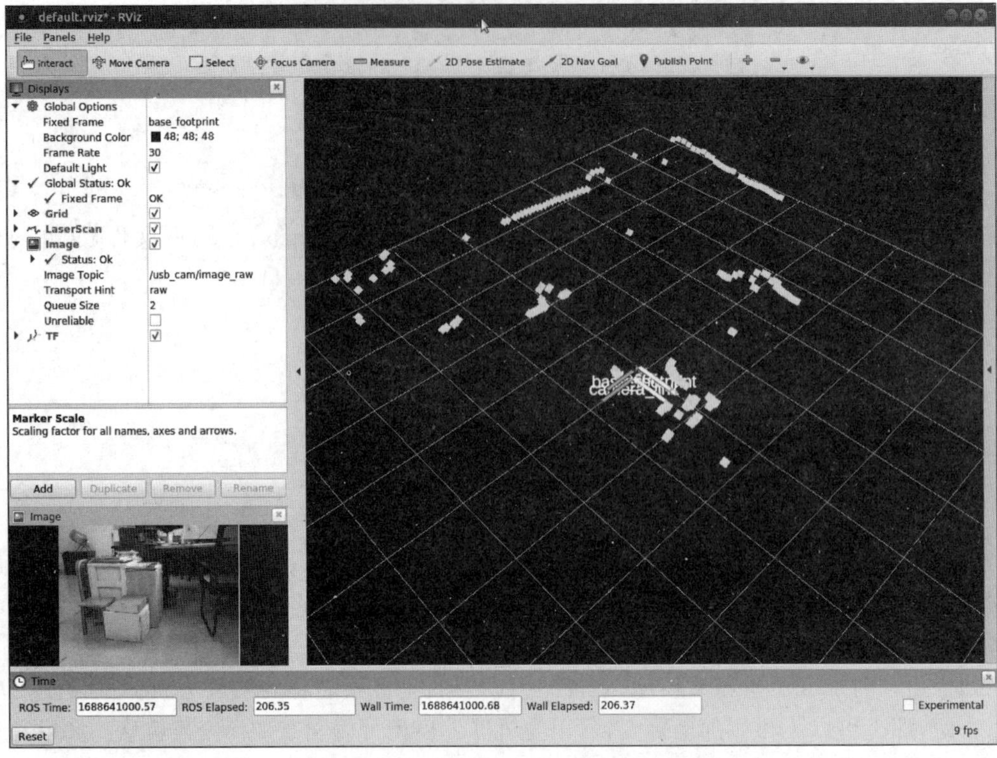

彩图

图 7-19 RViz 显示集成传感器后的信息

本章小结

本章从 0 到 1 地介绍了如何搭建低成本、实验性的智能机器人平台，主要围绕机器人的执行机构、驱动系统、控制系统、传感系统进行讲解。

以智能机器人为例，执行机构主要是两个驱动电机带动的轮子；驱动系统包含电源模块、电机驱动及传感器接口等底层驱动；控制系统是通过 PC 与树莓派多处理器结合的方式来实现的，PC 扮演监控的角色，而树莓派则充当数据下发与采集的角色，具体介绍了 PC 与树莓派的分布式框架实现、如何通过 NoMachine 实现远程登录以及 ros_arduino_bridge 在树莓派上的部署；传感系统由内部传感器（编码器）和外部传感器组成，最后机器人系统集成时又介绍了相机与激光雷达的概念及应用。

本章的最终成果就是搭建一个智能机器人平台，并安装、调试各组成模块，第 8 章将基于这个机器人平台整合各个模块并实现导航功能。

习题

1. 机器人由哪几部分组成？

2. 根据工作原理的差别，相机分为哪几类？
3. Rplidar 激光雷达发布的话题是什么？
4. USB 摄像头的 ROS 功能包名称是什么？

实验

根据本章介绍的元器件和底层控制程序，动手搭建智能机器人。

第8章

智能机器人SLAM与自主导航

在第6、7章中分别介绍了URDF智能机器人仿真实现和两轮差速智能机器人的搭建，本章将在前面的基础上实现智能机器人的导航仿真及机器人自动导航功能，主要讲解机器人实时地图构建功能的使用，包括ROS的gmapping功能包、gmapping节点的话题输入输出、gmapping节点的参数设置，ROS的navigation功能包的使用及实机部署，以及智能车的自主导航功能实现。

在ROS中的机器人导航(Navigation)是由多个功能包组合实现，又称为导航功能包集。

8.1 SLAM建图和导航仿真

在第6章中介绍了如何在Gazebo仿真环境中搭建一个智能机器人平台，实现了类似真实智能机器人的大部分功能。本节将利用已经建立的机器人模型和仿真环境进行实践，实现在ROS中的SLAM和导航仿真。

视频讲解1

视频讲解2

视频讲解3

8.1.1 SLAM建图仿真

1988年，Smith、Self和Cheeseman提出SLAM(Simultaneous Localization and Gmapping，即时定位与地图构建)技术，由于其重要的理论和应用价值，该技术成为真正实现全自主移动机器人的关键。使用ROS实现机器人的SLAM非常方便，因为有较多现成的功能包可供使用，主流的功能包有gmapping和hector_slam，其中hector_slam仅依靠激光雷达就能工作，而gmapping则在激光雷达的基础上融合了电机里程计等信息，所以其建图的稳定性高于hector_slam。本章主要介绍gmapping功能包的使用方法，如何用它来实现仿真环境和真实智能机器人的建图导航。

1. gmapping功能包

1) 功能包介绍

gmapping算法是目前基于激光雷达和里程计方案比较可靠、成熟的一个算法，它基于

Rao-Blackwellized 粒子滤波，许多基于 ROS 开发的移动机器人都使用了该算法进行定位建图。图 8-1 所示是 gmapping 功能包的总体框架。

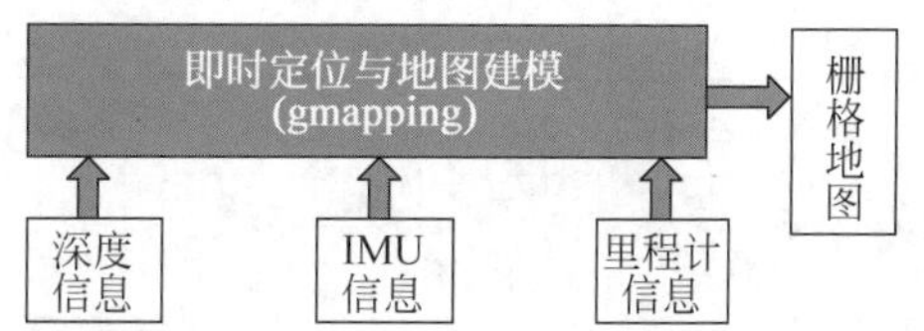

图 8-1　gmapping 功能包的总体框架

gmapping 功能包订阅机器人的深度信息、IMU 信息和里程计信息，同时完成一些必要参数的配置，即可创建并输出基于概率的二维栅格地图。在 ROS 的软件源中已经集成了 gmapping 相关功能包的二进制文件，执行如下命令即可安装：

```
sudo apt-get install ros-noetic-gmapping
```

2）gmapping 节点订阅的话题

（1）tf(tf/tfMessage)：用于激光雷达坐标系、基坐标系、里程计坐标系之间的变换。其中必须提供的 tf 有两个，一个是 base_frame(机器人基坐标系)与 laser_frame(激光雷达坐标系)之间的 tf，即机器人底盘和激光雷达之间的坐标变换关系；另一个是 base_frame 与 odom_frame(里程计坐标系)之间的 tf，即底盘和里程计之间的坐标变换关系。

（2）scan(sensor_msgs/LaserScan)：激光雷达扫描数据。

3）gmapping 节点发布的话题

（1）/tf：主要输出 map_frame(地图坐标系)和 odom_frame 之间的坐标变换；

（2）/map_metadata(nav_msgs/MapMetaData)：发布地图 Meta 数据；

（3）/map(nav_msgs/OccupancyGrid)：发布地图栅格数据；

（4）/slam_gmapping/entropy(std_msgs/Float64)：发布反应机器人位姿估计的分散程度。

4）gmapping 提供的服务

/dynamic_map(nav_msgs/GetMap)：用于获取当前地图。

5）gmapping 节点的部分参数

gmapping 功能包中部分可供配置的参数如表 8-1 所示。

表 8-1　gmapping 功能包中部分可供配置的参数

参数名称	中文名称	类型	默认值	说　明
base_frame	机器人坐标系	string	"base_link"	机器人基坐标系(base_link)
map_frame	地图坐标系	string	"map"	地图坐标系
odom_frame	里程计坐标系	string	"odom"	里程计坐标系
map_update_interval	地图更新频率	float	5.0	地图更新频率
maxUrange	激光可探测的最大范围	float	80.0	激光雷达的最大可用距离，大于该值的数据截断不用
maxRange	最大扫描距离	float	—	激光雷达的最大扫描距离
lskip	跳过激光数据	int	0	值为 0 时代表所有数据都需要处理，如果计算压力过大，可以修改为 1
minimumScore	最小阈值	float	0.0	判断激光匹配是否成功的最小阈值，过高会使匹配失败，影响地图更新速度

续表

参数名称	中文名称	类型	默认值	说明
linearUpdate	地图更新距离间隔	float	1.0	机器人每平移该距离后处理一次激光扫描数据
angularUpdate	地图更新角度间隔	float	0.5	机器人每旋转该弧度后处理一次激光扫描数据
delta	地图分辨率	float	0.05	建立的栅格地图的每个栅格大小
particles	滤波器中的粒子数目	int	30	滤波器中的粒子数

2. gmapping 节点的配置

接下来使用 gmapping 功能包实现智能车的 SLAM 功能。

1）编写 gmapping 节点相关的 launch 文件

在终端中输入以下命令，新建 mybot_navigation 功能包：

```
catkin_create_pkg mybot_navigation gmapping map_server amcl move_base
```

使用 gmapping 需要先创建一个运行 gmapping 节点的 launch 文件，主要用于节点相关参数的配置。这里创建的 mybot_navigation/launch/gmapping.launch 文件内容如下：

```
<launch>
    <arg name = "scan_topic" default = "scan" />

    <node pkg = "gmapping" type = "slam_gmapping" name = "slam_gmapping" output = "screen"
clear_params = "true">
        <param name = "odom_frame" value = "odom"/>               <!-- 里程计坐标系 -->
        <param name = "base_frame" value = "base_footprint"/>     <!-- 底盘坐标系 -->
        <param name = "map_update_interval" value = "5.0"/>
        <!-- Set maxUrange < actual maximum range of the Laser -->
        <param name = "maxRange" value = "5.0"/>
        <param name = "maxUrange" value = "4.5"/>
        <param name = "sigma" value = "0.05"/>
        <param name = "kernelSize" value = "1"/>
        <param name = "lstep" value = "0.05"/>
        <param name = "astep" value = "0.05"/>
        <param name = "iterations" value = "5"/>
        <param name = "lsigma" value = "0.075"/>
        <param name = "ogain" value = "3.0"/>
        <param name = "lskip" value = "0"/>
        <param name = "srr" value = "0.01"/>
        <param name = "srt" value = "0.02"/>
        <param name = "str" value = "0.01"/>
        <param name = "stt" value = "0.02"/>
        <param name = "linearUpdate" value = "0.5"/>
        <param name = "angularUpdate" value = "0.436"/>
        <param name = "temporalUpdate" value = "-1.0"/>
        <param name = "resampleThreshold" value = "0.5"/>
        <param name = "particles" value = "80"/>
        <param name = "xmin" value = "-1.0"/>
        <param name = "ymin" value = "-1.0"/>
        <param name = "xmax" value = "1.0"/>
```

```
        <param name="ymax" value="1.0"/>
        <param name="delta" value="0.05"/>
        <param name="llsamplerange" value="0.01"/>
        <param name="llsamplestep" value="0.01"/>
        <param name="lasamplerange" value="0.005"/>
        <param name="lasamplestep" value="0.005"/>
        <remap from="scan" to="scan"/>    <!-- 雷达话题 -->
    </node>
</launch>
```

配置 gmapping 功能包参数时，需要重点考虑 partiles、minimumScore、delta 这几个参数，对建图的速度和精度有较大影响，一般先设置为默认参数，然后再优化其参数值。另外，在配置过程中，还要重点检查里程计坐标系的设置（odom_frame 参数需要和机器人本身的里程计坐标系一致）和激光雷达的话题名（gmapping 节点订阅的激光雷达话题名是“/scan”，如果与机器人发布的激光雷达话题名不一致，需要使用<remap>进行重映射）。

2）编写 gmapping_demo.launch 文件

创建一个启动 gmapping 和 RViz 界面的 launch 文件，路径为 mybot_navigation/launch/gmapping_demo.launch，其内容如下所示：

```
<launch>

    <include file="$(find mybot_navigation)/launch/gmapping.launch"/>

    <!-- 启动 RViz -->
    <node pkg="rviz" type="rviz" name="rviz" args="-d $(find mybot_navigation)/rviz/
gmapping.rviz"/>

</launch>
```

3. SLAM_gmapping 仿真

结合第 6 章中创建的智能机器人模型及仿真环境，实现在仿真环境中的 SLAM 功能。运行相关程序，实现 gmapping 建图过程。

（1）执行相关 launch 文件，启动机器人并加载机器人模型：

```
roslaunch mybot_gazebo view_mybot_with_laser_gazebo.launch
```

（2）启动地图绘制的 launch 文件：

```
roslaunch mybot_navigation gmapping_demo.launch
```

启动成功后 Gazebo 和 RViz 都会打开，可以看到智能机器人模型静止在仿真环境中，RViz 中的界面效果如图 8-2 所示。图中的红点是激光雷达传感器实时检测到的二维环境深度信息，并且根据当前的深度信息建立了部分已知环境的地图（浅灰色）。

（3）启动键盘控制节点，用于控制机器人运动建图：

```
roslaunch mybot_teleop mybot_teleop.launch
```

（4）在 RViz 中添加地图显示组件，通过键盘控制智能机器人运动，随着智能机器人的移动，RViz 显示的 gmapping 发布的栅格地图数据不断更新，如图 8-3 所示。需要将地图单独保存。

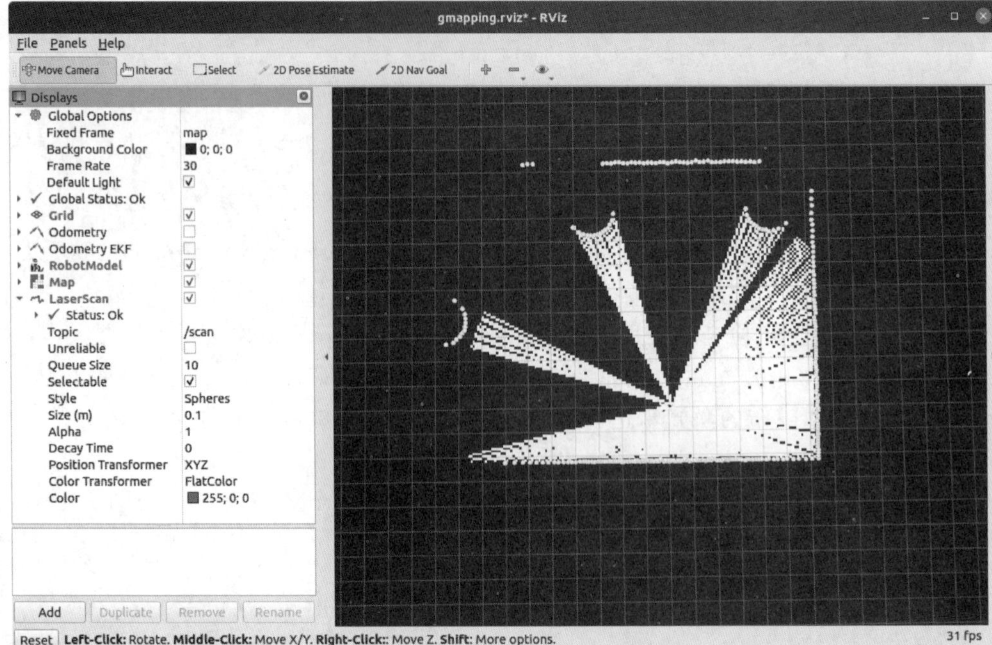

彩图

图 8-2　RViz 中的机器人状态

彩图

图 8-3　基于激光雷达的 gmapping SLAM 仿真过程

4. 地图服务

使用 map_server 实现地图的保存与读取。如果首次使用本功能，需要先执行下面的命令安装地图服务包（用于保存与读取地图）：

```
sudo apt install ros - noetic - map - server
```

(1) 编写保存地图的 launch 文件。

首先在自定义的导航功能包下新建 map 目录，用于保存生成的地图数据。保存地图的语法比较简单，编写一个 launch 文件(map_save. launch)，内容如下：

```
<launch>
    <arg name = "filename" value = " $ (find mybot_navigation)/map/nav" />
    <node name = "map_save" pkg = "map_server" type = "map_saver" args = " - f  $ (arg filename)" />
</launch>
```

其中通过 filename 指定地图的保存路径及保存的文件名称。SLAM 建图完毕后，执行该 launch 文件即可完成地图的保存，其保存结果是在指定路径下生成 nav. pgm 和 nav. yaml 两个文件。

(2) 编写读取地图的 launch 文件。

通过 map_server 的 map_server 节点可以读取栅格地图数据。编写 launch 文件(map_reading. launch)如下：

```
<launch>
    <!-- 设置地图的配置文件 -->
    <arg name = "map" default = "nav. yaml" />
    <!-- 运行地图服务器，并加载设置的地图 -->
    <node name = "map_server" pkg = "map_server" type = "map_server" args = " $ (find mybot_
navigation)/map/ $ (arg map)"/>
</launch>
```

其中参数是地图描述文件的资源路径。执行该 launch 文件，该节点会发布话题 map (nav_msgs/OccupancyGrid)，最后，在 RViz 中可以使用 map 组件显示栅格地图。

8.1.2 Navigation 导航仿真

视频讲解 1

视频讲解 2

1. 导航模块简介

Navigation 是机器人最基本的功能之一。ROS 为机器人提供了一整套导航的解决方案，包括全局与局部路径规划、代价地图、异常行为恢复和地图服务器等。这些开源工具包减少了用户开发的工作量，任何移动机器人硬件平台通过这套方案都可以快速实现部署。在 ROS 社区中提供了 navigation stack 这个元功能包(metapackage)，让开发者可以轻松实现机器人导航。该元功能包又包含了很多功能包，如 amcl、base_local_planner、parrot_planner、costmap_2d、move_base 和 nav_core 等，具体的功能描述如表 8-2 所示。该元功能包需要输入里程计、传感器的信息及目标的位姿，然后输出用于控制机器人运动的速度指令，其导航功能框架如图 8-4 所示，该图中囊括了 ROS 导航的关键技术。

表 8-2 navigation stack 元功能包的功能描述

包 名 称	功 能
amcl	定位
fake_localization	定位(仿真)
map_server	保存和发布地图
move_base	路径规划节点
nav_core	路径规划的接口类,包括 base_local_planner、base_global_planner 和 recovery_behavior 三个接口
base_local_planner	实现了 Trajectory 和 DWA 两种局部规划算法
dwa_local_planner	重新实现动态窗口局部规划算法
parrot_planner	实现了较简单的全局规划算法
navfn	实现 Dijkstra 和 A * 全局规划算法
global_planner	重新实现 Dijkstra 和 A * 全局规划算法
clear_costmap_recovery	实现清除代价地图的恢复行为
rotate_recovery	实现旋转的恢复行为
costmap_2d	二维代价地图
voxel_grid	体素滤波器
robot_pose_ekf	机器人位姿的卡尔曼滤波

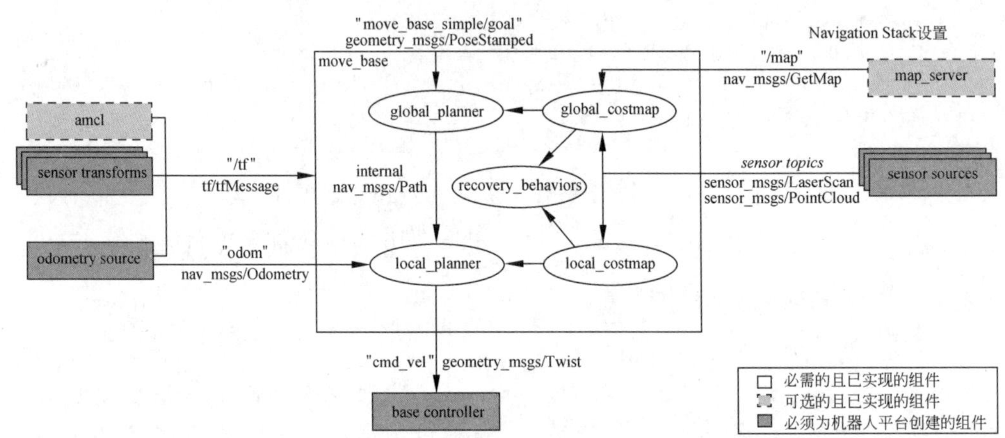

图 8-4 ROS 中的导航功能框架

从图 8-4 可以看出,Navigation 的输入是开发者设置的导航目标点坐标,输出是机器人的运动控制指令。因此只需要智能机器人的主控节点订阅话题 cmd_vel 里的速度指令,然后向导航服务 move_base_simple/goal 提交导航目标点,Navigation 会自动向话题 cmd_vel 发送速度值,ROS 即可完成导航功能。在该导航框架中,move_base 功能包提供导航的主要运行和交互接口。amcl 功能包用于实现对智能机器人所处位置的精确定位。

图 8-4 概述了使用 ROS 导航框架需要配置的信息。白底色的部分是必需且已实现的组件,灰底色的部分(amcl 和 map_server)是可选且已实现的组件,蓝底色的部分是必须为每个机器人平台创建的组件。

具体来说,实现机器人导航涉及的关键技术有如下五方面。

1) 全局地图

在机器人导航中地图是一个重要的组成元素,如果要使用地图,首先需要绘制地图。通常使用 Hector Mapping 或者 Gmapping 这类 SLAM 技术构建地图。SLAM 问题可以描述为:机器人在未知环境中从一个未知位置开始移动,在移动过程中根据位置估计和地图进行自身定位,同时在自身定位的基础上构建增量式地图,以绘制出外部环境的完整地图。

另外需要注意的是,SLAM 虽然是机器人导航的重要技术之一,但是二者并不等价,确切地讲,SLAM 只实现地图构建和即时定位。

2) 路径规划

导航就是机器人从 A 点运动至 B 点的过程,在这一过程中,机器人需要根据目标位置计算全局运动路线,并且在运动过程中还需要根据出现的一些动态障碍物实时调整运动路线,直至到达目标位置,该过程就称为路径规划。在 ROS 中提供了 move_base 包来实现路径规划,该功能包主要由两大规划器组成。

(1) 全局路径规划(global_planner)。

新建好的原始地图并不能直接用于导航,需要先将其转换为代价地图(cost_map)。代价地图的意思是机器人在地图里移动是需要付出"代价"的,这个"代价"有显性的(如移动距离),也有隐性的(如靠近障碍物)。从图 8-4 的右上角部分可以看到全局代价地图是通过 map_server 提供的全局地图和激光雷达检测到的当前机器人周围的障碍物分布融合而成的,map_server 提供的全局地图代表的是之前用 SLAM 创建的地图。有了代价地图后,通过全局路径规划器来生成导航路线,如图 8-5 所示。全局路径规划器的任务就是从外部获得导航的目标点后,通常使用 Dijkstra 或 A * 算法进行全局路径规划,在全局代价地图里找出"代价最小"的那条路线作为最优路线,这条路线就是机器人最终得到的导航路线。

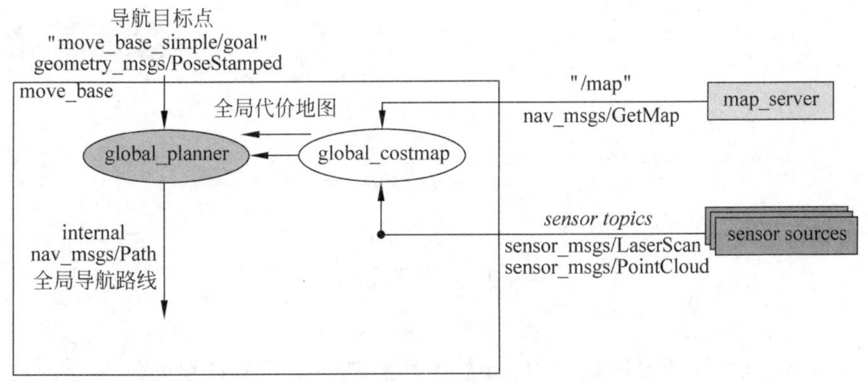

图 8-5 全局路径规划器

(2) 本地实时规划(local_planner)。

全局路径规划器生成的全局路线是依据之前 SLAM 创建的地图,并没有考虑之后出现的环境变化和实时出现的行人等障碍物,所以在实际导航过程中,机器人往往无法按照给定的全局最优路线运行。因此,需要一个能够随机应变的处理机制去应对路上可能出现的突发情况,这个机制的实现就是局部路径规划器(local_planner),如图 8-6 所示。局部路径规划器的工作就是从全局路径规划器获得导航路线，根据这个路线给机器人发送速度，一边按照全局路线行走，一边根据遇到的突发情况做出必要的修正，例如用 Dynamic Window Approaches 来实现障碍物的规避，确保机器人能够顺利到达目标位置。

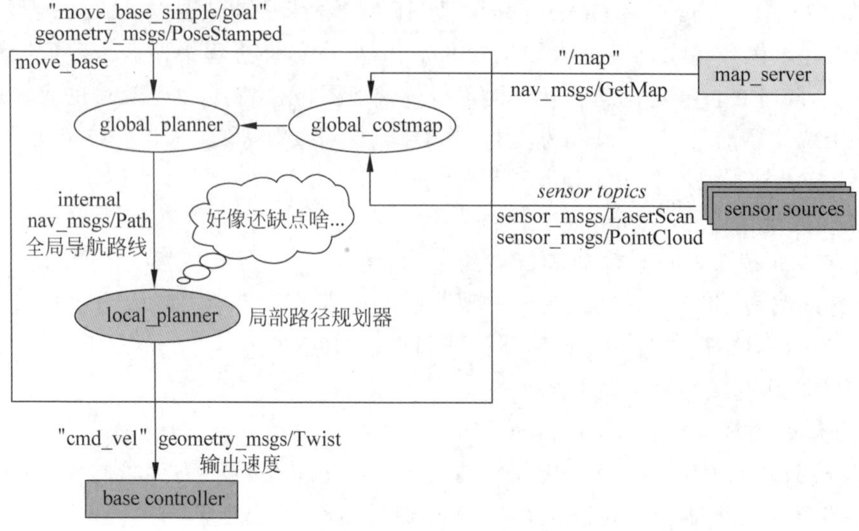

图 8-6　局部路径规划器

为了让机器人获得随机应变的效果，局部规划器利用激光雷达获得的当前障碍物数据，又制作了一个小范围的“代价地图”，叫作局部代价地图（local_costmap），如图 8-7 所示。

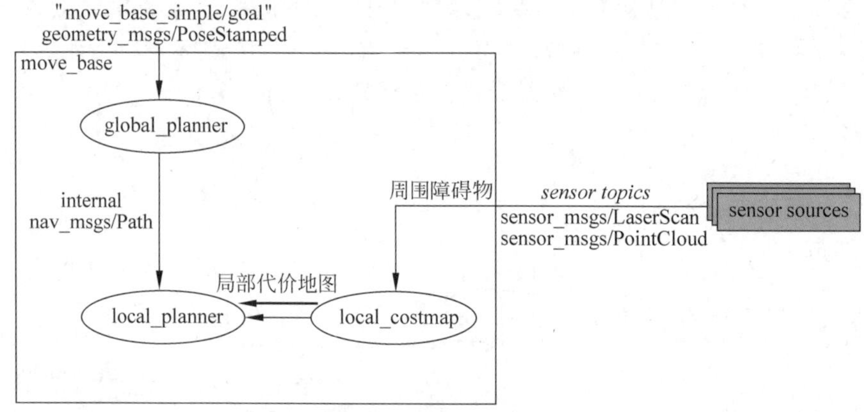

图 8-7　局部代价地图

3）自身定位

在导航开始的时候和导航过程中，机器人都需要确定当前自身的位置，例如 SLAM 就可以实现自身定位。除此之外，ROS 中还提供了一个用于定位的功能包 amcl（Adaptive Monte Carlo Localization，自适应蒙特卡洛定位），类似于 GPS 的定位功能。amcl 用于 2D 移动机器人的概率定位系统，如图 8-8 所示。机器人在真实环境中时，并不能准确了解其具体的位置，使用里程计估计位置时也可能出现误差，所以需要使用 amcl 算法来镜像定位。机器人在移动过程中会不停通过激光雷达扫描身边障碍物和全局地图进行比对，以判断自己处于正确的位置。

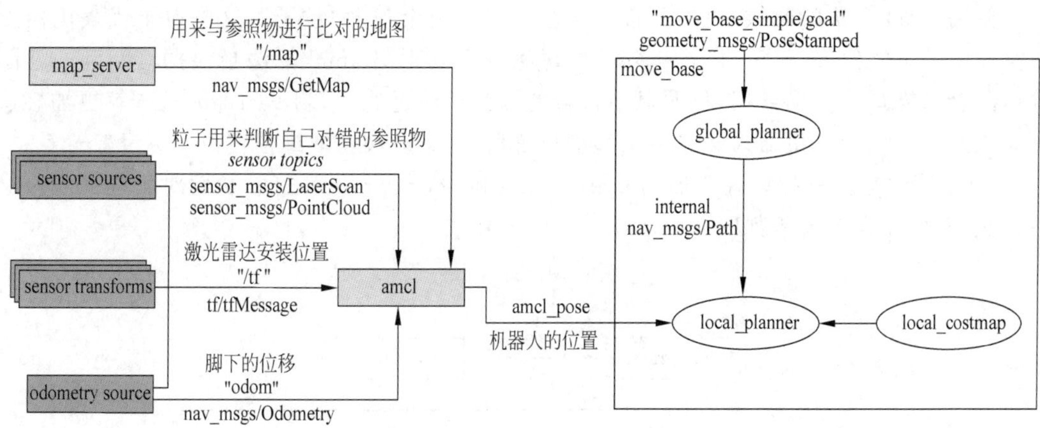

图 8-8 解释 AMCL 功能

amcl 的通信架构如图 8-9 所示，与之前的 SLAM 算法架构类似，但最主要的区别是/map 作为输入，而不是输出，因为 amcl 算法只负责定位，不负责建图。

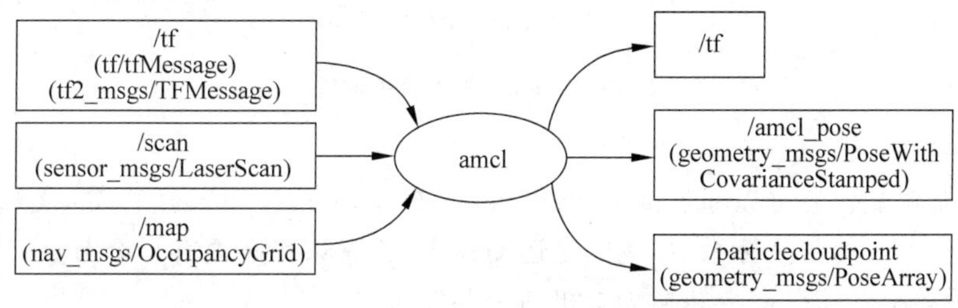

图 8-9 amcl 的通信架构

amcl 功能包订阅/发布的话题及提供的服务如表 8-3 所示。

表 8-3 amcl 功能包订阅/发布的话题及提供的服务

话题和服务	名　称	类　型	描　述
订阅的话题	/scan	sensor_msgs/LaserScan	激光雷达数据
	/tf	tf/tfMessage	坐标变换
	/initialpose	geometry_msgs/PoseWithCovarianceStamped	初始化粒子滤波器的均值和协方差
	/map	nav_msgs/OccupancyGrid	地图信息
发布的话题	/amcl_pose	geometry_msgs/PoseWithCovarianceStamped	机器人在地图中的位姿估计
	/particlecloudpoint	geometry_msgs/PoseArray	滤波器估计的位置
	/tf	tf/tfMessage	发布从 odom 到 map 的转换关系
服务	global_localization	std_srvs/Empty	初始化全局定位，所有粒子完全随机发布在地图上的空闲区域
	request_nomotion_update	std_srvs/Empty	手动更新粒子并发布更新后的粒子
服务调用	static_map	nav_msgs/GetMap	amcl 调用此服务接收地图，用以基于激光扫描的定位

使用 amcl 算法的时候,机器人首先会在空间中抛出很多"粒子",这些粒子代表机器人在空间中的可能位姿,然后机器人移动时,每隔一定的距离 amcl 算法会根据订阅到的地图数据配合激光雷达扫描数据,将明显不符合的"粒子"给过滤掉,剩下的部分粒子就更加接近机器人的实体位置。机器人经过多次移动位置后,粒子滤波获取最佳定位点。

amcl 算法会把里程计误差加到 map_frame 和 odom_frame 之间,从而对里程计误差进行修正,其修正误差流程如图 8-10 所示。

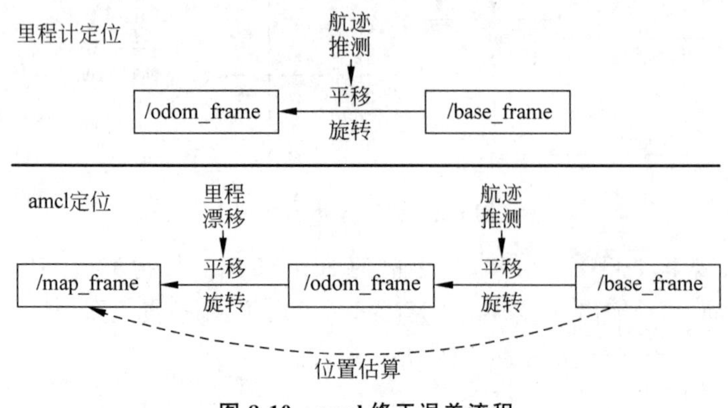

图 8-10 amcl 修正误差流程

4) 运动控制

假定导航功能包集可以通过话题 cmd_vel 发布 geometry_msgs/Twist 类型的消息,这个消息基于机器人的基坐标系,传递的是运动命令,这意味着必须有一个节点订阅 cmd_vel 话题,将该话题上的速度命令转换为电机命令并发送。

5) 环境感知

通过传感器感知周围环境信息,如摄像头、激光雷达、编码器等,其中深度摄像头、激光雷达可以用于感知外界环境的深度信息,编码器可以测量电机的转速信息,进而可以获取速度信息并生成里程计信息。

在导航功能包集中,环境感知也是一个重要模块,它为其他模块提供了支持。如 SLAM、amcl、move_base 模块都需要依赖于环境感知。

2. 导航之坐标系

定位是实现导航的重要技术之一。所谓定位,就是参考某个坐标系(例如以机器人的出发点为原点创建坐标系),在该坐标系中标注机器人。定位原理看似简单,但是这个坐标系不是客观存在的,也无法以上帝视角确定机器人的位姿。实现定位需要依赖于机器人自身,机器人需要逆向推导参考坐标系原点并计算坐标系相对关系,实现该过程有以下两种常用方式。

(1) 通过里程计定位:实时收集机器人的速度信息,计算并发布机器人坐标系与父级参考系的相对关系;

(2) 通过传感器定位:通过传感器收集外部环境信息后,再通过匹配计算并发布机器人坐标系与父级参考系的相对关系。

两种方式在导航中都会经常被使用,两种定位方式都有各自的优缺点。

里程计定位的优缺点如下:优点是里程计定位信息是连续的,没有离散的跳跃;缺点是里程计存在累积误差,不利于长距离或长期定位。

传感器定位的优缺点如下：优点是比里程计定位更精准；缺点是传感器定位会出现跳变的情况，且传感器定位在标志物较少的环境下，其定位精度会大打折扣。

两种定位方式优缺点互补，应用时一般二者结合使用。

上述两种定位方式实现中，机器人坐标系一般使用机器人模型中的根坐标系（base_link 或 base_footprint），里程计定位时，父级坐标系一般称为 odom，如果通过传感器定位，父级参考系一般称为 map。当二者结合使用时，map 和 odom 都是机器人模型根坐标系的父级，这不符合坐标变换中“单继承”的原则，所以，一般会将转换关系设置为：map -> odom -> base_link 或 base_footprint。

3. 定位

在 ROS 的导航功能包集 navigation 中提供了 amcl 功能包，用于实现导航中的机器人定位。

（1）编写 amcl 节点相关的 launch 文件。

在导航功能包的 launch 目录下新建 amcl_diff. launch 文件，其内容如下：

```
<launch>
<node pkg = "amcl" type = "amcl" name = "amcl" output = "screen">
  <!-- Publish scans from best pose at a max of 10 Hz -->
  <param name = "odom_model_type" value = "diff"/><!-- 里程计模式为差分 -->
  <param name = "odom_alpha5" value = "0.1"/>
  <param name = "transform_tolerance" value = "0.2" />
  <param name = "gui_publish_rate" value = "10.0"/>
  <param name = "laser_max_beams" value = "30"/>
  <param name = "min_particles" value = "500"/>
  <param name = "max_particles" value = "5000"/>
  <param name = "kld_err" value = "0.05"/>
  <param name = "kld_z" value = "0.99"/>
  <param name = "odom_alpha1" value = "0.2"/>
  <param name = "odom_alpha2" value = "0.2"/>
  <!-- translation std dev, m -->
  <param name = "odom_alpha3" value = "0.8"/>
  <param name = "odom_alpha4" value = "0.2"/>
  <param name = "laser_z_hit" value = "0.5"/>
  <param name = "laser_z_short" value = "0.05"/>
  <param name = "laser_z_max" value = "0.05"/>
  <param name = "laser_z_rand" value = "0.5"/>
  <param name = "laser_sigma_hit" value = "0.2"/>
  <param name = "laser_lambda_short" value = "0.1"/>
  <param name = "laser_lambda_short" value = "0.1"/>
  <param name = "laser_model_type" value = "likelihood_field"/>
  <!-- <param name = "laser_model_type" value = "beam"/> -->
  <param name = "laser_likelihood_max_dist" value = "2.0"/>
  <param name = "update_min_d" value = "0.2"/>
  <param name = "update_min_a" value = "0.5"/>

  <param name = "odom_frame_id" value = "odom"/><!-- 里程计坐标系 -->
  <param name = "base_frame_id" value = "base_footprint"/><!-- 添加机器人基坐标系 -->
  <param name = "global_frame_id" value = "map"/><!-- 添加地图坐标系 -->

  <param name = "resample_interval" value = "1"/>
  <param name = "transform_tolerance" value = "0.1"/>
```

```
  <param name = "recovery_alpha_slow" value = "0.0"/>
  <param name = "recovery_alpha_fast" value = "0.0"/>
</node>
</launch>
```

(2) 编写测试 launch 文件。

amcl 节点是不可以单独运行的，运行 amcl 节点之前，需要先加载全局地图，然后启动 RViz 显示定位结果。上述节点可以集成到 launch 文件(文件名为 test_amcl. launch)，内容如下：

```
<launch>
    <!-- 设置地图的配置文件 -->
    <arg name = "map" default = "nav.yaml" />
    <!-- 运行地图服务器,并加载设置的地图 -->
    <node name = "map_server" pkg = "map_server" type = "map_server" args = " $ (find mybot_
navigation)/map/ $ (arg map)"/>
    <!-- 启动 amcl 节点 -->
    <include file = " $ (find mybot_navigation)/launch/amcl_diff.launch" />
    <!-- 运行 RViz -->
    <node pkg = "rviz" type = "rviz" name = "rviz"/>
</launch>
```

注意：launch 文件中地图服务节点和 amcl 节点中的包名、文件名需要根据自己的设置进行修改。

(3) 执行并查看结果。

① 执行相关 launch 文件，加载机器人模型：

```
roslaunch mybot_gazebo view_mybot_with_laser_gazebo.launch
```

② 启动步骤中集成的地图服务和 amcl 的 launch 文件：

```
roslaunch mybot_navigation test_amcl.launch
```

③ 在 RViz 中添加 RobotModel、Map 组件，分别显示机器人模型与地图；添加 PoseArray 插件，设置 topic 为 particlecloud 来显示 amcl 预估的当前机器人的位姿，如图 8-11 所示，可以看到机器人周围有很多红色小箭头，箭头越密集，说明当前机器人处于此位置的概率越高。

4. 路径规划

本节使用 navigation 功能包集中的 move_base 功能包实现路径规划。

1) move_base

move_base 是 ROS 中实现路径规划的功能包，主要由全局路径规划器(global_planner)和本地实时规划器(local_planner)组成。该功能包提供了基于动作(action)的路径规划实现，可以根据给定的目标位置，控制机器人底盘运动至该位置，并且在运动过程中连续反馈机器人自身的姿态与目标位置的状态信息。

2) move_base 节点说明

move_base 功能包中的核心节点是 move_base。为了方便调用，需要先了解该节点的 action、订阅的话题、发布的话题、服务(如表 8-4 所示)及相关参数(读者可以查看 ROS 官方网站获取具体信息)。

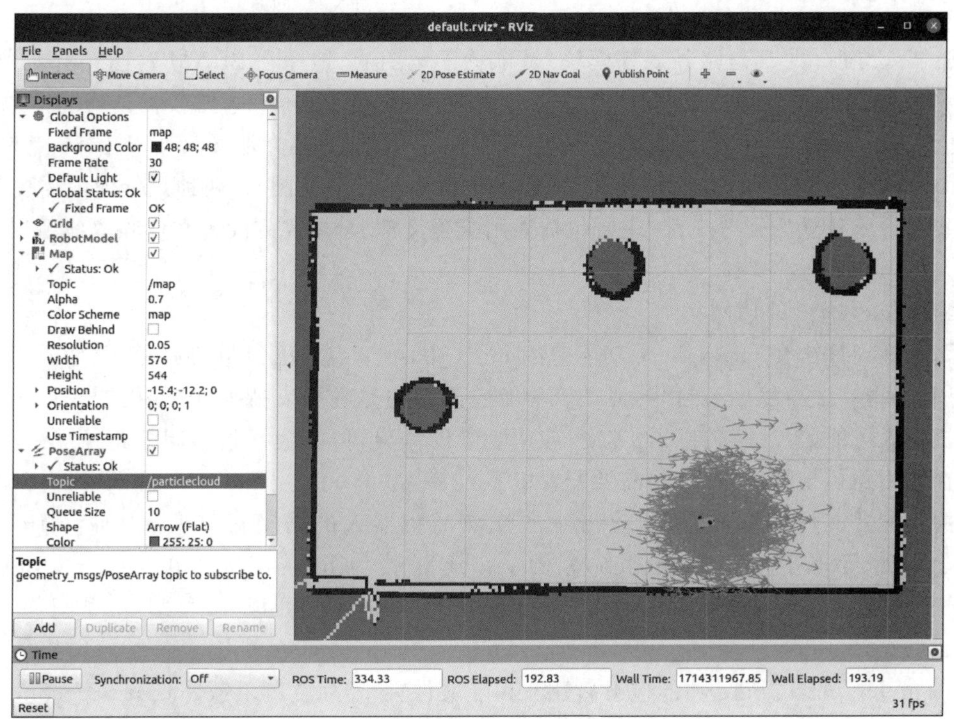

图 8-11　amcl 功能测试

表 8-4　move_base 功能包中的话题和服务

类　　别	名　　称	类　　型	说　　明
动作订阅	move_base/goal	move_base_msgs/MoveBaseActionGoal	move_base 的运动规划目标
	move_base/cancel	actionlib_msgs/GoalID	取消目标
动作发布	move_base/feedback	move_base_msgs/MoveBaseActionFeedback	连续反馈的信息，包含机器人底盘坐标
	move_base/status	actionlib_msgs/GoalStatusArray	发送到 move_base 的目标状态信息
	move_base/result	move_base_msgs/MoveBaseActionResult	操作结果
话题订阅	move_base_simple/goal	geometry_msgs/PoseStamped	运动规划目标（与 action 相比，没有连续反馈，无法追踪机器人执行状态）
话题发布	cmd_vel	geometry_msgs/Twist	输出给机器人底盘的运动控制消息
服务	～make_plan	nav_msgs/GetPlan	请求该服务，可以获取给定目标的规划路径，但是并不执行该规划路径
	～clear_unknown_space	std_srvs/Empty	允许用户直接清除机器人周围的未知空间
	～clear_costmaps	std_srvs/Empty	允许清除代价地图中的障碍物，可能会导致机器人与障碍物碰撞，须慎用

3）move_base 与代价地图

机器人导航（尤其是路径规划模块）是依赖于地图的，地图在 SLAM 时已经有所介绍。ROS 中的地图其实就是一张图片，这张图片有宽度、高度、分辨率等元数据，在图片中使用灰度值来表示障碍物存在的概率。导航功能包使用两种代价地图存储周围环境信息：global_costmap（全局代价地图）和 local_costmap（本地代价地图）。两种代价地图需要使用一些共有的或独立的配置文件，主要包括通用配置文件、全局规划配置文件和本地规划配置文件。

4）move_base 的使用

路径规划算法在 move_base 功能包的 move_base 节点中已经封装完毕，但是还不能直接调用，因为算法虽然已经封装，但是该功能包面向的是各种支持 ROS 的机器人。不同类型的机器人可能因尺寸、传感器、速度、应用场景的差异，可能会导致不同的路径规划结果，因此在调用路径规划节点之前，需要配置机器人参数。

关于配置文件的编写，可以参考一些成熟的机器人的路径规划实现，如 turtlebot3、tianbot Mini 小车等。其中 turtlebot3 的 github 链接为 https://github.com/ROBOTIS-GIT/turtlebot3/tree/master/turtlebot3_navigation/param，可以先下载这些配置文件备用。

在 mybot_navigation 功能包下新建 config 文件夹，然后复制下载的 costmap_common_params_burger.yaml、local_costmap_params.yaml、global_costmap_params.yaml 和 base_local_planner_params.yaml 文件到此目录下，并将 costmap_common_params_burger.yaml 重命名为 costmap_common_params.yaml。

配置文件的修改及解释如下。

（1）costmap_common_params.yaml。

该文件是 move_base 在全局路径规划与本地路径规划时调用的通用参数，包括机器人的尺寸、距离障碍物的安全距离、传感器信息等，其配置参考如下。

```
obstacle_range: 3.0 # 用于探测障碍物，例如值为 3.0 意味着检测到距离小于 3 米的障碍物时就会
                    # 引入代价地图
raytrace_range: 3.5 # 用于清除障碍物，例如值为 3.5 意味着清除代价地图中 3.5 米以外的障碍物

#机器人几何参数，如果机器人是圆形，设置 robot_radius，如果是其他形状设置 footprint
footprint: [[-0.135, -0.065], [-0.135, 0.065], [0.135, 0.065], [0.135, -0.065]] #其他
                                                                                 #形状

#膨胀半径，扩展在碰撞区域以外的代价区域，使得机器人规划路径避开障碍物
#inflation_radius: 0.2
footprint_inflation: 0.01
#代价比例系数越大，则代价值越小
cost_scaling_factor: 3.0

#地图类型
map_type: costmap
#导航包所需要的传感器
observation_sources: scan
#对传感器的坐标系和数据进行配置，这个也会用于代价地图添加和清除障碍物
scan: {sensor_frame: laser, data_type: LaserScan, topic: /scan, marking: true, clearing: true}
```

(2) global_costmap_params.yaml。

该文件用于全局代价地图的参数设置：

```
global_costmap:
  global_frame: map #地图坐标系
  robot_base_frame: base_footprint #机器人坐标系
  # 以此实现坐标变换

  update_frequency: 1.0      #代价地图更新频率
  publish_frequency: 1.0     #代价地图的发布频率
  transform_tolerance: 0.5   #等待坐标变换发布信息的超时时间

  static_map: true           # 是否使用一个地图或者地图服务器来初始化全局代价地图,如果不
                             #使用静态地图,这个参数为 false
```

(3) local_costmap_params.yaml。

该文件用于局部代价地图参数设置：

```
local_costmap:
  global_frame: odom                  #里程计坐标系
  robot_base_frame: base_footprint#机器人坐标系

  update_frequency: 10.0              #代价地图更新频率
  publish_frequency: 10.0             #代价地图的发布频率
  transform_tolerance: 0.5            #等待坐标变换发布信息的超时时间
  static_map: false                   #不需要静态地图,可以提升导航效果
  rolling_window: true                #是否使用动态窗口,默认值为 false,在静态的全局地图中地
                                      #图不会变化
  width: 3                            # 局部地图宽度,单位是 m
  height: 3                           # 局部地图高度,单位是 m
  resolution: 0.05                    # 局部地图分辨率,单位是 m,一般与静态地图分辨率保持一致
```

(4) base_local_planner_params。

基本的局部规划器参数配置，这个配置文件设定了机器人的最大和最小速度限制值，也设定了加速度的阈值。

```
TrajectoryPlannerROS:

# Robot Configuration Parameters
  max_vel_x: 0.5      # X 方向最大速度
  min_vel_x: 0.1      # X 方向最小速度

  max_vel_theta:    1.0
  min_vel_theta: -1.0
  min_in_place_vel_theta: 1.0

  acc_lim_x: 1.0      # X 方向的加速度限制
  acc_lim_y: 0.0      # Y 方向的加速度限制
  acc_lim_theta: 0.6 # 角加速度限制

  meter_scoring: true

# Goal Tolerance Parameters
  xy_goal_tolerance: 0.10
```

```
  yaw_goal_tolerance: 0.05

# 是否是万向移动机器人
  holonomic_robot: false

# 前进模拟参数
  sim_time: 0.8
  vx_samples: 18
  vtheta_samples: 20
  sim_granularity: 0.05
```

5. 在 RViz 中仿真实现机器人导航

在了解导航功能的两个关键功能包 amcl 和 move_base 后，接下来就可以开始编写程序实现智能车的导航。

(1) 编写 launch 文件。

调用 move_base 节点的 launch 文件(move_base.launch)，模板如下：

```
<launch>

  <node pkg="move_base" type="move_base" respawn="false" name="move_base" output="screen" clear_params="true">
    <param name="base_local_planner" value="dwa_local_planner/DWAPlannerROS" />

    <rosparam file="$(find mybot_navigation)/config/costmap_common_params.yaml" command="load" ns="global_costmap" />
    <rosparam file="$(find mybot_navigation)/config/costmap_common_params.yaml" command="load" ns="local_costmap" />
    <rosparam file="$(find mybot_navigation)/config/local_costmap_params.yaml" command="load" />
    <rosparam file="$(find mybot_navigation)/config/global_costmap_params.yaml" command="load" />

    <rosparam file="$(find mybot_navigation)/config/base_local_planner_params.yaml" command="load" />
  </node>

</launch>
```

(2) 集成导航相关的 launch 文件。

如果要实现导航，需要集成地图服务、amcl、move_base 等。集成 launch 文件(fake_nav_demo.launch)如下：

```
<launch>

    <!-- 设置地图的配置文件 -->
    <arg name="map" default="nav.yaml" />

    <!-- 运行地图服务器,并且加载设置的地图 -->
    <node name="map_server" pkg="map_server" type="map_server" args="$(find mycar_navigation)/maps/$(arg map)"/>

    <!-- 运行 move_base 节点 -->
    <include file="$(find mycar_navigation)/launch/move_base.launch"/>
```

```
    <!-- 启动 amcl 节点 -->
    <include file="$(find mycar_navigation)/launch/amcl.launch" />

    <!-- 运行 RViz -->
    <node pkg="rviz" type="rviz" name="rviz" args="-d $(find mycar_navigation)/rviz/
nav.rviz"/>

</launch>
```

(3) 测试。

① 执行相关 launch 文件，启动并加载智能车模型：

```
roslaunch mycar_gazebo mycar_laser_nav_gazebo.launch;
```

② 执行导航相关的 launch 文件：

```
roslaunch mycar_navigation fake_nav_demo.launch;
```

执行后，可以看到 RViz 启动并且加载了之前由 gmapping 建立的地图，如图 8-12 所示。

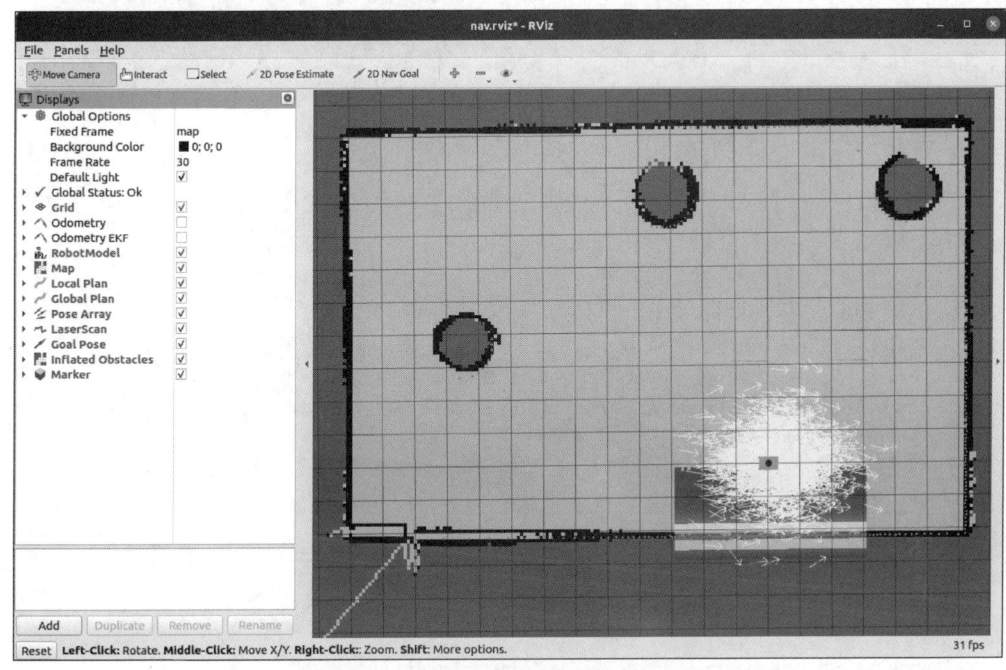

图 8-12 智能车导航仿真的启动界面

③ 通过 RViz 工具栏的 2D Nav Goal 设置目的地、实现导航。

单击菜单栏中的 2D Nav Goal 按钮，就可以设置导航的目标位置。将鼠标移动到地图上的目标位置并单击，就可以在目标位置看到一个绿色的箭头，可以通过拖动鼠标设置导航目标的姿态。确定目标后，释放鼠标左键，在智能车的当前位置和目标位置之间，可以看到 move_base 功能包使用全局路径规划器创建了一条最优路径，如图 8-13 所示。智能车会沿着路径开始移动，到达目标位置后会旋转到指定的姿态，此时导航结束。

6. 导航与 SLAM 建图

实现机器人自主移动的 SLAM 建图，步骤如下。

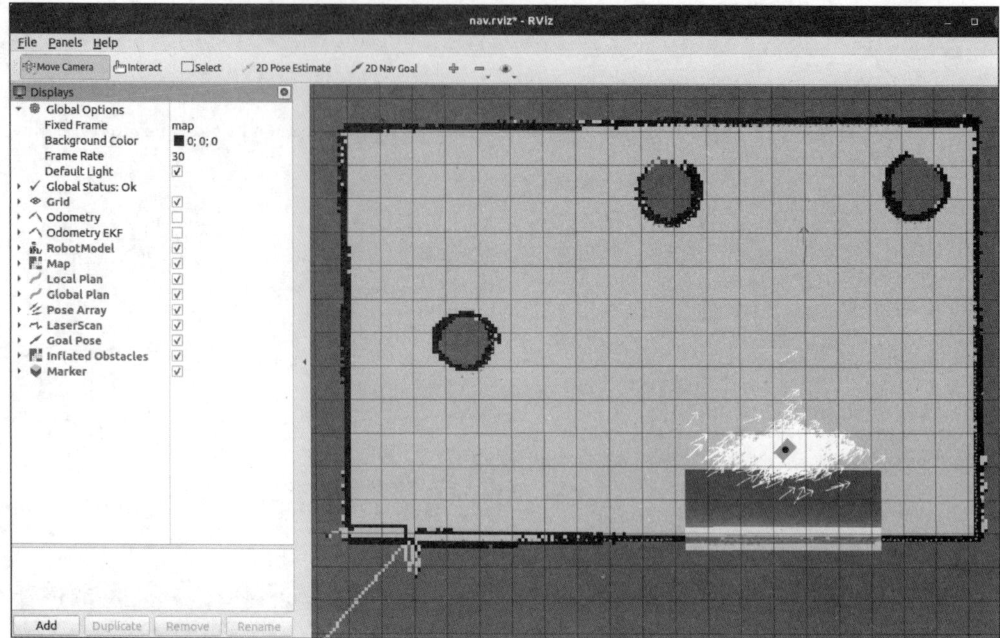

彩图

图 8-13　智能车导航仿真的运行过程

(1) 编写 launch 文件,集成 SLAM 与 move_base 相关节点。

新建 auto_slam.launch 文件,无须调用 map_server 的相关节点,只需要启动 SLAM 节点与 move_base 节点。文件内容如下:

```
<launch>
    <!-- 启动 SLAM 节点 -->
    <include file = "$(find mycar_navigation)/launch/gmapping.launch" />
    <!-- 运行 move_base 节点 -->
    <include file = "$(find mycar_navigation)/launch/move_base.launch" />
    <!-- 运行 RViz -->
    <node pkg = "rviz" type = "rviz" name = "rviz" args = " - d $(find mycar_navigation)/rviz/
nav.rviz" />
</launch>
```

(2) 执行 launch 文件并测试。

执行相关 launch 文件,启动机器人并加载机器人模型:

```
roslaunch mycar_gazebo mycar_laser_nav_gazebo.launch;
```

执行当前 launch 文件:

```
roslaunch mycar_navigation auto_slam.launch;
```

启动成功后可以看到 Gazebo 和 RViz 界面,如图 8-14 所示。

(3) 在 RViz 中通过 2D Nav Goal 设置目标位置,机器人开始自主移动并建图。

接下来并不需要启动键盘控制节点,而是类似于导航功能的实现,使用 RViz 菜单中的 2D Nav Goal 工具,在 RViz 中选择一个导航的目标位置。确定目标位置后,智能车开始导航移动,同时使用 gmapping 实现地图的构建。在如图 8-15 所示的运动环境中,move_base 可以根据已经建立的地图和激光雷达信息帮助机器人躲避周围不断出现的障碍物。

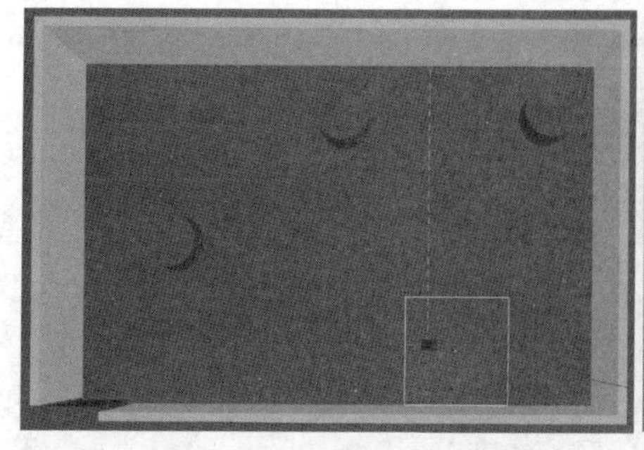
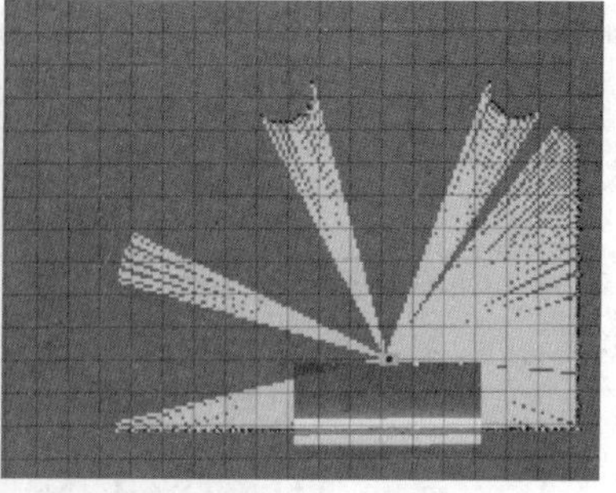

彩图

图 8-14　启动 Gazebo 和 RViz 后的界面

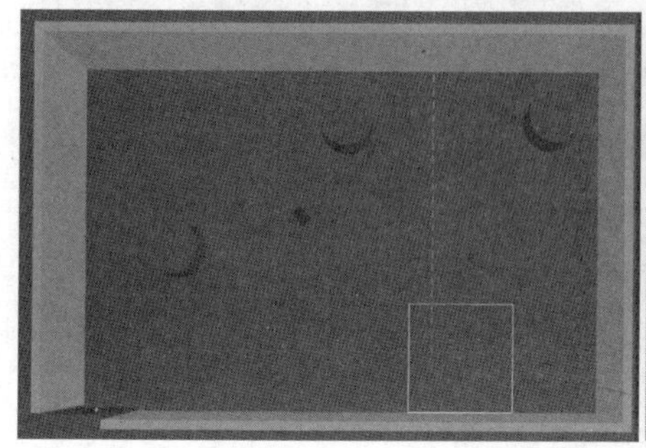
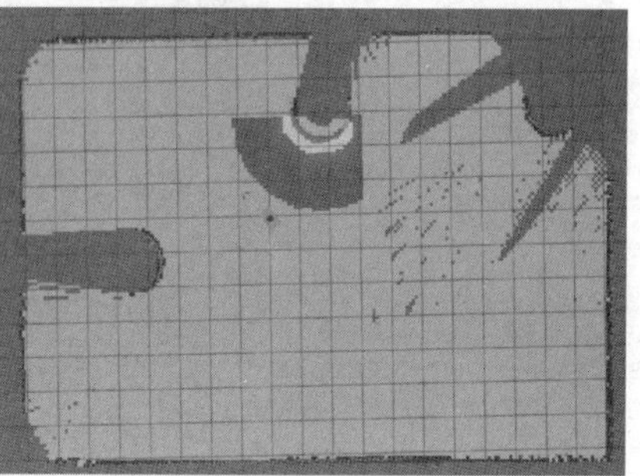

彩图

图 8-15　在导航过程中同步 SLAM

（4）最后可以使用 map_server 保存地图。

8.2　真实智能机器人 SLAM 与自主导航

8.1 节使用 RViz 和 Gazebo 仿真实现了机器人自主导航的全部过程，但还需要把这部分的内容移植到真实的智能机器人上。接下来在前面搭建的智能机器人上验证真实环境中的自主导航。

首先需要启动真实的智能机器人，发布 SLAM 所需要的深度信息并接收运动控制指令 Twist 命令。mrobot_with_laser.launch 文件实现了以上所需功能。

该 launch 文件启动了智能机器人底层控制程序 arduino.launch，加载了机器人的 URDF 模型，通过 joint_state_publisher 和 robot_state_publisher 这两个节点发布机器人的状态信息，并调用了 rplidar.launch 启动思岚激光雷达，发布激光深度数据。

在智能机器人（树莓派）端执行如下指令：

```
roslaunch mrobot_bringup mrobot_with_laser.launch
```

然后在 PC 端执行 launch 文件：

```
roslaunch mrobot_navigation gmapping_demo.launch
```

以上终端命令执行成功后会启动 RViz，并在界面中显示智能机器人的模型。图 8-16 所示为真实智能机器人启动后的状态，类似 Gazebo 仿真时启动的 RViz 界面，此时可以看到激光传感器返回的距离信息和已经构建的地图数据。

彩图

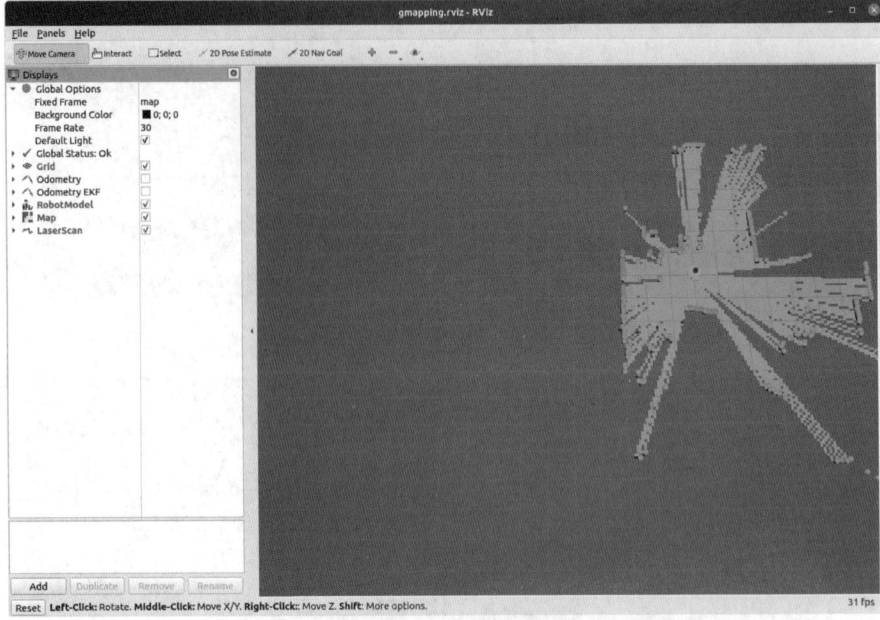

图 8-16　真实机器人启动后的 RViz 界面

接下来启动遥控器控制程序，控制机器人移动，让机器人在室内环境中探索。完成 SLAM 后，打开新的终端，输入保存地图的指令如下。

```
roslaunch joy_ctrl joy_realbot_ctrl.launch
```

控制机器人在办公室移动一定范围后，构建的地图如图 8-17 所示，可以看出 gmapping 的实际建图效果还是比较好的。

彩图

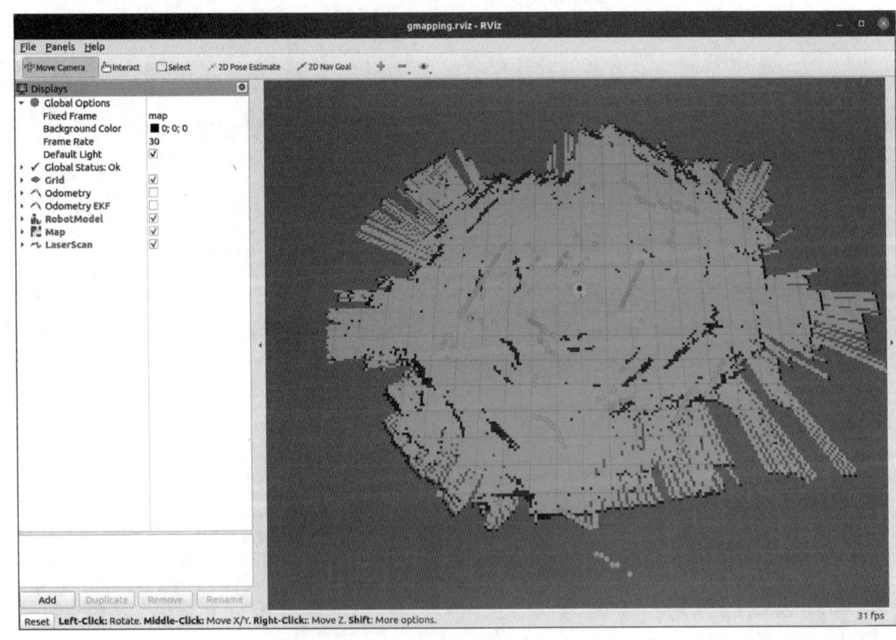

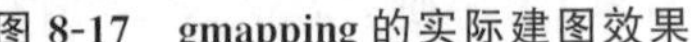
图 8-17　gmapping 的实际建图效果

本章小结

本章首先在讲解 SLAM 建图原理的基础上，实现了 SLAM 建图和 Navigation 导航的仿真；接着对 Navigation 导航机制中的全局路径规划器、局部路径规划器、amcl 和 move_base 功能包进行了介绍。利用 ROS 提供的导航框架实现了智能机器人导航，结合 SLAM 与自主导航功能，机器人可以在无人工干预的情况下自主完成未知环境的 SLAM 建图及导航。

习题

1. move_base 功能包主要包含哪几个规划器？
2. 用于环境感知的传感器主要有哪些？
3. move_base 节点中的话题有哪些？
4. SLAM 和 amcl 功能包的功能是什么？

实验

1. 在前面章节中创建的仿真机器人和构建的地图上，实现基于 move_base 和 amcl 功能包的机器人自主导航仿真。
2. 仿照 gmapping 实例程序，实现机器人 SLAM 导航仿真。

参 考 文 献

[1] 方元. Linux 操作系统基础[M]. 北京：人民邮电出版社，2019.

[2] 胡春旭. ROS 机器人开发实践[M]. 北京：机械工业出版社，2020.

[3] 朗坦·约瑟夫，乔纳森·卡卡切. 精通 ROS 机器人编程(原书第 2 版)[M]. 张新宇，张志杰，等译. 北京：机械工业出版社，2020.

[4] 鱼香 ROS 官网[N/OL]. [2024-04-01]. https://fishros.com/#/fish_home.

[5] 赵虚左. ROS 理论与实践[N/OL]. [2024-04-01]. http://www.autolabor.com.cn/book/ROSTutorials/.

[6] Rosbridge 系列 2：初识 Rosbridge[EB/OL]. [2024-04-01]. https://blog.csdn.net/dzjoke/article/details/116056180.

[7] 闫金钢. 机器人操作系统 ROS——自研底盘的精准控制[N/OL]. [2024-04-01]. https://blog.yanjingang.com/?p=5604.

[8] ROS 官网. ROS Documentation[N/OL]. [2024-04-01]. http://wiki.ros.org/.

[9] 谢志坚，熊邦宏，庞春. AI+智能服务机器人应用基础[M]. 北京：机械工业出版社，2020.

[10] 刘相权，张万杰. 机器人操作系统(ROS)及仿真应用[M]. 北京：机械工业出版社，2022.

图书资源支持

感谢您一直以来对清华版图书的支持和爱护。为了配合本书的使用，本书提供配套的资源，有需求的读者请扫描下方的"书圈"微信公众号二维码，在图书专区下载，也可以拨打电话或发送电子邮件咨询。

如果您在使用本书的过程中遇到了什么问题，或者有相关图书出版计划，也请您发邮件告诉我们，以便我们更好地为您服务。

我们的联系方式：

清华大学出版社计算机与信息分社网站：https://www.shuimushuhui.com/

地　　址：北京市海淀区双清路学研大厦 A 座 714

邮　　编：100084

电　　话：010-83470236　010-83470237

客服邮箱：2301891038@qq.com

QQ：2301891038（请写明您的单位和姓名）

资源下载：关注公众号"书圈"下载配套资源。

资源下载、样书申请

书圈

图书案例

清华计算机学堂

观看课程直播